表面处理技术

涂装技术基础

Surface Treatment
——Coating Technology Basics

李永军 胡志英 主编

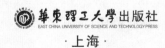

华东理工大学出版社
EAST CHINA UNIVERSITY OF SCIENCE AND TECHNOLOGY PRESS

·上海·

图书在版编目（CIP）数据

表面处理技术:涂装技术基础/李永军,胡志英主编.—上海:华东理工大学出版社,2020.8
ISBN 978-7-5628-6209-3

Ⅰ.①表… Ⅱ.①李… ②胡… Ⅲ.①涂漆 Ⅳ.①TQ639

中国版本图书馆CIP数据核字（2020）第135073号

策划编辑 / 周永斌
责任编辑 / 薛西子　赵子艳
装帧设计 / 徐　蓉
出版发行 / 华东理工大学出版社有限公司
　　　　　 地址:上海市梅陇路130号,200237
　　　　　 电话:021-64250306
　　　　　 网址:www.ecustpress.cn
　　　　　 邮箱:zongbianban@ecustpress.cn
印　　刷 / 上海中华商务联合印刷有限公司
开　　本 / 710 mm×1000 mm　1/16
印　　张 / 21
字　　数 / 320千字
版　　次 / 2020年8月第1版
印　　次 / 2020年8月第1次
定　　价 / 198.00元

序 一

中国目前已成为世界第一涂料大国,不仅涂料企业,许多高校、科研院所和使用涂料的企业也投入了涂料研究。涂料性能的体现离不开涂装,涂装问题的解决离不开涂料,涂层的最终性能是涂料与涂装工艺的综合结果。俗话说"三分涂料,七分涂装",对于快速发展的中国涂料行业,培养懂涂装的涂料人才与懂涂料的涂装人才同样重要。涂装技术非常复杂,国内少有对此进行深入探讨的专业书,《表面处理技术——涂装技术基础》这本专业书正当其时。

本书从一个涂装者的视角来系统性地理解涂料的原材料、配方制备、涂料涂装、涂料应用及失效全生命周期,历时三年编成。作者李永军从事 3C 行业(指电脑、通信和消费电子三大行业,英文分别为 Computer, Communication, Consumer Electronic),研究和解决涂装问题近 20 年,本书结合作者亲身经验,选用了大量的实践过程中拍摄的图片和自主设计模型图,将 100 多个涂装案例归类汇总,并积极寻找问题背后的原因和解决方案,将涂装的诸多过程细节有机结合在一起,集结成册。《表面处理技术——涂装技术基础》是一本与涂料涂装行业实践非常贴近的专业书。本书可以帮助读者从涂装的角度理解涂料,与从成膜物角度理解涂料的方式相互补充,从而提高对涂料的整体认识。

本书为读者提供涂装基础知识,帮助读者了解涂料应用过程中各环节可能碰到的问题,并对这些问题进行描述、分析并提供解决方案,可为涂料和涂装技术人员在涂装现场解决涂料应用问题提供指导。涂料和涂装技术是一门很复杂的学问,有的问题到现在还不能解释得很清楚,本书提出的一些问题和解释,不一定全面、准确,但对于涂料和涂装技术人员来讲,

是一本可以帮助他们解决实际工作当中诸多问题的工具书，是一本值得推
荐的学习教材。

洪啸吟

清华大学教授

2020 年 7 月

序 二

　　涂料与我们每个人的生活息息相关，它出现在生活的方方面面。从个人的电子产品、生活用品、家用电器到城市的高楼大厦、飞跨江河的大桥、行驶的汽车和高铁，处处有涂料的存在。中国涂料的发展也随着改革开放而快速发展。改革开放之前，中国对涂料的研究没有足够的重视，许多传统涂料的应用还是凭借经验，因而缺乏系统的化学基础。清华大学洪啸吟教授结合自己的亲身经历和对化学，尤其是对高分子化学的高深理解，编写出版了《涂料化学》一书，这本书可以说是中国涂料的经典教科书，是具有化学背景的涂料行业者的入门指导书籍，对中国涂料的发展起到了巨大的推动作用。

　　涂料是化工材料，是基础的化学物质，而最终成型的涂料在各种基材表面的性能与涂装工艺是分不开的。涂装工艺可以决定涂层的厚度、光泽及其他的物理性能。不同的基材对涂料和涂装的工艺要求是不同的，同时也与涂料的基本化学类型相关。近年来随着电子工业的发展，个人电子消费品已经走进千家万户，电子消费品对涂料的要求是千变万化的，也对涂料和涂装的要求更高，最终的涂层性能好坏是涂料与合适的涂装工艺综合的结果。

　　本书是结合作者的亲身经验而编写的专业书籍，它可以帮助涂料人在理解涂料化学的同时结合涂装而提高对涂料的整体认识，为解决涂料涂装中出现的问题提供参考，也对涂料从业者对整个产业线提供系统方案有所帮助。

　　李永军在 3C 行业当中，处理和解决涂装问题近 20 年，解决了无数在实际涂装当中碰到的问题，将这些问题归类汇总寻找出各类问题背后的原因和原理，是他涂装生涯当中始终如一的坚持。如今涂装的材料由油性涂料成功转换为水性涂料，新呈现的问题也一一得到解决。他决定将曾经的记录编辑成文，历经 3 年的时间逐步整理，将涂料与涂装行业当中实践问题有序归纳，探索了问题背后的理论落脚点，以结合实际问题、提出有效解决方案为主干，将涂装的前世今生，涂装的诸多过程细节有机结合在一起，形成了这本《表面处理技术——涂装技术基础》。

涂料性能的体现离不开涂装，涂装问题的解决离不开涂料，这是涂料与涂装行业当中几乎人尽皆知的内容。但实际生产当中，涂料与涂装处于双线运行的状态，偶尔交叉于涂装出现问题后涂装企业邀请或要求涂料企业进行调试解决的时刻。因此他邀请了胡志英——一个涂料技术专业人士加入该本书的编辑。胡志英从高校毕业后从事涂料开发与应用六七年，形成了自主的涂料（油性／水性）配方设计系统，能够准确地分析和找到各种涂料应用过程中出现多样化问题背后的原因，并提供相应的解决方案。

在涂装实践与涂料理论的碰撞和融合下，这本书便有了跨越涂装与涂料这两个本该为一体而被社会分工分离的行业。本书在为涂料行业技术人员提供一定专业知识的基础上，更可以帮助涂料技术人员了解自身所设计和成形的涂料应用过程中各环节可能碰到的问题，学习这些问题背后的原理，并能从书中找到这些问题的解决方案。为涂料技术人员在技术服务的涂装现场高效解决涂料应用问题提供指导。

本书更可以为从事涂装行业或想要从事涂装行业的人员，提供完整的涂装的各个环节的基础知识。尤为难得地为涂装从业人员提供了涂装过程中各个环节可能出现的问题，进行了问题描述、问题背后的原理分析以及提供了有效的解决问题的方案。这对于涂装从业人员来讲，是一本能够帮助他们解决实际工作当中诸多问题的工具书，是一本基础而有深度的学习教材。

本书属于基础普及性书籍，选入了大量的实践过程中拍摄的图片，并插入了许多自主设计模型图，以帮助广大读者学习和理解。这些照片、模型图及表格的内容承载了作者工作经历的点点滴滴。本书是目前涂料涂装行业当中唯一一本与实践如此贴近的专业书籍。

范明信博士

沙多玛（广州）化学有限公司亚太区高级技术总监

2020 年 6 月

前　言

世界姹紫嫣红、缤纷多彩，这万千的风格与设计，都离不开表面处理的贡献，涂装是表面处理的重要组成部分，这就是涂装之于世界的意义。现代化的涂装源于欧美，但是中国已经成为世界的涂装加工厂，是世界上最大的涂装基地。在我国，涂装行业的市场巨大，形成的工业产值超过数千亿，以涂装为中心的延伸产业的工业产值超过万亿。在我国，以涂装为核心的关联产业当中，大大小小的涂装企业和涂装施工队遍布全国各地。以世界巨头的涂料企业为主体的庞大涂料企业以及经销点覆盖全国县级以上行政区域，配套的涂装设备和工具企业与经销点也遍布各大工业、民用市场。

涂装行业属于特种行业，也是工业和民用的基础行业，在当前的社会意识和分工结构下，选择该行业的人员的技术理论素质普遍偏低，且行业当中的人才主要依靠师徒制来传承涂装技术，这使得整个行业人才极为缺乏。人才的缺乏又导致中国的涂装行业的创新能力有限，从业人员也缺乏有价值的文献和学术知识作为参考。

本书以涂装行业专家（惠普电脑涂装管理负责人）和涂料行业（涂料企业技术总监）为核心，结合自身所学理论以及在涂料与涂装行业当中多年的实践经验进行梳理和总结，并通过多次讨论、论证以及验证，最后整理和书写了此书。此书融入了作者对于涂料与涂装的理解以及对实践经验的总结，旨在从宏观上阐述涂装各环节的相关内容，让读者能够在宏观上知晓涂装工作的价值和意义；再从细微处，针对涂装的各个阶段涉及的物理化学原理以及实践过程中可能出现的问题进行现象阐述，并对问题的原因进行深入分析，并提出有效的解决方案。

本书分为十章，第一章绪论介绍了涂装发展及现状。第二章涂装设计从宏观角度出发，对材料与涂装的目的、前涂装工艺、材料涂装三大阶段进行陈述，并对实践当中常见的三大类涂装进行实际案例的介绍与分析。第三章到第八章分别从涂料、涂装施工、涂膜固化、涂膜性能与测试、涂膜耐久性以及涂装成品几大方面进行涂装各环节的介绍，并对上述各相关过程中出现的实践问题，进行问题描述、原因分析和方案解决三个层次的陈述。第九章就除喷涂涂装以外的其他表面处理方法进行简单的介绍。第十章是进行涂装系统的总体介绍，对涂装涉及的内容进行罗列式介绍，以便能够为读者提供全面的涂装系统的认识，但是涉及的细节内容还需要选用更为专业的书籍进行了解。

本书注重涂料和涂装的理论与实践的有机结合，针对涂装实践当中出现的问题找到涂料与涂装的相关理论依据，并提出有效的解决方案。这是一本具有实践应用指导作用的专业学习用书籍，可以为涂料与涂装行业当中的从业人员解决生产实践当中的问题提供指导，也可以作为涂料与涂装行业当中人才培养的教材，可为涂装行业系统化和批量化培养高素质人才提供指导。

鉴于本书作者对于涂料与涂装理论的认识与理解有限，在实践当中的所见、所闻、所得有限，还有语言表达和书写能力上的不足，书中定然有认知与见解上的偏见和缺陷甚至是错误，但我们愿意为此做出努力，也乐意接受任何人的评价与指正。

纠结于始，艰辛于途，让我们一起持续改善。

目 录

第一章 绪 论

材料是人类生活当中不可或缺的重要内容，人类生活当中的衣食住行、交通、通信等各个方面都离不开材料，毫不夸张地说，材料铸造了人类社会的框架。随着世界工业的发展，材料推动了人类社会的发展。人们对于更好的生活的追求从来没有停止过，对材料也不断地提出更高的要求。

而无论是自然当中的材料还是人类制造的材料，其种类和性能特点都是相对有限的，无法满足人类社会的需求。为解决这一现实问题，通常采用合成复合材料、表面处理技术等方法拓展材料的开发与应用。其中材料的表面处理将对材料的表面结构和性能产生巨大的影响，甚至可以完全改变材料的性能。因此，人们在选择基本材料后，通常对其进行相应的处理，以满足人类对于材料的各方面要求。而这也直接造成了人类日常生活当中所见到的材料表面几乎都做了相应的表面处理，甚至绝大部分材料的本身状态并不被人们熟悉。换句话说，对于生活周边的材料，人们能够看到的仅是表面处理层，也就是此书所讲述的核心——涂装。

1.1 涂装的重要性

人眼中的世界是一个人认知的世界，人们的认知主要取决于人们所见的世界，但眼中的世界，真如所见吗？人们认知的世界，真如（限于）所见到的世界吗？

看到白色（或其他颜色甚至造型）的墙面，并不说明墙体就是白色的，因为见到盖房子过程的人们，一定看到了砖结构的墙，砖结构上刷水泥，在水泥表面批刮腻子（找平水泥），在腻子表面滚乳胶漆，然后还可能会在乳胶漆的表面进行其他的墙面装饰，最终呈现出来人们看到的白色（或其他颜色、造型）的墙；看到木纹的柜子，人们潜意识层面就对木质柜子产生亲切感，实际上柜子上的木纹是装饰出来的，里面的木质也并非实木，而是木屑在胶水的作用下压制成型的，甚至直接是塑料、金属材质；看到白色、黑色、金属色的家电，虽然人们并不认为家电都是这种颜色的材质制备而成的，但人们已经基本可以认定这些无非是塑料、橡胶或者金属表面油漆的颜色……人们看到的，都是表面的，都是被涂装、粉饰过的。由此人类形成的认知，与涂装的表现有着莫大的关系，即涂装可以影响人类的认知。

如此看来，思想家构造了人类对于世界的认知方向，科学为我们打造了对于世界的认知内容，而涂装实现了思想家和科学共同造就的缤纷绚丽的世界。

1.2 涂装的历史与现状

1.2.1 世界涂装发展历程

涂装是人类对于美学和表面功能的追求而发展出来的一个行业，涂装起源于记录生活，兴盛于艺术创造，实现于生活当中形形色色的需求。涂装虽然没有经历整个人类发展历史，却跨越了人类文明的历程，正是因为涂装（我们广泛地将画图/绘画归为涂装艺术）的存在才让世界文明得以传承和延续。几乎每一个文明阶段，都让涂装有了一定的发展和进步，累积几千年，变化和进步可谓颇多，然而树胶、树油作为涂装的主要材料却是几千年未曾改变。但到近代，人工合成高分子技术和产业的迅速发展，改变了涂装的格局。整个涂装材料经历了以人工合成树脂为主要材料，再到现在以人工合成与人工改性天然树脂为主要材料，来满足人类对于装饰和表面功能的无限追求。最终铸就了如今处处可以呈现繁花似锦，处处能够让色彩与功能相得益彰的现代社会。

近代世界历史格局，让世界经济出现了极大的差距，尤其是在人工合成树脂以及其他原材料方面，世界各国都在不断努力精进材料技术。在涂料的使用上，也不再局限于对材料表面的防护和装饰，当前部分领域已经将涂装作为改变和完善材料性能与功能的重要实现途径。例如有些材料自身不具备的性能，都能够通过涂料得以实现，如民用的混凝土的耐水耐酸碱功能、墙体的隔热反射功能、玻璃的隔热反射功能、金属的辐射散热功能等；在工业领域和军用领域中，材料表面摩擦系数不能达标可通过涂料实现达标，自身不能隐身的材料可通过涂料实现隐身等。

也就是说表面处理（涂装）已经成为应用新材料的重要手段。在未来的发展过程中，基体材料的发展也将不断推陈出新，但是针对材料表面性能进行调整和改进的方式、方法中，最经济、最有效的手段依旧是涂装。

1.2.2 涂装在中国的历史与现状

中国现代化涂装行业的发展最早出现在台湾和香港地区。尤其是台湾地区，在一定的时期中成为世界相关行业的代工厂，为世界的涂装产品做出了极大贡献。至今，台湾和香港地区在涂装行业的发展水平依旧较为接近世界水平，较中国大陆（内地）其涂装行业拥有相对的技术优势。

现代化涂装在中国大陆（内地）真正起步发展是在改革开放之后，经历了40多年迅速发展和积累，中国大陆（内地）在工业化、现代化涂装上已经成为世界的代工厂，是世界工业涂装领域当中极为重要的产业环节。现代化涂装在中国大陆（内地）的发展极为迅速，但中国大陆（内地）涂装行业发展是依靠嫁接机械设备、技术施工以及涂装管理，以人口红利的优势迅速发展起来的；如今中国大陆（内地）的涂装行业形成了世界最庞大的产业规模，但是在涂装的技术革新尤其是创新却远落后于欧美发达国家。涂装系统当中所使用的设备，如高品质喷枪以及涂装机器人和喷涂系统，普遍来源于德国和日本；涂料则是欧美甚至日韩的巨头企业（如 PPG 工业公司、阿克苏·诺贝尔公司、美国宣威公司、立邦涂料有限公司等）占据最庞大的行业市场，如汽车、3C（计算机、通信及消费类产品）、建筑、重防腐等领域。甚至在涂装更为上游的领域当中，都以欧、美、日进口产品主导市场。也就是说，总体上中国涂装行业大但不强，在涂装的相关环节当中存在进口依赖。

近年来，中国政府和企业在人工智能领域进行了大力的投入和发展，并将智能化涂装设备应用于涂料行业，这使得涂料的制造水平大幅提升，并且在局部领域已经达到了世界水平。但整体行业水平依旧与欧美发达国家存在一定差距。

在涂装材料领域，尤其是涂料/油漆方面，虽然中国的涂料企业未能形成世界级的巨头企业，但是在局部的应用领域，国内厂家的产品已经能够达到世界级水平。因此从行业的整体来看，我国的涂装材料也日渐趋于世界水平。

基于涂装设备和材料的进步，我国在涂装设计和工艺设计上有所发展，但未能打破进口企业和前人经验设定的框架范围，每一次革新都依赖于国外企业及其配套企业的发展。

在我国，涂装行业需要逐步建立自己完整的涂装体系，需要逐步达成涂装上游到下游配套企业的全面升级，打造出一个健全、结构合理的涂装社会。

1.2.3　中国涂装行业的问题

任何行业的发展都需要一个过程才能从无到有、从小到大，再从大到强，进而形成整个行业的生态系统，使得行业能够顺应时代的发展，能够推动和顺应时势发展需求，不断地更新行业结构和内容。

中国的涂装行业规模已经是世界级的，竞争力在世界领域也越发强大，但要形成行业生态系统依旧有很多的问题需要解决。其中最为突出的问题便是涂装行业的人才在梯度、广度以及后备力量上存在巨大的问题；还有基于人才问题衍生出的行业结构的问题，因而难以形成自己的生态系统。但随着行业的不断发展、行业人才数量以及能力的不断提升，这问题都将得到解决，困难必将得以克服，最终我国的涂装行业也一定能够形成完整健康的生态系统。

第二章　涂装设计

采石之人，当心怀建造世界最美丽大教堂之梦想。涂装人，也当心怀装饰出中国人、地球人的家园的梦想。因而从事涂装工作时，眼光需要聚焦于被涂装的材料，但是心中更需要有"此行此举是在为世界的东方大国，乃至世界各地实现他们美丽的艺术创造而奋斗"的认识。涂装梦想的实现，首先需要进行完美的涂装设计。

涂装是为了解决材料表面相关装饰和性能缺陷的最后一道处理工艺。在材料设计、材料选择、前处理、涂装等整个流程中，涂装关乎材料最终是否能够满足设计的要求。虽然涂料不能从根本上解决材料自身性能不足的问题，但还是能够针对材料自身性能与使用所需性能上的差距，对材料做出一定程度的改善。而且优异的涂装设计和涂装工艺可以极大地提升和改善材料的表面性能，使材料能够满足意想不到的应用需求。

一个合理、完善的涂装设计方案，是完成材料成品的前提，而要达成这样的设计需要清楚以下几个方面的内容。

（1）材料（涂装对象）及涂装目的

明确具体的涂装对象是第一步，通常需要涂装的材料种类众多，包括钢铁、铝合金、镁合金、铜合金、不锈钢、塑料、水泥、陶瓷、玻璃等。确定涂装对象之后，第二步，就必须明确涂装目的。对材料进行涂装的目的通常有防腐、装饰、防护、提供表面功能等。另外完成涂装的成品有特定的使用环境，这必将对涂装成品提出明确的性能和装饰要求。涂装成品是否能够满足这些要求将成为其能否被市场接受的重要因素。

（2）前涂装工艺

涂装是材料的一道后端处理工艺，前端涉及材料的成型加工、前处理，后端涉及包装、运输、安装等过程。前涂装工艺决定涂装对象表面状态以及性质，极大地影响着涂装处理成品的性能与效果。只有对前涂装工艺有了一定的了解，才能做出切合实际的优秀涂装设计方案，才能真正实现涂装的目的。

（3）材料涂装内容

涂装的设计最为核心的是涂装过程设计，其中主要涉及涂装材料选择、涂装方式和工艺设计以及固化工艺等。涂料是涂装设计的核心材料，涂膜是涂装最终性能的承载者，而涂装方式和工艺是结合涂装对象现实状况和涂料特点，实现涂装最终效果的过程环节。固化工艺是涂装施工后，让涂料转化为涂膜的工艺过程，是涂膜性能得以实现的重要环节。

（4）涂装系统设计

实际生产过程当中，一个涂装企业需要涉及的涂装内容有涂装前处理工艺过程、涂装施工工艺过程、干燥工艺过程、包装、运输。涂装系统设计也就是从企业拿到涂装的工件材料到实现涂装装饰和性能防护目的，再经过包装运输到客户端的整体设计。鉴于在生产实践当中，规模化、系统化的涂装施工工艺以喷涂施工为主，本书所陈述的是以喷涂为主导的涂装系统设计，并且以电脑涂装设计和汽车原厂漆的涂装设计为例进行陈述。

2.1 材料与涂装目的

涂装材料也就是涂装对象，通常来讲涂装企业并不会深入了解，主要由下游成品使用企业设计和提供。但涂装企业必须清楚客户提供的需要涂装的材料是哪种具体的材料（如铝合金/镁合金的系列以及编号），同时还需要明确拿到的材料的成型工艺（压铸、浇铸、锻造等），而材料种类和成型工艺会直接决定材料的众多性能，如机械性能、耐腐蚀性能以及表面性能等，也将直接决定涂装设计当中涂料和涂装工艺的选择与设计。

材料的成型与加工对涂装的前处理以及后续涂装设计都有极大影响，本节仅仅对最为常见的材料成型与加工工艺做出极为简单的介绍。如要深入了解，还需寻求相关专业书籍。

不同的材料必定需要选择不同的涂料，通过特定的涂装设计来满足材料实际应用所需的相关性能。因而在材料选定之后，涂装的目的也就被界定在相应的范围之内，一切涂装设计都将围绕材料与材料经过涂装之后要达成的目的服务。

本节从材料的基础化学属性对材料进行简单的分类和介绍，并对不同的材料的涂装目的进行了概括。

2.1.1　金属材料

1. 钢铁材料

冶铁技术的发明是人类社会进步的重要标志，钢铁的应用也为人类文明的发展和进步提供了极大的助力。整个钢铁应用历史，也是一部钢铁表面处理的历史。因为如果铁的各种合金材料不做表面处理，在环境中很容易被氧化腐蚀，也就是人们日常所说的"生锈"，而钢铁腐蚀会导致钢铁材料从外及里地被消耗，并且逐渐失去自身功能和价值。据统计当前世界上每年约 1/3 的钢铁因为氧化腐蚀（生锈）而失去应用价值。

几乎所有钢铁材料（不锈钢除外）都需要通过表面处理来防止或减缓腐蚀。而防护钢铁最为重要的处理工艺，就是对钢铁表面进行涂装。通过涂装的方式在钢铁材料表面覆盖涂膜，通过涂膜能够有效隔绝空气和水，进而能够非常有效地阻碍和延缓钢铁材料的氧化腐蚀。

对钢铁材料进行涂装最为主要的目的就是防腐，其次是提高钢铁材料的装饰性，因为丰富多样的涂料可以全然呈现在钢铁材料表面，使之多彩绚丽。虽然也有少部分的钢铁材料因为性能上的缺失，尤其是表面性能的不足，可以通过涂装来实现补充和提高，但是这种性能上的补充和提高是相对有限的。

综合对钢铁材料进行涂装的目的有三点：防腐、装饰、提升性能。三种功能可能同时具备，但是无论如何设计钢铁表面的涂装方案，防腐功能都是必备和基础，是钢铁表面涂装设计的前提。

2. 铝合金 / 镁合金

钢铁材料之外，铝合金是人类社会生活当中应用最为广泛的金属材料。从化学活性来讲，铝金属的活性比铁的活性更大，因此更容易被氧化。铝金属表面与空气中的氧气接触就能够发生表层的铝被氧化成为氧化铝。理论上的纯铝材料，表面状态完全一致时，其表面形成的氧化膜结构致密，能够很好地防护内部的铝原子继续被空气氧化。但是实际应用的铝材料主要以合金为主，同时表面状态也存在差异，这使得铝制品材料在与空气接触时，形成的氧化层并不致密，而是呈现出与钢铁生锈类似的蓬松状的氧化物，长时间暴露在自然环境中，会出现与钢铁材料类似的现象，最终出现结构和性能的下降。但是基于铝金属以及与铝金属形成合金的金属的共同特性，通过人工的氧化处理，如阳极氧化、化学钝化等工艺，能够使铝合金表面形成致密的氧化膜，这种氧化膜能够很好地保护整体材料不被空气氧化腐蚀。

但是随着环境的恶化，酸雨逐渐成为人们生活当中较为常见的现象之一。而且铝制品表面的氧化膜属于两性金属氧化物，能够与酸和碱发生反应，因此酸雨能够破坏人们对于铝合金进行氧化处理形成的氧化膜，使得氧化处理后的铝合金也容易被侵蚀。当铝氧化膜被侵蚀之后，环境的雨水依旧呈现出酸性的情况下，铝金属制品会迅速地被腐蚀，同时空气当中的氧气还将与铝原子发生氧化反应，也会加速铝合金材料的腐蚀。

涂装对于金属材料的防护一直都是金属材料表面处理的重要手段，随着自然环境和应用环境的变化，铝合金材料通过涂装来防止铝制品的氧化腐蚀变得越来越重要。尤其是当铝合金成为社会生活当中的主要材料之后，人们对于材料表面装饰性的要求不断提高，涂装不仅要满足防腐功能，更要能为铝合金材料带来全新的装饰效果和表面性能。因而铝制品涂装的目的是防止铝制品被氧化腐蚀、使装饰美观以及提升材料表面功能。

本书在此以用于电脑主体结构的镁铝合金材料的涂装设计为例，对整体的涂装设计进行陈述。图 2-1 为电脑上盖用镁铝合金涂装的设计示意图。

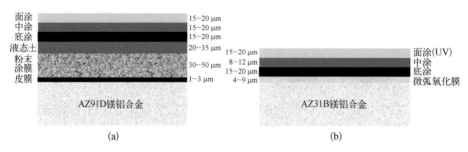

图 2-1　电脑上盖用镁铝合金涂装的设计示意图

图 2-1（a）为 2018 年之前的涂装设计方案，图 2-1（b）为 2018 年后的涂装设计方案。如图 2-1（a）所示，皮膜处理层是通过浸涂完成的，能够对整个工件进行全方位无死角的防氧化处理，尤其是内面不再进行喷漆，皮膜能够防止镁铝合金材料在使用过程中被空气氧化。然后在皮膜表面做粉末涂膜，由于镁铝合金材料的成型工艺是压铸工艺，定然会在表面形成气孔等缺陷，通过粉末涂膜能够将基材表面的各种缺陷进行填充和封闭，形成平整而致密的涂膜。然而，在粉末涂膜表面依旧会由基材的一些缺陷造成表面的平整度不足，甚至是粉末涂膜自身的流平性也会存在一定的缺陷，为此在粉末涂膜表面做一层高固低黏的液态土，以确保涂膜能够完全平整无缺陷。以上的三层处理实际上是在电脑的涂装体系当中，完成了对于镁铝合金材料的处理。随后将开始进行装饰性涂膜和防护性涂膜的涂装，也就是底涂、中涂（有色涂膜）、面涂。其中底涂一是确保底材不会有缺陷，二是能够为有色涂膜的颜色均一性奠定良好的基础。中涂是为了实现设计装饰需求，为基材表面提供颜色和主体装饰效果，如金属感。最后是面涂，面涂是为了提供装饰表面、耐划伤和手感好等表面性能。图 2-1（b）所示的设计方案是为了满足市场对于薄涂膜时代需求而进行的革新设计，其中微弧氧化（Micro-arc Oxidation，MAO）处理，一方面能够为镁铝合金表面提供极佳的防护性能，另一方面能够在很大程度上均匀化基材缺陷。基材也因镁铝合金材料的选择和压铸工艺进步而产生更少的缺陷。经过 MAO 处理之后，便可以通过底漆覆盖和填充效用，弥补基材的缺陷，继而进行中涂以及罩光清漆的涂装，就可以达到对于镁铝合金材料的涂装防护、装饰和表面功能提升的效果。其中图 2-1（b）所示的涂装设计当中，选用的 UV 清漆是具有抗指纹效果的清漆，具有耐脏易清洁等功能。

3. 其他金属材料

在人类生活当中，除铁、铝之外的金属材料，最多的便是铜、锌、镁、钛等金属。我们常见的所有金属（除钛合金等特殊合金外）都会在使用环境当中呈现出或多或少的腐蚀现象，由于腐蚀首先影响的就是金属材质的外观，所以，几乎所有具有装饰功能的金属表面都需要进行涂装来解决防护和美观的双重作用。

如铜制品，在人类应用铜金属的过程中，对铜制品表面几乎都不会做任何的表面处理。不对铜制品做表面处理和防护，并不是说铜制品不会出现腐蚀，而是铜作为工艺品在室内和自然环境较好的场合下使用，铜的腐蚀较慢，只有长期处于户外才容易腐蚀变黑、长铜绿等，这也成了人们对于铜制品的通常认识，因此人们不提及铜制品的防护。但是随着铜制品进入人们生活的装饰细节当中，铜制品的涂装防护也变得尤为重要。人们不能接受铜门和铜制家装饰品的发黑、长绿斑等现象，因而铜制品的涂装也成为很多铜制品应用过程中一项必不可少的表面处理环节。

其他的金属制品也一样，即便当前主要使用场合并没有要求进行涂装，但是随着应用环境的变化，涂装或许成为该材料能够满足新的应用的必要环节。

2.1.2 无机非金属材料

无机非金属材料是人类最早使用的材料之一，是人类社会发展至今，不可替代的主要使用材料之一。其中社会当中主要应用的无机非金属材料有石材、玻璃、混凝土、砖、黏土制品（陶瓷）等。

石材作为天然矿物材料，在自然界中历经千年风化依旧能够保持其自身主体形态和结构性的功能。石材通常来讲是不需要进行涂装的，只在相关文物保护和修复上需要时进行涂装，以让文物能够更为持久地保存下去。

混凝土材料，是无机非金属材料在世界范围内应用最为广泛的材料，甚至可以说当今人类生活离不开混凝土，因为混凝土作为主体结构，广泛应用于建筑、道路、桥梁等。在混凝土盛行于社会时，人们设计和建造的房屋的屋顶、墙面、户外地面、屋内水池、卫生间等，都用混凝土来完成表面的处理，人们称之为水泥结构或表面。但是随着时间的推移，人们发现，混凝土的颜色会逐渐发暗、发黑，混凝土当中掺入的沙子逐渐裸露出来，表面不再光滑，且有沙子脱落；屋顶漏水、卫生间漏水等现象频发。因此建筑墙体在进行水泥处理之后，还需要做内外墙涂料来防护墙体，屋顶需要做防水涂膜，卫生间需要防水涂料。发展到公共基础设施，桥梁、立交桥等各种混凝土结构设施上都发现了这类问题，并开发出了多种混凝土表面的涂装和防护方案。混凝土表面的涂装发展至今，衍生了涂料行业当中最大的应用市场——建筑涂料与建筑涂装市场（约占据整个涂料涂装市场的 45%）。建筑涂料的涂装是以分散化的民用涂装方式来完成，主要以农民工的分散项目施工来完成，与工业化、规模化的涂装施工有极大的差异，当前市场当中也有相关专门的书籍介绍这方面的涂装内容，本书主要以工业化和规模化的涂装为主来介绍涂装，因而后续建筑涂料和涂装，并不是本书的重点介绍对象。

关于无机非金属材料的涂装，在近些年已经延伸到水利工程（河堤、海防、湖堤）、桥梁桥墩（杭州湾、港珠澳等大桥桥墩）、高架桥两边护栏等。对于无机非金属材料涂装的主要功能也是提供一定的防腐蚀性能和装饰性能。通常是根据无机非金属结构材料的使用寿命的实际要求来进行涂装方案的设计。

2.1.3　有机高分子材料

有机材料给人们的第一印象，就是塑料，一种有机高分子材料，也是有机材料当中重要的涂装对象。塑料作为结构件在我们生活当中几乎无处不在，而塑料件通常通过成型加工就能够实现大部分的性能和颜色，因而很多塑料件并没有涂装需求。

但是人类对于美学的追求是永无止境的，在日常生活当中，大多数的塑料件都进行了涂装，因为涂装能让我们感觉所使用的东西具有美感，更有购买的欲望。同时一些塑料件的表面性能并不能够达到使用和应用需求，所以还是需要进行相关的涂装来提升相关表面性能。

另外一类需要涂装的有机材料就是木器，木器作为天然高分子材料，在使用过程中如果不进行涂装，容易吸水和脱水以及被环境中的微生物分解，发生腐烂进而使得木材在使用过程中很快失去自身的诸多性能，逐渐地失去使用价值。同时由于木材的颜色相对单一，同时加工出来的木制成品的表面状态也容易出现诸多的缺陷，因而木器的涂装，在古今人类对木材使用的历史当中占据极为重要的地位。

对于有机高分子材料的涂装，人造高分子材料通常是以装饰作用为主，而对于天然的高分子材料，主要以木器为主，进行涂装一方面需要防止木制品的霉变腐烂，另一方面还能够美化木制品的外观和提升表面性能，吸引消费。

2.2 前涂装工艺

材料成型加工完成之后就形成了基础的表面，不同的材料通过不同的成型加工工艺，会形成不同的表面状态。尤其是成型加工过程在材料表面造成的污染以及材料表面与空气之间发生的反应产物，都会在继续涂装的表面上呈现出来。涂装是针对材料表面进行的防护和装饰，涂膜要能够在材料表面形成，对材料具有一定期限的防护和装饰功能，就必须能够与材料表面有很好的结合/黏附。

要确保涂膜能够与材料表面有很好的结合力，就必须对材料表面性状进行全面的了解和有效的控制。也就是在涂装施工前，需要对材料表面进行前处理，我们在本书当中称之为前涂装工艺。

鉴于不同的材料以及不同的成型加工工艺制造出来的材料，表面状态各不相同，涂装前对于不同材料表面性状的要求也不同，因而我们在本章节进行前涂装工艺的介绍时，也将按照材料的分类进行陈述。

2.2.1 金属材料

1. 钢铁材料

钢铁材料的成型工艺有多种，例如浇铸、冷轧、热轧等常见工艺，还有后续成型的冲压、弯曲、折叠、车、铣、磨以及焊接等工艺。在涂装前钢铁材料通常需要进行更进一步的前处理，然后再进行涂装，才能确保涂装之后的成品能够满足需求，达到涂装的目的。

钢铁材料成型之后的前涂装工艺有：（1）脱脂除油，酸洗（去氧化皮/

除锈），磷化，材料涂装；（2）打磨／抛丸／喷砂（去氧化皮／除锈），材料涂装。

2. 铝合金

铝合金材料常见的成型工艺有浇铸、压铸、冲压、车、铣、磨等。铝合金材料虽然不像钢铁那样会出现生锈等问题，但是铝合金材料也容易被空气（氧气）氧化形成氧化皮，另外在加工工艺当中会受到切削液、冷却液等物质的污染，因而铝合金涂装前也要进行相应的处理。其中铝合金材料的前涂装工艺有：脱脂除油，水洗，皮膜，钝化，材料涂装。

3. 镁合金

镁合金材料与铝合金材料在化学性质上具有很大的相似性，但物理性能有较大的差距，镁合金材料较铝合金材料具有更好的韧性、抗冲击性能以及耐形变能力。因而镁合金材料应用在对机械性能要求较高，且要求材料质轻的场合。镁合金材料也容易被氧化，所以必须进行前处理以及涂装，其与铝合金材料的表面处理工艺几乎完全一致。

2.2.2 非金属材料

1. 无机非金属材料

在社会当中应用量最大，涉及领域最广泛的无机材料是混凝土，以浇筑为主，也使用批刮工艺对地面和墙面进行施工成型。混凝土作为涂料使用主要是对地面和墙面的批刮施工为主，其在进行涂装时，几乎不需要做前处理，只需要将被涂覆物表面清洁一下，避免在大量的杂质上批刮即可。但在对于新形成的混凝土进行常规涂装前，需要做抗碱封闭处理，以避免混凝土当中的碱对后续涂膜结构造成破坏。

对于陶瓷材料，在成型工艺当中主要以模具辅以人工批刮以及其他成型工艺来成型，随后对成型的产品，进行高温烧结、上釉。几乎不需要进行任何的前处理工作。

玻璃等材料的成型和加工工艺将主要是对以烧结得到浮法玻璃进行后续的钢化、注塑、吹塑以及其他的成型工艺。如果需要对玻璃材料进行涂装，主要的前处理工艺是必须将玻璃进行脱脂去污，再进行涂装。

2. 有机高分子材料

有机高分子材料主要是指塑料材料，例如丙烯腈-丁二烯-苯乙烯（Acrylonitrile Butadiene Styrene, ABS）塑料、聚碳酸酯（Polycarbonate, PC）、聚丙烯（Polypropylene, PP）、聚乙烯（Polyethylene, PE）、聚酰胺（Polyamide, PA）、聚对苯二甲酸乙二醇酯（Polyethylene Terephthalate, PET）、聚对苯二甲酸丁二醇酯（Polybutylene Terephthalate, PBT）等常用于生活中的电器、电子产品、汽车配件、公共交通配件以及箱包等材料。

这些材料涉及的成型工艺主要有注塑、挤出、流延、拉伸、吹塑、吸塑等。其中涉及涂装的塑料制品主要以注塑工艺成型为主。

注塑，实际上是与前面金属的压铸具有一定相似性的成型工艺。二者都是将熔融的有机材料通过压力（螺杆压力）注入成型的模具的空腔内，经过排气、补料、冷却成型、开模，完成注塑成型的工艺流程。但是注塑开模之后，成型材料脱模可能因为材料与模具之间的黏结导致注塑件的不良，因而通常在注塑前在模具表面喷上脱模剂（常见的是硅油类脱模剂），而脱模后如果不对脱模剂进行处理，直接进行涂装，涂料在塑料表面很难形成有效地附着，甚至喷涂过程中就出现油缩露底等不良现象。

因而在有机高分子材料涂装前，通常需要进行材料的除油清洗工艺之后，再进行相应的涂装。

2.3 材料涂装

当材料经历了前涂装工艺之后，就进入材料的涂装环节，有些前涂装工艺通常与材料的涂装安排在一套流水线上进行。

材料涂装是实现材料表面装饰和防护性能的核心阶段，而材料涂装环节需要根据涂装需求选定合适的涂装涂料，确保所选涂料性能能够满足材料涂装需求；另外需要根据涂料与被涂装材料的结构与性能，选择合适的涂装工艺，以确保涂装的完美实施；最后还需配套适宜的固化工艺，以确保对于材料涂装之后，涂料能够在适宜的条件下干燥成型，最终展现出涂膜的性能，满足涂装目的。

2.3.1　涂装涂料

涂装是为了对能够满足实际使用的材料，进行一定时间内的防护、装饰以及其他表面性能的提升或实现而设计并执行的材料表面处理工艺。涂装当中，涂料性能将决定对材料表面进行涂装处理之后，能否满足设计要求。因而涂料是涂装选材的重中之重，决定整个涂装设计与涂装处理的成败。

想要有效地选择能够满足相应性能和装饰需求的涂料，就必须对涂料有一定的了解，熟悉各种类别涂料的优缺点，甚至对于颜填料的功能与性能都有所了解。而涂料可根据不同的分类标准做出多种分类。本书按照涂料成膜基料物质的结构和性能做分类标准，分别进行介绍。按成膜基料物质的分类，可以把涂料分为无机涂料和有机涂料两大类。

（1）无机涂料

无机涂料的成膜物质主要有：硅酸盐、磷酸盐、铬酸盐三大成膜物质，其中硅酸盐涂料是应用最为广泛的无机成膜物质，硅酸盐类的物质有硅酸钾/钠、硅酸锂以及无机陶瓷涂料，该类涂料主要是用于无机富锌涂料以及无机耐高温涂料等领域。其中在无机富锌涂料当中，由于硅酸盐类涂料所形成的涂膜具有极佳的耐候性，且环保性能极佳，在早期的富锌涂料中被广泛地应用，但是该涂料只能在现场进行配制和施工，给应用带来诸多不便，同时该成膜物质耐水以及耐潮气等性能不佳，因而后续涂料发展的过程中，其应用逐步被局限。

磷酸盐成膜在涂料行业当中，主要应用于钢铁件在进行了酸洗和水洗之后，为了保证钢铁表面短期不产生锈蚀而进行磷化处理，使钢铁表面形成磷化膜。由于磷化形成的膜的可调配性能比较差，因而在涂料行业当中，基本上只有在钢铁表面做磷化的时候会利用磷酸盐成膜。由于磷元素作为水污染的重要有机物质，磷化的废水含有大量的磷酸盐，易造成水体的富营养化，因而为了环保，磷的排放受到了严格控制。当前磷化在涂装产业当中的应用日趋规范，做磷化处理的企业都必须按照相应的要求进行含磷污水处理。

铬酸盐当中重铬酸盐具有自身成膜的功能，同时具有强氧化性，能够对钢铁表面进行氧化、钝化，在早期钢铁材料的防腐当中具有相当的地位，甚至在多种金属钝化领域中有极为重要的价值。但是重铬酸盐含有六价铬，是一种能够给人和动物带来极大伤害的重金属物质。因而当前重铬酸盐在涂装行业的应用仅局限于极为特殊的相关领域当中，且随着环保型防腐产品的不断进步，未来铬酸盐体系涂料的市场空间将会越来越小。

作为基础成膜物质的无机涂料的还有陶瓷涂料，实际上陶瓷涂料属于硅酸盐类无机涂料。最早陶瓷涂料要经过高温烧结而成，具有耐高温、高硬度、耐磨、抗划伤等性能，广泛用在耐极致高温的行业以及耐火材料领域当中。此外，陶瓷涂料还应用于钢铁防腐的涂装处理工艺，以及热喷镀等表面处理工艺。该类处理方法，也将喷涂成膜的高温金属作为涂料使用。

（2）有机涂料

在涂料行业当中，通常讲到的涂料就是指有机涂料，而根据有机涂料主体成膜物质的化学结构，我们可以将有机涂料分为以下几大类。

① 丙烯酸涂料

丙烯酸涂料是以聚丙烯酸酯类树脂为基础的成膜物质，通过加入耐候颜填料、耐候添加剂等物质，经研磨、调漆等工艺制备而成的涂料。其成膜物质的主体结构有两种，如图 2-2 所示。

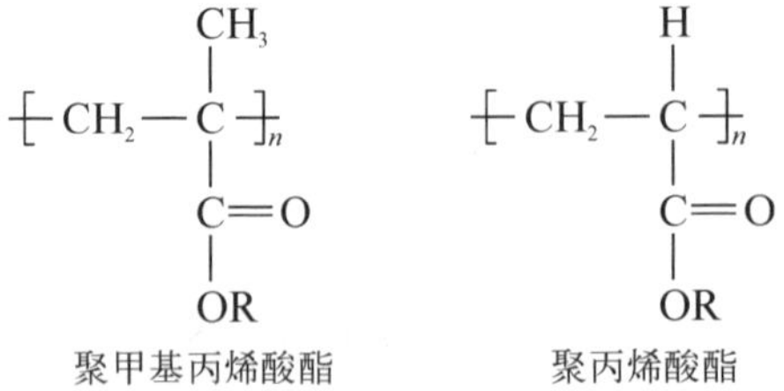

$$\left[\!\!\begin{array}{c} CH_3 \\ | \\ CH_2\!-\!C \\ | \\ C\!=\!O \\ | \\ OR \end{array}\!\!\right]_n \qquad \left[\!\!\begin{array}{c} H \\ | \\ CH_2\!-\!C \\ | \\ C\!=\!O \\ | \\ OR \end{array}\!\!\right]_n$$

聚甲基丙烯酸酯　　　　　聚丙烯酸酯

图 2-2　丙烯酸树脂的主体结构分子式

无论是哪种聚丙烯酸酯的均聚物都难以成为涂料成膜物质，因而丙烯酸树脂通常都是以共聚物形式呈现，而且绝大多数的丙烯酸树脂都是多种单体（丙烯酸丁酯、丙烯酸甲酯、甲基丙烯酸甲酯、丙烯酸乙酯、羟基丙烯酸酯、苯乙烯等）共聚而成的。由于丙烯酸酯共聚物（苯乙烯等芳香类单体共聚除外）的结构对于光波的主吸收峰处于太阳光广谱之外，所以涂料用丙烯酸树脂具有优异的耐光性和抗户外老化性能。其中聚甲基丙烯酸酯的户外耐候性趋近于聚四氟乙烯等氟碳聚合物的耐候性。

可用于丙烯酸树脂共聚的常用单体如表 2-1 所示。

表 2-1　丙烯酸树脂单体及对涂膜性能的影响

膜的性质	贡献该性质的单体
室外耐久性	甲基丙烯酸酯
硬度	甲基丙烯酸甲酯、苯乙烯、甲基丙烯酸和丙烯酸
柔韧性	丙烯酸乙酯、丙烯酸正丁酯、丙烯酸 2-乙基己酯
抗水性	甲基丙烯酸甲酯、苯乙烯
抗撕裂性	甲基丙烯酰胺、丙烯腈
耐溶剂性	丙烯腈、氯乙烯、偏氯乙烯、甲基丙烯酰胺、甲基丙烯酸
光泽	苯乙烯、含芳香族单体
引入反应基团	丙烯酸羟乙酯、丙烯酸羟丙酯、N-羟甲基丙烯酸酯、丙烯酸缩水甘油酯、丙烯酸、甲基丙烯酸、丙烯酰胺、丙烯酸烯丙酯、氯乙烯、偏氯乙烯

丙烯酸树脂的合成设计是根据成膜物质的性能要求，选择不同单体以及添加量，通过控制合成过程来控制树脂的分子量及分布，最终确定制备出丙烯酸树脂。

在涂料应用当中丙烯酸树脂主要有两大类：热塑性丙烯酸树脂和热固性丙烯酸树脂。用不同性质的丙烯酸树脂制备的涂料，便拥有了相应丙烯酸树脂的性能。

热塑性丙烯酸树脂是指在树脂合成过程中不加或添加极少量的反应官能团的单体，仅选择丙烯酸酯类单体和少量特殊功能单体聚合制备而成。热塑性丙烯酸树脂又分为溶剂型热塑性丙烯酸树脂和水性热塑性丙烯酸乳胶。

溶剂型热塑性丙烯酸树脂通常的重均分子量为 80 000 ～ 90 000，具有优良的耐候性、保光性、耐化学药品性和耐水性，附着力好、能够抛光，但树脂分子量较高，树脂黏度大，只能通过高溶剂比例开稀之后使用，通常该类树脂形成的涂膜不会太厚，涂膜丰满度不够，柔韧性、抗冲击性能、耐腐蚀性能以及耐热性能都比热固性丙烯酸树脂加热固化后形成的涂膜差。最大的弊端就是具有受热发黏，低温发脆的性能缺陷。

水性热塑性丙烯酸乳胶通常重均分子量在10万以上，该体系制备的涂料具有丙烯酸树脂的耐候性、保光性、附着力好等性能优点，依旧存在耐腐蚀性、柔韧性、抗冲击性、耐热性不佳的弊病，且由于乳化剂的存在，其耐化学药品性和耐水性下降；也正因乳化之后乳胶黏度较低，施工性好，所以可实现较高的施工固含量。

热固性丙烯酸树脂是指带有反应官能团的单体和丙烯酸酯单体共聚而成的一类具有反应活性的聚合物。最初热固性丙烯酸以溶剂型为主，随着水性热固性丙烯酸树脂的市场需求的增多，人们在单体当中引入亲水基团，进而有了水性丙烯酸树脂和水性丙烯酸乳胶等产品。热固性丙烯酸树脂要依据树脂本身所带的反应基团选择适当的交联剂才能最终形成热固性丙烯酸涂膜。其中热固性丙烯酸树脂的官能单体和对应交联剂如表2-2所示。

表 2-2　热固性丙烯酸树脂的官能单体与对应交联剂

官能团	单　体	交　联　剂
羧基	甲基丙烯酸	三聚氰胺、环氧树脂、脲甲醛树脂、二异氰酸酯、多羟基化合物
羟基	（甲基）丙烯酸羟乙酯（甲基）丙烯酸羟丙酯	三聚氰胺甲醛树脂、环氧树脂、脲甲醛树脂、二异氰酸酯
酸酐基	顺丁烯二酸酐衣康酸（甲叉丁二酸）酐	自交联环氧树脂、多异氰酸酯
环氧基	（甲基）丙烯酸缩水甘油醚烷基缩水甘油醚	酸、酸酐、胺等环氧树脂用固化剂
酰胺基	（甲基）丙烯酰胺顺丁烯二酰亚胺	自交联三聚氰胺甲醛树脂、环氧树脂、脲甲醛树脂、多羟基化合物
胺基	（甲基）丙烯酸二甲氨基乙酯	自交联

热固性丙烯酸树脂具有优良的耐候性、保光性、耐化学药品性、耐水性、抛光性及较好的附着力，而且能够具有较高的施工固含量，进而有更好的光泽和饱满度，由于最终涂膜形成了交联网状结构，使得涂膜具有较好的抗热性，也避免了受热发黏、遇冷发脆的缺陷。但涉及自交联以及常温反应的交

联剂时，不能长期储存，需在规定时间内用完。

丙烯酸涂料基于自身结构的多样性，可满足诸多应用要求，其应用领域极为广泛，几乎涵盖了日常民用和工业用途的涂料领域。其适用于汽车、船舶、机械设备、矿山、家具、仪器仪表、建筑内外墙、地坪、金属制品、户外广告牌、护栏等金属或非金属表面的装饰和防护涂装。

② 环氧涂料

环氧涂料泛指含有两个或两个以上环氧基团的有机高分子树脂作为主体成膜基料的涂料。环氧树脂分子结构当中含有活性环氧基团、羟基以及醚键、胺键、酯键等极性基团，所以对于金属、陶瓷、玻璃、混凝土、木材等极性基材有优良的附着力，环氧树脂自身有很强的内聚力，分子结构致密，具有很好的力学性能，耐酸碱盐以及油类化学品，耐水、耐腐蚀性能、绝缘性能优良，固化收缩率低，具有一定的耐热性等。但是环氧树脂当中含有芳香醚键（最常用的双酚 A 型环氧树脂），涂膜在日光（尤其是紫外线）照射后易发生降解断链，易失光、逐渐粉化，同时固化温度通常要求在 10 ℃以上。

环氧树脂种类较多，而且新品种也不断增多，分类方法也有多种。我们就以最为常见的按照化学结构进行分类，则环氧树脂可分为缩水甘油类环氧树脂和非缩水甘油类环氧树脂两大类。

a. 缩水甘油类环氧树脂

缩水甘油类环氧树脂可看成缩水甘油（CH_2—CH—CH_2—OH）的衍生化合物。主要有缩水甘油醚类、缩水甘油酯类和缩水甘油胺类这三小类。由于在涂料行业当中最常用的为缩水甘油醚类环氧树脂，因而下面我们着重介绍该类环氧树脂。

缩水甘油醚类环氧树脂是指分子中含有缩水甘油醚的化合物，应用最为广泛的是双酚 A 二缩水甘油醚（Diglycidyl Ether of Bisphenol A, DGEBA），约占总体环氧树脂应用的 85%，DGEBA 的化学结构式如图 2-3 所示。

另外，缩水甘油醚类环氧树脂还有双酚 F 二缩水甘油醚（Diglycidyl Ether of Bisphenol F, DGEBF）、双酚 S 二缩水甘油醚（Diglycidyl Ether of

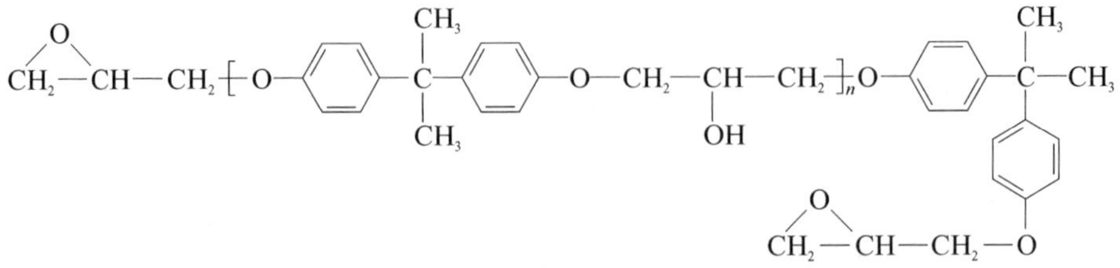

图 2-3 双酚 A 二缩水甘油醚化学结构式

Bisphenol S, DGEBS）、氢化双酚 A 型环氧树脂、线型酚醛环氧树脂、脂肪族缩水甘油醚环氧树脂、四溴双酚 A 环氧树脂。

以上的环氧树脂都因自身结构的不同拥有不同的性能特点，如双酚 A 型环氧树脂，双酚 A 骨架使得涂膜具有强韧性和耐热性，同时亚甲基使其具有柔韧性，醚键使其具有耐化学药品性能，羟基赋予涂膜的反应性和黏结性。双酚 F 型环氧树脂黏度低于双酚 A 型环氧树脂，双酚 S 型环氧树脂具有更好的耐温变和耐热性能，氢化双酚 A 型环氧树脂，固化慢，但是涂膜具有耐候性，溴化环氧树脂则具有阻燃性能等。

b. 非缩水甘油类环氧树脂

非缩水甘油类环氧树脂有线性脂肪族环氧树脂、脂环族环氧树脂和混合型环氧树脂。线性脂肪族环氧树脂具有较好的耐老化性能，在复合材料领域有部分应用。脂环族环氧树脂具有高耐热和耐老化性能，常用于高耐热性的复合材料领域。混合型环氧树脂是一些特种环氧树脂，如海因环氧树脂、难燃环氧树脂、环氧弹性体以及有机硅环氧树脂等。

环氧树脂在涂料当中作为重要的基体树脂，以其优越的性能应用于工业和生活中的方方面面，如水利、交通、机械、电子、家电、汽车及航空航天等领域。

③ 聚氨酯涂料

聚氨酯涂料是以聚氨酯树脂作为主体成膜基料，再根据涂料设计加入相应的颜填料和添加剂，通过相应的涂料制备工艺制备而成的。聚氨酯是聚氨基甲酸酯的简称，分子结构以氨基甲酸酯（—NH—C(=O)—O—）作为特征结构单元。而氨基甲酸酯是由异氰酸酯基与羟基通过逐步加成聚合反应形成的，常规的形成聚氨酯分子的反应结构式如图 2-4 所示。

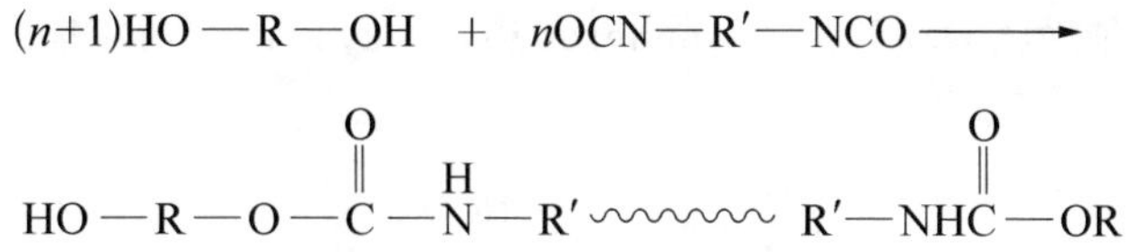

$$(n+1)\text{HO}-\text{R}-\text{OH} + n\text{OCN}-\text{R}'-\text{NCO} \longrightarrow$$

图 2-4　聚氨酯合成反应结构式

聚氨酯在涂料领域当中主体分为单组分和双组分。其中单组分涂料有氨酯油、氨酯醇酸、封闭烘烤型和湿气固化型。双组分有催化固化型和多羟组分固化型。但是从聚氨酯的性能分类来讲，无论是单组分还是双组分都是由异氰酸酯基与羟基的反应所形成。聚氨酯的性能主要由多元醇和异氰酸酯的结构决定，多元醇主要分为聚酯多元醇和聚醚多元醇，而常用的异氰酸酯如下所示。

a. 甲苯二异氰酸酯（Toluene Diisocyanate, TDI）

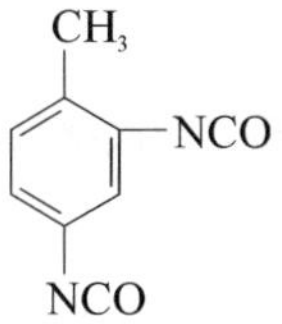

2, 4–TDI 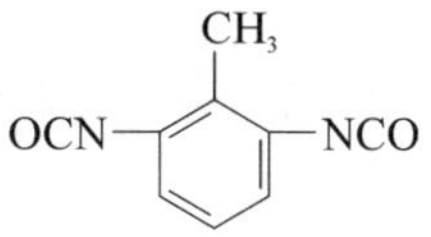　　　　2, 6–TDI

b. 二苯基甲烷二异氰酸酯（Diphenyl-methane-diisocyanate, MDI）

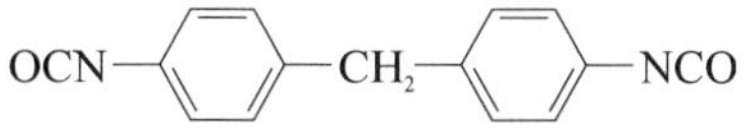

MDI 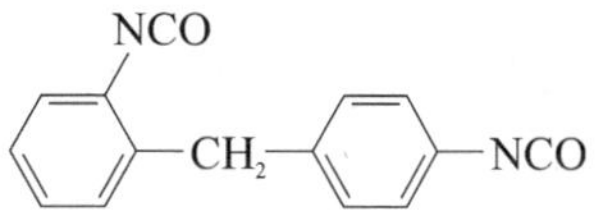　　　　2, 4′–MDI

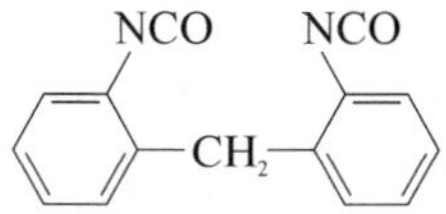

2, 2′–MDI

c. 六亚甲基二异氰酸酯（Hexamethylene Diisocyanate, HDI）

$$\text{OCN}-\text{CH}_2\text{CH}_2\text{CH}_2\text{CH}_2\text{CH}_2\text{CH}_2-\text{NCO}$$

d. 异佛尔酮二异氰酸酯（Isophorone Diisocyanate, IPDI）

TDI 是涂料应用领域中用量最大，应用最为广泛的二异氰酸酯结构的聚氨酯，价格低廉，但易挥发，有明显刺激性和毒性，涂膜易泛黄、耐候性差。MDI 相对 TDI 挥发性低、毒性低，由其制备的涂膜强度高、耐磨性好，但耐候性差、易泛黄。HDI 也有较强的挥发性和毒性，价格较高，但是其制备的聚氨酯涂膜具有高耐候性、保光性和保色性，常用于户外聚氨酯涂料当中。为了避免挥发和引起中毒，通常以 HDI 三聚体形式应用。IPDI 所制备的聚氨酯漆膜具有较好的保光性、不泛黄、耐候性好，通常用于户外用聚氨酯涂料，通常也以 IPDI 三聚体形式应用。

由于聚氨酯是由多异氰酸酯和多元醇（胺）逐步聚合反应生成的，因而其分子结构当中除了氨基甲酸酯基团（—NH—C(=O)—O—）外，大分子链上往往还含有醚基（—O—）、酯基（—C(=O)—O—）、脲基（—NH—C(=O)—NH—）、酰胺基（—NH—C(=O)—）等基团，因此大分子间很容易生成氢键。基于聚氨酯树脂自身结构，在涂料应用领域当中，涂膜具有极佳的物理机械性能，如坚韧、耐磨、丰满、高光泽，能够应用于家居各个方面的装修；涂膜还具有耐腐蚀性和电器绝缘性，能够应用于防腐蚀和电器绝缘等领域；脂肪族聚氨酯结构对于光的主吸收峰不在太阳光的广谱范围之内，具有极佳的耐候性（耐候性优于常规丙烯酸树脂），通过低温固化或室温固化，在汽车、轨道交通、航空航天、桥梁、大型建筑等领域可表现出持久的耐候、耐腐蚀性。

以上对三大类最为常见、应用最为广泛的涂料进行了相对详尽的介绍，以下的六大类涂料，我们将以更为简单的方式做个笼统性的介绍，不再做详细的介绍。如遇到针对性的涂料，可选择更为专业的书籍对此进行深入了解。

④ 聚酯涂料

聚酯涂料是以聚酯树脂为主要成膜物质的涂料。聚酯树脂是由多元醇和多元酸缩聚而成。基于多元酸的选择不同，聚酯树脂可分为不饱和聚酯、饱和聚酯、对苯二甲酸聚酯等。聚酯树脂与聚氨酯树脂的区别在于聚酯树脂分子中不含有氨基"—NH—"。应用于涂料的聚酯树脂主要以热固性聚酯树脂为主，因为在树脂的合成过程中多元醇的过量使得树脂具有固化基团—OH，树脂分子当中还有一定量的羧基，羧酸能够促进—OH与氨基树脂当中的—NR$_2$发生反应。涂料用聚酯的分子量通常不会太高，因而聚酯类涂料能够实现高固低黏的施工，进而能够形成高光、高丰满度、高膜厚的涂膜。由于分子结构当中大量存在酯键（—C—O—），涂膜具有较好的韧性、耐磨性、抗冲击性和耐划伤性。同时聚酯结构对阳光没有显著的吸收，涂膜保光保色性、耐候性极好，长期受阳光照射后无失光、泛黄现象。

由于分子链带有酯基，聚酯涂膜耐水性略差。聚酯树脂涂料广泛应用于低污染的高固体分涂料、汽车配件涂料和汽车原厂光油领域，粉末涂料也有很大一部分为聚酯粉末。

⑤ 醇酸涂料

醇酸涂料是指以醇酸树脂为主要成膜物质的涂料。醇酸树脂是由多元醇、邻苯二甲酸酐和脂肪酸等物质缩聚而成的。根据所选用的脂肪酸碳链的长短，醇酸树脂可分为干性、半干性和非干性三大类。其中干性产品在钢铁短期防腐领域中被广泛应用，由于在钢铁防腐应用当中必须加入催化剂才能使得醇酸涂料获得干燥，而催化剂的加入一方面加速了产品的干燥，但是在涂膜发挥防腐作用的过程中，催化剂也会促进涂膜的老化。同时由于醇酸当中含有大量的苯环结构，对于太阳光谱具有较强的吸收峰，容易发生黄变。

对于非干性醇酸树脂的固化，该类产品要与氨基树脂混合后，再经高温烘烤成膜，或者作为双组分产品与异氰酸酯固化成膜。这类产品实际上就是具有苯环结构的聚酯氨基烤漆和聚酯型聚氨酯结构的涂料，其与聚酯烤漆和聚氨酯烤漆涂膜的区别在于，该类产品的耐候性并不好。

醇酸树脂固化成膜后，具有光泽度高、韧性好、附着力强、耐磨性好以及良好的绝缘性等特点，不同类型的醇酸涂料在市场当中都得到了广泛的应用。

⑥ 环氧酯涂料

环氧酯是酯化型环氧树脂的简称，为环氧树脂的改性产品之一，由植物油与环氧树脂经酯化反应而制得。根据树脂溶剂的不同，环氧酯可分为水溶型、无溶剂型和溶剂型三种。可配制成气干型环氧酯涂料，涂膜对金属的附着力强，具有优良的抗水性、耐碱性、耐化学腐蚀性，涂膜坚韧、耐冲击力，主要应用于环氧酯涂料及腻子。也可配成氨基烤漆用丙烯酸或聚酯氨基涂料配套的底漆或中间涂膜品种。

环氧酯在许多物理性能与成膜机理方面与醇酸树脂相似，耐候性则与环氧树脂类似，但环氧酯在抗黏接性、抗弯、耐水、耐化学药品等许多性能方面更优于醇酸树脂。

⑦ 硝基涂料

硝基涂料的主要成膜物是硝化棉，实际配漆需要添加其他树脂（例如丙烯酸和醇酸树脂等）来调节漆膜的软硬以满足实际应用需求。通常在使用过程中，还需要加入一些增塑剂，如邻苯二甲酸二丁酯、二辛酯、氧化蓖麻油等，以提高涂膜的柔韧性。硝基涂料几乎没有办法实现水性化，至今都是以油性体系在市场当中使用。

硝基漆可分外用清漆、内用清漆、木器清漆及各色磁漆共四类，硝化棉能够有效地提高涂膜硬度以及耐磨性，但是硝化棉的耐候性较差，因而主要用于耐候要求不高的室内应用领域。

⑧ 硅涂料

硅涂料是指含有有机硅烷单体、有机硅低聚物或者有机硅高聚物的涂料体系。硅涂料在一定的条件下能够固化/交联成膜，起到耐久性防护或者装饰的作用。硅涂料当中的有机硅，其主链上的“—Si—O—Si—”键具有极佳的稳定性，因此硅涂料具有良好的耐热性能和耐化学品性能、优异的耐候性和耐腐蚀性能、出众的保光保色性能。硅类树脂分子量通常不高，尤其是硅氧烷类树脂，即便是无溶剂的树脂，依旧具有较低的黏度。因而硅涂料通常可配制成高固含量甚至是无溶剂体系，硅涂料体系仅含有少量溶剂，或者仅在固化过程中释放少量低分子醇类化合物，是一种新型的环保涂料。

另外有机硅自身结构当中，与 Si 原子相连的烷氧基数量较多，并且具有可水解性（同一硅原子上烷氧基水解活性不同），因此，硅涂料成膜物具有良好的结构可设计性，可以根据实际需要来控制硅涂料成膜物的结构，从而满足客户不同的、个性化的需求。其中将 Si 原子两边设计成甲基之类的疏水基团时，该类有机硅树脂就会有极低的表面能，由此具有很好的疏水防水性能，可以广泛应用于石材及混凝土结构的耐久性防护。

⑨ 氟碳涂料

氟碳涂料是指以氟树脂为主要成膜物质的涂料；又称氟碳漆、氟涂料、氟树脂涂料等。氟树脂涂料由于引入的氟元素电负性大，碳氟键能强，具有特别优越的各项性能，如耐候性、耐热性、耐低温性、耐化学药品性，而且具有独特的不黏性和低摩擦性。

经过几十年的快速发展，氟涂料在建筑、化学工业、电器电子工业、机械工业、航空航天产业、家庭用品等各个领域得到广泛应用，成为继丙烯酸涂料、聚氨酯涂料、有机硅涂料等高性能涂料之后，综合性能最高的涂料产品。目前，应用比较广泛的氟树脂涂料主要有聚四氟乙烯（Poly Tetra Fluoroethylene, PTFE）、聚偏氟乙烯（Poly Vinylidene Fluoride, PVDF）、氟烯烃-乙烯基醚（Fluoroethylene Vinyl-Ether, FEVE）共聚物树脂三大类型。

⑩ 其他涂料

除了上述所讲述的常用的九大类涂料以外，还有很多的涂料类别，其中一大类便是粉末涂料（不能按前述九大类来区分），另外还有很多特种涂料的存在，在此不做赘述。

2.3.2 涂装方式

涂装方式主要讨论的是涂装施工方式，常规的涂装方式有：喷涂、刷涂、滚涂、淋涂。每一种涂装方式都具有其自身的优缺点，都有其特定的应用领域。在对材料进行涂装时，需要根据实际需求进行涂装方式的选择，并做出合理的施工流程的设计。其中几种常用的涂装方式的介绍如下。

1. 喷涂

喷涂是借助于压力或离心力使涂料液体通过特殊设计的喷枪或碟式雾化器结构，使其分散成均匀而微细的雾滴，黏附于被涂物表面的涂装方法。喷涂可分为空气喷涂、无空气喷涂、静电喷涂以及由这几种喷涂形式衍生出的其他喷涂方式，如大流量低压力雾化喷涂、热喷涂、自动喷涂、多组喷涂等。喷涂工艺当中常规的空气喷涂对于涂料的使用效率为 30% ~ 60%，基于涂料当中的溶剂挥发，会造成污染环境，同时不利于人体健康，且涂料的利用率不高。而静电喷涂以及其他更新的涂装技术，能够有效地提升涂料的使用效率，并降低涂装对于环境的污染。

为了能够满足实际涂装效果的需求，涂装设计者会对涂装车间提出涂装环境达到百万级到百级的无尘的要求。为了实现喷涂的自动化，整个过程涉及喷枪系统、喷涂系统、供漆系统、干燥系统、喷涂工件输送系统，以及满足环保要求的废水、废气处理系统等。而且所有涉及的系统不仅要完备，更是需要无缝衔接的匹配联动。

喷涂作业生产效率高，适用于手工作业及工业自动化生产，根据产品外观装饰和性能要求的差异，可进行多样化的系统调整。喷涂工艺能够满足几乎所有外观装饰与性能要求，能够最完美地呈现涂料对于物体的装饰作用。因而应用范围广，主要涉及五金、塑料、家私、军工、船舶、建筑等领域，是现今应用最普遍的一种涂装方式。

2. 刷涂

刷涂是利用各种涂料刷子（毛刷为主）蘸取涂料，用刷子在制品表面进行涂刷，然后通过涂料自流平、干燥形成均匀涂膜的一种涂装方法。刷涂是现代化涂装当中最早应用的涂装方法。

刷涂法的优点是：工具简单、节约油漆、施工方便、易于掌握、灵活性好，而且对于油漆品种的适用性也强，除了特快干的油漆外几乎所有的液体油漆都可以用刷涂的方法施工。而且，用刷涂法在钢铁等表面多孔、不规整的材料上进行涂装时，漆液较易依靠刷涂的外力渗透到工件表面的微孔，因而也就增强了油漆对钢铁表面的附着力，为工件提供更好的防护作用。

刷涂法的缺点是：由于手工操作，所以劳动强度高、生产效率低，不适用于快干性油漆，需要根据实际情况进行专门调漆，若施工人员操作不熟练，动作不敏捷，涂膜会产生刷痕、流挂和刷涂不均匀等缺陷。刷涂是涂料施工当中最为古老的涂装工艺，当前依旧能够在社会生活的民用涂装当中得到广泛应用，如民用家装、防腐等。

3. 滚涂

滚涂是使用滚筒或者滚涂设备蘸取涂料之后，紧贴涂装材料表面，通过滚筒的转动将涂料涂覆于被涂装材料表面，通过涂料自流平、干燥，形成均匀涂膜的一种涂装施工方法。

滚涂工艺当中人工滚涂与刷涂具有一定的相似性，但是滚涂工艺继承了刷涂工艺的优点，同时大大提高了施工的效率。手工操作滚涂，也同样具有劳动强度较高，容易出现人为施工缺陷等缺点。滚涂常用于不具备喷涂条件的大范围车间机械设备以及家庭内墙等装饰涂装当中。对于当前市场当中大平面的施工，全自动化的滚涂方案已经得到了广泛应用，如卷钢、卷铝以及薄膜等材料的涂装，都主要以滚涂施工来实现。

4. 淋涂

淋涂就是将涂料淋到被涂覆材料表面的一种涂装施工方法，人工淋涂经常会在实验室以及检测机构对涂料相关性能测试时得到应用。实际生产当中，对小批量物件进行涂装时，也有采用手工淋涂操作，向被涂物件上浇漆（俗称浇漆法），由于这种方式难以避免人为操作带来的缺陷，应用并不广泛。工业化的淋涂方案：将涂料贮存于高位槽中，通过喷嘴或窄缝从上方淋下，呈帘幕状淋在由传送装置带动的被涂物上，形成均匀涂膜，多余的涂料流回容器，通过泵运送到高位槽循环使用。随着工业设计以及施工工艺的持续发展，针对大平面、平板以及弧度较小的产品表面进行大批量涂装时，通过淋涂自动流水线进行涂装，已经在市场当中得到了应用，如地板木器涂装、汽车配件等都获得了应用，当前也被称为幕涂或浇涂。

自动流水线淋涂工艺对单位时间涂覆到工件表面涂料量的控制有极高的要求，也就是在控制喷嘴的大小和形状或窄缝的宽度和形状上有极高的要求，必须有效控制产品表面各处的涂膜厚度相对均匀。如涂膜湿膜较厚，干燥过程中容易出现气泡，湿膜太薄则产品就会出现露底，淋涂不均匀、不到位等缺陷。对于有涂膜厚度要求的工件，当一次淋涂达不到厚度要求时，只能通过加淋来增加涂膜厚度。

自动化淋涂工艺效率极高，能够实现大批量自动化作业要求，对于涂料的使用率也非常高，但是淋涂工艺依赖于重力引起的涂料流动而实现涂覆，对于被涂覆表面有明确要求，局限于平板或其他适用于流体涂覆的表面工艺，适用于大批量生产的钢铁板材、胶合板、塑料板等平板状、带状材料的涂装。

5. 浸涂

浸涂是指将需要涂覆的材料浸入盛有涂装漆液的浸涂槽当中，浸润之后，将工件取出，通过重力作用，使得多余的涂料从涂覆材料表面流回漆液槽中，并且通过风刀以及人工处理将淤积在被涂覆材料上的漆液回收到漆液槽，而工件涂装完后，通过自然或强制干燥形成涂膜的一种涂装工艺。当前也有将工件浸润涂料之后，通过对工件的整体离心，甩掉工件表面多余的涂料，并且将甩出来的涂料回流到漆液槽当中，工件依靠传送带运送，经自然或强制干燥形成具有一定性能的涂膜，由于浸甩工艺在应用过程中常会造成工件之间的接触，导致工件表面涂膜不均匀，通常来讲该工艺必须经过两次及以上浸甩烘烤，才能最终完成具有一定功能的涂装。

无论是通过重力还是离心作用，如果浸涂在工件表面形成的涂膜的均匀性不够，表面装饰效果通常不能达到理想要求。常用于对外观装饰要求不太高而表面复杂的产品的涂装。常用的该类涂装的产品有钢铁件的车间底漆涂装、螺丝螺栓等紧固件以及其他表面结构复杂的产品。

6. 其他

在涂装方式当中，以上仅仅对常规涂料的涂装进行了介绍，还有一些涂装方式以及其他新兴的涂装工艺，本书将在后续介绍当中做出更为详尽的介绍。

2.3.3　固化工艺

涂料（粉末涂料除外）是将防护和装饰材料相对均匀的液化以便于涂装施工。而对工件进行涂装之后，只有当涂料固化之后形成了涂膜，才能达到防护和装饰的效果。而在涂装生产过程中，涂装的干燥工艺主要有自然干燥固化、强制干燥固化两大类。

1. 自然干燥固化

自然干燥固化，顾名思义，就是对工件进行涂装施工之后，便将工件放置于自然环境当中，让涂料中的溶剂在自然的环境中挥发完全，且在溶剂挥发的过程中发生一些物理化学变化进而形成固体涂膜的过程。

自然干燥属于最原始的涂料干燥工艺，适用于无须加热烘烤成膜的涂装，在大型机械设备以及室外防腐维护等领域得到了广泛应用。自然干燥的涂装过程，操作简单，能耗低，但由于涂料干燥依赖于自然环境，而环境时时刻刻都处于变化的状态当中，这使得涂料施工后干燥周期长，且存在较大的不确定性，不同环境下形成的涂膜性能也会存在一定的差异。另外工件涂装之后不能包装，需要大面积的场地陈列产品以待产品的干燥，这会影响后续的包装和运输工作的效率。

2. 强制干燥／固化

强制干燥是大规模工业生产的产物，是以流水化作业的方式，在流水线上对需要涂装的材料进行喷涂／滚涂／淋涂之后，随着流水线进入强制干燥的烘道／光固化区域，在可控的时间内，实现涂膜的表干或者实干。强制干燥最为主要的方式就是加热固化，对于水性涂料还需要进行除湿以及微波干燥等工艺。强制干燥的过程需要耗能，会造成局部环境的溶剂含量较高，造成极大的局部环境的污染，对作业工人的健康造成威胁。

另外一种强制干燥的方式是通过紫外光／发光二极管（Light Emitting Diode, LED）光固化实现强制干燥，也就是涂装完成之后的工件，经过流平、闪干之后，便通过人工紫外光区／LED 光区，使得涂膜在高能量光线的作用下，发生固化形成交联，同时辅以一定的烘烤温度，将涂料当中的溶剂强制挥发出涂膜，进而达成涂膜完全干燥的工艺。

2.4 涂装系统设计

本书讲述的涂装系统设计是指涂装前处理、涂装施工过程以及干燥过程的设计，也就是从拿到被涂装材料到实现涂装后，达到一定防护、装饰和性能提升等目的的过程设计。同时本书所介绍的涂装系统设计仅为喷涂的涂装系统设计，并且通过常规喷涂系统设计、电脑涂装设计和汽车原厂漆的涂装设计为例进行陈述。

2.4.1 常规喷涂系统设计

常规喷涂系统是指在涂装市场当中并没有对产品涂装种类和性质进行明确要求的喷涂系统，该类喷涂系统主要分布于全国各地的喷涂企业。如市场中很多的喷涂企业，其设计的喷涂系统实际上除了线体以及加工的温度有所不同以外，设计的涂装系统几乎是一致的。差别主要集中在流水线上工件的固定和摆放方式不同以及强制干燥所设定的温度和相关的配电送风等不同。这里我们就以汽车零配件当中的塑料件的涂装系统设计为例进行介绍。

1. 材料与涂装目的

塑料件自身具有极强的抵抗环境腐蚀能力，因而进行涂装主要是为了提高塑料件的表面性能，如硬度、耐磨、耐划伤以及易清洁、耐环境老化、耐化学性能等；同时塑料件可以通过涂装呈现出各式各样的装饰效果，以满足美观设计。其中汽车配件当中塑料外饰件的涂装要求涂膜具备如下性能要求，如表 2-3 所示。

其中汽车原厂漆塑料件外饰漆的性能标准（以北汽福田 2014 年标准为例）如表 2-3 所示。

表 2-3　汽车塑料件原厂漆的性能指标

序号	实 验 项 目		性 能 要 求	检测方法
1	光泽度	双层钢琴漆	＞ 90	附录 1
		单层钢琴漆	＞ 90	
		单色漆、珠光漆、金属漆	＞ 85（−5 以内可偏差）	
		其他油漆	按照图纸或技术协议要求	
2	流匀度	双层钢琴漆	LW[①] ＜ 5；SW[②] ＜ 10	附录 2
		单层钢琴漆	LW ＜ 7；SW ＜ 18	
		单色漆、珠光漆、金属漆	LW ＜ 13；SW ＜ 30	
		其他油漆	按照图纸或技术协议要求	
3	附着力	划网格法	等级 ≤ 1	附录 3.1
		十字切割法	在撕下胶带后，不允许有油漆颗粒附着在胶带上	附录 3.2

（续表）

序号	实 验 项 目		性 能 要 求	检测方法
4	耐碎石击打性		K 值[③] ≤ 2.0	附录 4
5	蒸汽喷射试验		油漆无脱落	附录 5
6	气候交变试验		相对于供货状态无明显外观和手感变化	附录 6
7	温度交变性能	高温存放	油漆表面无明显外观变化，且满足附着力要求	附录 7.1
		低温存放	油漆表面无明显外观变化，且满足附着力要求	附录 7.2
		低温性能	冲击试验后，油漆无脱落和裂纹	附录 7.3
8	耐路面水洗稳定性及耐划痕性		VE[④] ≥ 1 VR[⑤] ≥ 1	附录 8
9	耐化学试剂稳定性[⑥]	试验用燃油	油漆表面无明显外观变化	附录 9.1
		无铅汽油	油漆表面无明显外观变化	附录 9.2
		柴油	油漆表面无明显外观变化	附录 9.3
		脂肪酸甲酯柴油	油漆表面无明显外观变化	附录 9.4
		机油	油漆表面无明显外观变化	附录 9.5
		制动液	油漆表面无明显外观变化	附录 9.6
		防冻液	24 h 后油漆表面无明显外观变化，允许可逆性溶胀	附录 9.7
		抛光液	油漆表面无明显外观变化	附录 9.8
		沥青和焦油	油漆表面无明显外观变化	附录 9.9
		鸟粪模拟物	室温下进行冷却后，油漆表面无明显外观变化	附录 9.10
		松香类树脂	室温下进行冷却后，油漆表面无明显外观变化	附录 9.11
		喷涂用含硝基稀释剂	油漆表面无明显外观变化	附录 9.12
		耐酸性	油漆表面无明显外观变化	附录 9.13
		耐碱性	油漆表面无明显外观变化	附录 9.14
10	耐氙灯老化		1 260 h/2 500 kJ/m^2，外观无褪色、起泡等缺陷；灰卡 ≥ 4	附录 10
11	耐自然气候暴晒稳定性		2 年自然暴晒，油漆无明显颜色变化，且无其他外观变化，如裂纹、粉化、起泡等	附录 11

注：① LW 为长波。　④ VE 为涂膜耐路面水洗稳定性量级。
　　② SW 为短波。　⑤ VR 为漆膜耐路面水洗划痕性能量级。
　　③ K 值为耐石击性能参数。　⑥ 根据产品特性及可能接触到的化学试剂，选择相应的耐化学试剂项目。

从表 2-3 中可以较为清楚地看到，汽车外饰塑料件涂装的性能要求很清晰地说明了涂膜不仅要具有外观装饰作用，同时还必须具有对材料的防护性能。

2. 前涂装工艺

汽车外饰塑料件，主要有前后保险杠、门外饰板、翼子板饰板、门槛、后视镜外罩等。这些配件都是通过注塑工艺成型的。在涂装前塑料件通常需要通过清洗（加工和转运造成的脏污）、除油（脱模剂等）、干燥，便可以进行涂装工艺。

其中对于小件的塑料外饰件，通常来讲涂前处理较为简单，但是像前后保险杠这类大型塑料件，则是采用流水线清洗，经过除油、清洗、再清洗、干燥等前处理工艺，再进行涂装。

3. 材料涂装

汽车外饰塑料件的涂装设计中制定的工艺和方案，可以作为常规涂装设计方案的模板进行参照。我们就以保险杠的涂装设计作为示例进行介绍。

塑料保险杠喷涂质量要求如表 2-3 所示，要达到涂装设计性能要求，需要对前处理、喷涂到固化的整个过程进行严格的控制。塑料保险杠的喷涂大多采用多层喷涂工艺，外饰件（主要是保险杠）的喷涂采用"三涂两烘"（3C2B）工艺，使涂膜满足耐久性和耐候性的要求。

其中保险杠的涂装工艺流程如下所示。

（1）底漆线：表面检查→工件上线→手工擦洗干净（流水线清洗/烘干）→火焰处理→自动静电除尘→气封→喷底漆→流平→烘干→强冷→工件下线→检查→人工打磨/擦净→合格件转下道工序（不合格件离线修磨或打返修至合格后转下道工序）。

（2）面漆线：工件上线→手工擦净→自动静电除尘→喷涂面漆→流平→喷罩光漆→流平→烘干→强冷→检查、精修→合格件转下道工序（不合格件离线修磨至合格后转下道工序）。

涂装线具体设计如下。

底漆线包括擦净、火焰处理室、静电除尘室、气封、喷漆室、流平室、烘干室等；面漆线包括擦净、静电除尘室、喷漆室和流平室、面漆烘干室等。

不同的厂房结构、不同的涂装要求以及不同的单位时间产量设计都将直接影响涂装线的设计。

其中涂装线在设计上还需要控制以下几个要点。

（1）采用空调系统控制涂装线体上的温度与湿度，以确保涂装环境的稳定，控制颗粒等级和悬浮性；

（2）在压缩空气系统设计上，需确保压缩空气管路当中的空气压力足够供应喷涂线体各方面空气压力的需求，并且需要控制好压缩空气当中的水分含量；

（3）喷漆室需要根据实际涂装工件大小、喷涂设备以及人员状况，进行喷漆房的大小以及送风和抽风功率与风速的控制；

（4）供漆（油）系统，需要有效地将主漆、固化剂、溶剂进行分门别类，进行有效的系统控制以供涂装过程对于涂料的需求，并且能够按照需求进行油漆的有效过滤，确保产品涂装最终效果和质量；

（5）涂装流水线还涉及线速、加热和冷却系统的设计，另外在整个涂装设计当中还涉及产品涂装质量检测和返修等多种工艺过程的综合设计。

2.4.2 电脑喷涂系统设计

电脑是当前日常工作和生活当中必不可少的工具之一，消费者使用的电脑都是相关材料做好涂装的成品。大多数的消费者不清楚电脑部件当中材料的种类以及性能，甚至在挑选电脑的时候，或许并不会意识到自己的选择与电脑的涂装展现的装饰效果有着莫大的关系，在使用过程中，用户的手感和视觉等体验，是由电脑所用的材料及材料表面的涂装决定的。

1. 材料与涂装目的

电脑中选用的材料种类繁多，总体上分为金属和塑料两大类材料（需要涂装的材料）。其中塑料类为注塑成型材料，包括丙烯腈/丁二烯/苯乙烯共聚物（ABS）、聚碳酸酯（PC）、两种塑料合金（ABS+PC）、聚丙烯（PP）、聚酰胺（PA）、复合材料（碳纤维、玻璃纤维增强材料）等；金属类材料包括铸造成型的镁铝合金、铝合金，非铸造成型的镁铝合金板、钛合金及少部分部件使用的不锈钢。实际应用当中，有些材料是合金材料与塑料材料拼接形成一体的材料，如镁合金与 PC 拼接件，在涂装设计当中，每个环节都需要考虑拼接的两种材料不同的性能特点。

材料的种类和成型工艺，很大程度上会对后续涂装造成影响。理论上，涂装主要是为材料提供表面的装饰和防护性能。但是要实现对材料的装饰要求，就必须面对和解决材料表面因成型工艺造成的缺陷问题——修缮和遮盖材料表面的缺陷，以达到设计的装饰要求。

其中塑料注塑成型可能带来的材料缺陷问题有：熔接线/冷缝、流痕、缩水影/光影、毛边/飞边、黑点（异色点）、白化/打白、杂质/异常物、龟裂/开裂、缺料/射料不足、碰擦伤/痕、色差、起泡/空洞、细裂纹、银纹、剥离、拖拉印、气纹。

金属成型可能带来的材料缺陷问题有：熔接线/冷缝、缩水印、毛边/飞边、黑点（异色点）、杂质/异常物、缺料、起泡/空洞、裂纹。

通常来讲，电脑上所用材料的涂装需要实现装饰和防护两方面的目的，我们以常规电脑涂膜的性能要求为例（表 2-4）。

2. 前涂装工艺

对于塑料件的涂装来讲，前处理相对来讲较为简单，通常用异丙醇/酒精/正己烷等溶剂进行清洗，在进行静电除尘时即可进行底涂的涂装。

对于金属件（镁合金/铝合金）材料的前处理工艺流程为：吊挂→脱脂→水洗Ⅰ→水洗Ⅱ→皮膜→水洗Ⅲ→水洗Ⅳ→空气干燥→水切→干燥。下面以台式电脑主机箱的金属材料的前处理过程为例，展现金属材料的前处理工艺流程，如图 2-5 所示。

涂装前处理有几个方面的作用，首先是脱除油脂以及其他的脏污，以避免油污影响工件后续的表面处理。另外，很多前处理技术还能够提升金属材料的抗腐蚀性能，例如铝合金/镁合金的皮膜处理，能够对裸露的金属材料起到一定的防护作用，例如有些皮膜能够为镁合金/铝合金提供 24 h 耐中性盐雾的性能。这对用于电脑配件不喷漆的一面金属起到了重要的防腐防护作用。

表2-4 电脑涂膜常规性能要求表

序号	检测项目	检测方法	检测标准	注意事项
	测试环境	室温环境：温度（20±5）℃，湿度为（65±20）%；未标注实验环境默认为在室温环境下进行的测试		
1	外观	在400~800 lux[①]照明条件下：光源与被测样品高度正上方1 m；与肉眼距离呈45°，样件与水平面呈45~60 cm；如检测样品多个面要检测，则需对每个面按上述方法检测并且各面目检，每个面目检5~10 s相对独立	(1) 表面应光洁、色泽一致，不允许出现染色、斑点、污迹及肉眼明显可辨出的气泡、划痕、裂纹、集结小颗粒、烧结、橘皮等缺陷； (2) 具体外观检验标准请参见由笔记本研发中心制定的喷（烤）漆件外观检验标准	
2	光泽度	参考ASTM D523；入射角为20°/60°/85°； (1) 当使用60°角量所得光泽度超过70°时，须用20°角测试； (2) 当使用60°角量所得光泽度低于10°时，须用85°角测试	测试面上任一点处光泽度与ID封样相比： (1) ID封样光泽度≤10°时，光泽度公差范围为Δ±2°； (2) ID封样光泽度10°~20°时，光泽度公差范围为Δ±3°； (3) ID封样光泽底为20°~70°时，光泽度公差范围为Δ±5°； (4) ID封样光泽底为70°时，光泽度公差范围为Δ±8°	
3	颜色、色差	目测：参考ASTM D1729；分光光度计结合目测，D65光源，(23±2)℃，(65±10)%RH	(1) 测试颜色与色差，以目视为主，色差计数据为辅助；部件需色差进行组装前确定组装颜色，达到目视及色差计数值可接受的效果后，方可通过； (2) 与标准封样色板对比，无明显目视可见色差； (3) 色差要求（D65光源）： ① 一般颜色涂料：ΔL=±1.0，Δa=±0.5，Δb=±0.5，ΔE≤1.0（本标准中所计算出的ΔE为依照CMC色差公式计算出的数值）； ② 含金属颗粒涂料（如银漆）：ΔL=±1.2，Δa=±0.5，Δb=±0.5，ΔE≤1.5，结合目视，以目视为主； ③ 珍珠、幻彩等特殊效果涂料：不作色差要求，目视，以ID封样色板为标准	(1) ID封样色板以一年为期限，一年后须重新制板确认； (2) 目测光源条件：通常在810~1880 lux，但在比对很浅的颜色时可能会低到540 lux，在比对很深的颜色时明度范围必须在色板大小的60%内；照明度高到2150 lux； (3) 样板最小尺寸为90 mm×165 mm； (4) 判色距离：45~60 cm； (5) 观察角度为45°，比对样板彼此接触

（续表）

序号	检测项目	检测方法	检测标准		注意事项
4	厚度	参考 ASTM D1005；以平面板在 75 mm×150 mm 面积里任测最少 3 点，取平均厚度，要求每点测试误差小于 1 μm	底涂（中涂）	每道涂膜：10～20 μm	说明：对于深咬花底材应适当提高喷漆厚度，以满足漆膜的耐磨耗性能
			面涂（UV 涂膜）	20～45 μm	
5	硬度	参考 ASTM D3363；三菱型号 Uni 铅笔，笔尖荷重 500 g，要求在平面板上测试。硬度测试仪	塑料底材	≥2H	（1）以产品最终干燥层为准； （2）铅笔与涂膜呈 45°角，推出 6.5 mm 距离，检视涂膜有无划破或刮痕（起始段及尾段判断，以中间段及尾段判断）； （3）砂纸型号为 NO: 400； （4）测试条件为温度为（23±2）℃，湿度为（50±5）%； （5）笔心外露 5～6 mm 并成圆柱状，尖端出处与砂纸呈 90°画圈打磨到平整
			金属底材	≥3H	
			基本要求：铅笔应不切入、不擦伤漆膜，表面无残留划痕（视觉、手感均无划痕）		
6	附着力	参考 ASTM D3359；百格测试，3 M610/600 胶带	塑料底材	5B（特殊情况可以放宽到不低于 4B）	（1）刀片的刀锋角度在 15～30°； （2）膜厚在 50 μm 内的，每隔 1 mm 划一刀，全部划 11 刀； （3）用柔软的刷子或纸巾除去上面的毛屑，如果有凸点或金属尖头时用一种很细的油石打磨平并标记，然后再在原来的位置上垂直切一次； （4）胶带宽度 25 mm。剪一条 75 mm 长的胶带，让胶带的中心区域覆盖在格子上并用手指推平，再用铅笔后端的橡皮擦推平胶带确保完全接触，在 90±30 s 内拉住胶带的尾端，接近 180°向后拉（不是突然拉扯一下）。每块板测试两个地方； （5）判定如表 6-1 百格法附着力测试等级评定标准
			金属底材	≥4B	

（续表）

序号	检测项目	检测方法	检测标准	注意事项
7	RCA耐磨性	参考ASTM F2357；Norman磨损测试仪，-IBB型，(23±2)℃，55% RH，175 g循环摩擦测试，≥200次来回	基本要求：不可磨穿涂膜，不可露底漆，不可磨穿涂膜，不可露底材	(1) 要求在平面测试样板及实际喷漆料件面板都要进行检测；(2) 测试样品放平，不可有固定时产生的变形，针头与测试板垂直接触；(3) 测试前需清除表面油脂、手指纹或其他异物；(4) 纸的宽度为0.6875英寸②（常用）；(5) 慢慢地放下探针并使其与待测物垂直；(6) 周期性用软毛刷或空气清除毛屑
8	耐橡皮摩擦	耐橡皮摩擦机，EF74号橡皮，500 g/cm²，距离6 cm，速度1次/秒，一个来回计为一次	≥1 000次 基本要求：(1) 要求在平面测试样板及实际喷漆料件面板都要进行检测；(2) 不可磨穿涂膜，不可露底漆，不可露底材	
9	耐溶剂磨耗测试	(1) 使用100%的纯棉白纱布（300 mm×300 mm），浸湿以下溶剂，进行磨耗试验：500 g/cm²力，距离6 cm，速度为60次/分，来回计为一次，一个来回擦拭被测试区域，擦完后清理干净，放置2 h；(2) 测试溶剂：①95%乙醇（重点检测项目），②甲乙酮	≥500次（酒精） ≥300次（甲乙酮） 基本要求：(1) 要求在平面测试样板及实际喷漆料件面板都要进行检测；(2) 不可磨穿涂膜，不可露底漆；(3) 不可软化、溶解；(4) 当表面擦拭干净后，不可有颜色转印到衣物或手指上	

（续表）

序号	检测项目	检测方法	检测标准	注意事项
10	耐化学品测试	（1）测试物品：① 饮料，包括咖啡（雀巢二合一）、可口可乐、茶、牛奶，② 5% 白猫牌清洁剂，③ 1% 冰醋酸，④ 食用芝麻油；方法：使用 100% 的纯棉白纱布叠 5 层（30 mm×30 mm），全浸湿上述物品，放于试件漆表面上，然后用玻璃罩盖住。经过 15 min、1 h、2 h，擦拭干净，观察漆表面。（2）测试物品：① 口红（兰蔻，红色），② 水溶性油墨；方法：均匀涂于测试表面，不小于 15 mm×15 mm，经 2 h 后，擦拭干净，观察测试表面	基本要求：（1）漆层不可有损坏或阴影；（2）不可软化、溶解；（3）当表面擦拭干净后，不可有颜色转印到衣物或手指上	
11	耐热水	60℃的去离子水，将待测试件完全浸入水中，3 h 后取出，用干净脱脂棉吸净表面残留水分，进行附着性测定和外观检视	（1）表面不可有异常变化（包括出现凹痕、起泡、龟裂、剥离、破裂、脱落、露底材等缺陷）；（2）附着性≥4B	
12	盐雾试验	参考 ASTM D1654、ASTM B117-97；B117 的盐雾试验机器，35 ℃，5% NaCl，连续喷雾 96 h，擦拭干净，放置 24 h，进行附着性测定和外观检视	（1）表面不可有异常变化（包括出现凹痕、起泡、龟裂、剥离、破裂、脱落、露底材等缺陷）；（2）自然光源下，无明显目视可见褪色、变色，表面无可见光泽度改变或阴影。色差 $\Delta L=\pm 1.0$，$\Delta a=\pm 0.5$，$\Delta b=\pm 0.5$，$\Delta E\leqslant 2.0$，光泽度改变≤5%；（3）附着性≥4B。注：塑胶底材不须做此项测试	（1）用锋利的刀片与涂膜呈 45° 角切开涂膜，使其露出底材，划线不可切割到边缘处；（2）样板边缘可以透过封蜡或胶带的方式来保护

（续表）

序号	检测项目	检测方法	检测标准	注意事项
13	耐汗水性（酸、碱性）	（1）浸泡测试：(23 ± 2)℃，将被测漆膜表面的50%浸入人工汗水中，48 h后取出，静置24 h，进行外观检视并符合耐磨和附着性测试要求； （2）摩擦测试：(23 ± 2)℃，人工汗液浸湿的脱脂棉折叠4层，500 g的力，距离6 cm，来回擦拭敏感区域，一个来回计为一次，60次/分	（1）浸泡测试须满足： ① 表面不可有异常变化（包括出现凹痕、起泡、龟裂、剥离、破裂、脱落、露底材等缺陷）； ② 自然光源下，无目视可见的褪色、变色、异色，表面无可见泽度改变或阴影。色差 $\Delta L=\pm1.5$，$\Delta a=\pm0.5$，$\Delta b=\pm0.5$，$\Delta E\leq2.0$；光泽度改变 ≤5 度；③ 橡皮耐磨测试须满足； ④ 附着性 $\geq$ 4B （2）汗水摩擦测试须满足： ① 5 000 次； ② 漆膜应无起泡、起敏、裂纹现象，无明显可见异色； ③ 附着性 $\geq$ 4B	注：耐汗水测试需对酸性、碱性汗水分别进行浸泡和摩擦测试且满足相应要求： （1）人工汗水（酸性）配方：① 氯化钠（NaCl）20g/L；② 氯化铵（NH_4Cl）17.5g/L；③ 尿素（CH_4N_2O）5g/L；④ 醋酸（CH_3COOH）2.5g/L；⑤ 乳酸（$C_3H_6O_3$）15g/L；⑥ 氢氧化钠（NaOH）适量 调节溶液 pH 达到（4.7）； （2）人工汗水（碱性）配方：① 1 L 蒸馏水；② 氯化钠（NaCl）10 g/L；③ 磺 氨（NH_3SO_3）4 g/L；④ 磷酸氢二钠（Na_2HPO_4）2.5 g/L；适量（调节溶液 pH 达到 8.7）； （3）如果测试后发现任何的变化影响只在样板的边缘时，则需参考边封后重新测试
14	耐湿热	参考 ASTM D2247；条件为：50 ℃，95% RH，72 h，进行附着性测定和外观检视	（1）表面不可有异常变化（包括出现凹痕、起泡、龟裂、剥离、破裂、脱落、露底材或异色涂膜等缺陷）； （2）自然光源下，无明显可见泽度改变或阴影。表面无可见泽度改变或阴影，色差 $\Delta L=\pm1.5$，$\Delta a=\pm0.5$，$\Delta b=\pm0.5$，$\Delta E\leq1.5$；光泽度改变 $\leq5°$； （3）附着性 $\geq$ 4B	

（续表）

序号	检测项目	检测方法	检测标准	注意事项
15	耐冷热循环	参考 ASTM D6944-03；调温调湿箱，室温 1 h 降到 -40℃，-40℃ 保持 1 h，然后在 2 h 内从 -40℃升温至 80℃且湿度 85%，保持温度为 80℃，湿度为 85% 1 h，再经过 1 h 降到室温，此为 1 个循环，共 15 个循环	(1) 表面不可有异常变化（包括出现凹痕、起泡、裂、剥离、破裂、脱落、露底材或异色底涂膜等缺陷）；不可出现因内力引起变形； (2) 自然光源下，无明显因光泽度变化引起褪色、变色，表面无可见光泽变改或阴影，色差 $\Delta L = \pm 1.5$，$\Delta a = \pm 0.5$，$\Delta b = \pm 0.5$，$\Delta E \leq 1.5$；光泽度改变 $\leq 5°$； (3) 附着性 $\geq 4B$	(1) 需确保仪器内部各点温差在 3℃以内； (2) 需确保能够在 2 h 内由高温降到冷冻温度或是升温到高温； (3) 每次最少测试两个板； (4) 如果仪器本身不同时具备加热及冷冻的效果，可用两台独立的仪器来达到目的
16	耐冲击测试	参考 ASTM D2794；取被测涂料喷在试验样板片上，杜邦冲击机，1/2 英寸，500 g，50 cm 高度正冲（试验样板底材应为实际产品材质，厚度应保证在冲击测试中底材不被冲击头冲裂、冲断）	要求：漆膜可以出现轻微凹痕，但不可出现起泡、龟裂、剥离、破裂、脱落、露底材等缺陷	除非特别规定，否则样板需室温（23±2）℃及湿度（50±5）% 条件下放置 24 h
17	抗 UV 测试	参照 ASTM D4587；TABLE1 NO: 4, 100 h	涂膜不可开裂； 涂膜不可溶解或有黏稠现象； 涂膜表面无褪色、变质、起泡、剥落、破裂； $\Delta E \leq 2.0$	(1) 规范使用 UVA340 灯管； (2) 最少三组样板； (3) 不可用遮盖部分的方式来测量不同时间段的价值评估
18	低温存储	-40℃, 240 h, 恢复 2 h, 进行附着性测定和外观检视	(1) 表面不可有异常变化（包括出现凹痕、起泡、龟裂、剥离、破裂、脱落、露底材或异色底涂膜等缺陷）； (2) 自然光源下，无明显目视可见泽色改变或阴影，表面无可见光泽度变改，色差 $\Delta L = \pm 1.5$，$\Delta a = \pm 0.5$，$\Delta b = \pm 0.5$，$\Delta E \leq 1.5$；光泽度改变 $\leq 5°$； (3) 附着性 $\geq 4B$	

（续表）

序号	检测项目	检测方法	检测标准	注意事项
19	耐高温	80 ℃, 50%RH, 保持 240 h, 恢复 2 h, 进行附着性测定和外观检视	（1）表面不可有异常变化（包括出现凹痕、起泡、龟裂、破裂、剥离、脱落、露底材或异色底涂膜等缺陷）； （2）自然光源下，无明显目视可见褪色、变色。异色目视可见光泽度改变或变阴影。色差 $\Delta L = \pm 1.5$, $\Delta a = \pm 0.5$, $\Delta b = \pm 0.5$, $\Delta E \leqslant 1.5$; 光泽度改变 $\leqslant 5°$； （3）附着性 $\geqslant$ 4B	
20	安全卫生	（1）制品急性毒性试验需经地市或地市级以上卫生防疫部门检测； （2）参考欧盟《电子电气设备中限制使用某些有害物质指令》（简称《RoHS指令》）	（1）制品应无刺激性或其他令人不愉快的气味； （2）对人体和环境无任何毒害作用，符合国家相关标准； （3）对儿童安全； （4）符合《RoHS指令》	

注：① 光照度，表示被摄主体表面单位面积上受到的光通量，1 lux=1 lm/m²。
　　② 1英寸=2.54厘米。

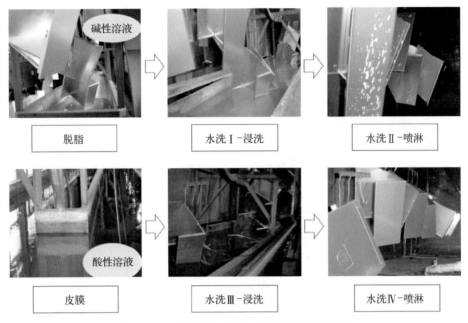

图 2-5　电脑机箱前处理主要工艺流程实例图

3. 材料涂装

电脑喷涂内容当中有塑料件和金属件的喷涂两大类，其中塑料件当中又可分为电脑外壳的塑料小配件（如推钮 / 电源按钮 / 灯销等）和电脑外壳的塑料主件（如底座 / 显示屏边框 / 机座上盖等），金属件又有电脑内部结构件以及电脑金属主件（以金属材料作为机身主要材料时，如电脑的上盖、底座、显示屏边框等）。本章以塑料主件的涂装工艺为例进行电脑类工件的涂装工艺介绍，其中电脑塑料主件使用的涂料产品主要以单组分丙烯酸涂料作为色漆，再用双组分聚氨酯涂料（2KPU 涂料）/ 光固化涂料或弹性柔感涂料作为面漆或罩光的涂装设计，其中 UV 罩光和弹性面涂（2KPU 面涂与弹性面涂工艺类似）的涂装的工艺流程如图 2-6 和图 2-7 所示。

从上述的两种不同面涂的涂装工艺流程图中可以看到，在使用 UV 光固化罩光涂装时，无论是底漆还是面漆都必须经过防静电除尘工艺。而使用弹性面涂涂装时，则不一定需要，工艺流程当中只是在面涂涂装前进行了防静电除尘，是为了提升一次性成品率。另外 UV 罩光工艺对于涂膜厚度要求更薄，这对于涂装达成相同良率的要求更高。

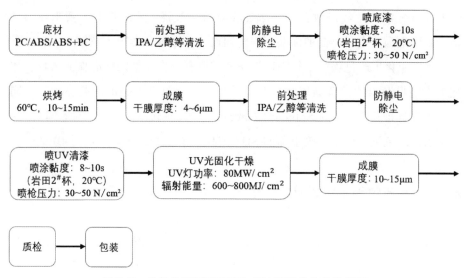

图 2-6 单组分丙烯酸底漆加 UV 罩光的涂装流程图

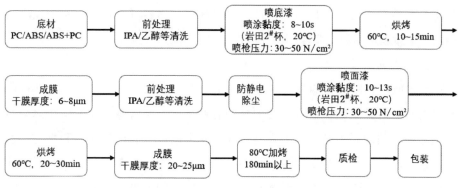

图 2-7 单组分丙烯酸底漆加弹性柔感涂料涂装流程图

另外为了确保一次性涂装良率, UV 光固化涂装有如下基本要求:(1)无尘式作业车间,内设封闭式喷房(含烘箱及 UV 光固化烘箱);(2)恒温恒湿,尤其是 UV 喷房;(3)UV 喷房排气抽气系统要好。如果在相关的环节控制不到位,就可能导致 UV 涂膜产生砂点、毛屑、橘皮、流平差、内含气泡等问题。而 UV 面漆很难重涂,即便是使用 UV 水擦拭实现了重涂,性能也难以达标。如果有表面颗粒、毛屑等缺陷,可通过对缺陷部位抛光打蜡达成涂装装饰要求,可以补救涂装的不良以提升良率。如果是其他问题,则无法通过抛光解决,基本上只能报废材料。因而 UV 罩光工艺,必须达到较高的一次涂装的良率才能产生经济效益，在涂装环境以及涂装工艺的控制上要求较为严格。其中电脑等电子产品的涂装厂房车间设计蓝图可参考第十章图 10-6。

大工业化生产过程中，每一道工序都需要有一个完整的标准作业流程，才能为大规模产出的消费品提供质和量的保证。在电脑产品的涂装当中，不同工件喷涂标准作业流程（Standard Operation Procedure, SOP）有所不同，这里给出某厂笔记本电脑外壳上盖的 SOP 流程仅供参考，如第十章图 10-7。

2.4.3 汽车喷涂系统设计

汽车上诸多材料都需要进行涂装处理，以达到为相关材料表面防护和装饰，最终满足汽车的各个部件的相关装饰和性能要求的目的。汽车涂装实际上涉及诸多材料的涂装，有金属的零配件、塑料零配件以及整车涂装。由于零配件的喷涂在前面常规喷涂系统当中所陈述的内容可满足汽车零配件涂装需求，本章就汽车原厂整车漆的涂装设计进行阐述。

1. 材料与涂装目的

汽车原厂整车漆指的是汽车表面钢板上的涂装用漆，汽车用钢板即被涂装的材料。对整车钢板进行涂装的目的有两个，一是防腐，要确保在汽车的使用年限范围内，未经受外力强制破坏，要求钢板不能出现起泡和生锈等任何腐蚀状况；另外非常重要的一方面就是装饰作用，汽车作为消费品，能够做到外观漂亮，吸引消费者眼球是所有汽车厂家的追求。因而汽车原厂漆的涂装，其防腐功能和装饰作用必须能够完全达到要求，才能算实现了涂装的目的。

在汽车领域当中，涂装要满足一定的防腐和装饰要求，为此汽车行业制定了汽车漆的通用（基础）性能标准 QC/T 484-1999，但是更多的汽车厂家在 QC/T 484-1999 标准的基础上，制定了自身的企业标准，汽车企业制定的企业标准都是根据自身品牌以及市场效应给出来的要求，相关的性能要求都要高于 QC/T 484-1999。例如一汽集团根据自身实际情况，在 2002 年编制并实施了标准号为 Q/CATBD-12-2002 的企业标准，随后又在 2007 年修订并实施了 Q/CAYT-12-2007 标准，不仅在相关性能指标参数上更高，更是对于相关检测项目内容做出了更加贴近实际的调整和修订。

还有依维柯（IVECO），鉴于依维柯有车身组、车厢组/发动机组、车架和地盘组几大类，相关性能标准都是根据 QC/T 484-1999 标准制定，并在实践中不断地修正调整标准内容。其中依维柯在涂装上对车身组和车厢组还提出了甲级要求和乙级要求区分档次。其中在车身组当中甲级要求最高，因而我们以依维柯的车身组甲级要求的性能指标对比 QC/T 484-1999 作为示例，来了解一下汽车原厂车身漆的涂装目的和要求，如表 2-5 所示。

如表 2-5 所示，依维柯车身漆的性能要求很好地体现了汽车涂装的价值和意义，也很好地展示了汽车车身漆的涂装目的，其根本目的就是对汽车钢板的防护和装饰。其中防护性能指标考虑了汽车在使用过程中可能碰到的钢板腐蚀以及涂膜受到侵蚀的状况。这些性能指标就是要求涂装能够赋予汽车车身以上表格所列出的性能，达到涂装的目的。

2. 前涂装工艺

汽车用钢板基本上都是各大钢铁公司直接生产的配套钢板，为了让钢板在出钢厂到汽车厂的储存和运输过程中不出现锈蚀等问题，通常需要对钢板进行防锈处理，这其中最为常见的防锈处理方式就是涂刷防锈油。但是即便如此，汽车在用钢板做成车身之后，依旧存在局部已经出现锈蚀的状况。为此汽车车身进行涂装前需要经历除锈、脱脂、表调、磷化、钝化，再经过阴极电泳底漆，之后才进行喷涂涂装。本章以一汽集团轿车生产涂装工艺作为前涂装工艺的介绍，其前处理和阴极电泳底漆工艺流程如下所示。

（1）前处理工艺流程

热水洗（50℃±5℃）→预脱脂（50℃±5℃）→脱脂（50℃±5℃）→NO.1 水洗→NO.2 水洗→表面调整→磷化（40℃±5℃）→NO.3 水洗→NO.4 水洗→钝化→NO.5 水洗→循环去离子水洗→洁净去离子水洗→沥干。

（2）阴极电泳底漆工艺流程

阴极电泳及 NO.0 超滤滤出液（UF 液）洗（28℃±1℃）→NO.1 UF 液洗→NO.2 UF 液洗→洁净 UF 液洗→循环去离子水洗→洁净去离子水洗→沥干/转挂→电泳烘干（180℃，30 min）→强冷→缓冲→电泳漆检查/钣金修整。

表 2-5　依维柯车身组甲级性能指标与汽车国标甲级性能指标对比表

涂膜特性	涂层 JB/Z111-86① TQ1甲			主要质量指标 IVECO FIAT标准			NJ 171601	备注
	测试项目	指标	试验方法	测试项目	指标	试验方法		
属于优质装饰、保护性涂膜，具有优良的耐候性、耐水性、装饰性和机械强度，适用于湿热带气候地区在广州、海南岛等地区暴晒2年或使用4年	1. 涂膜外观	平整光滑，表面允许有颗粒，允许有轻微橘皮，光泽均匀无花脸	目测	1. 涂膜外观	面漆平整光滑	目测	1. 标准车型按 IVECO 标准执行； 2. 军车按 JB/Z111-86 TQ1甲平光漆标准执行； 3. 图纸标注范例：件号、名称 漆以 NTQ1甲 蓝色漆 IC-198 红色漆 IC-195 白色漆 IC-194 绿色漆 IC-107 哑军绿漆 GY-06	1. 车身底板外表面和翼子板内表面应涂底漆后，应涂防声耐磨绝热防石击涂料，焊缝连接处应涂密封胶； 2. 达到该质量指标推荐的工艺参照 IVECO 17-16021 （1）前处理工艺 ① 清漆局部锈迹 ② 碱性去油剂去油 ③ 表面调整 ④ 磷化 （2）阴极电泳底漆 IVECO CMD 18-1602 （3）涂焊缝密封胶 （4）裙边以及车底漆聚氯乙烯（Polyvinyl Chloride, PVC）
	2. 光泽（60°）有光漆 哑光漆	不低于 90° 不高于 30°	GB 1743-79	2. 流坠性	≥45 μm	FIAT 50494		
	3. 涂膜厚度 底漆厚度 面漆厚度 总厚度	不低于 15 μm 不低于 40 μm 不低于 55 μm	GB 1764-79	3. 光泽	92°	FIAT 50457		
	4. 机械强度 冲击/(kg·cm) 弹性/mm 硬度 附着力	哑光 40 有光 30 3 5 ≥0.4 ≥0.5 1级 1级	GB 1732-79 1731-79 1730-79 1720-79	4. 涂膜厚度 （1）底漆厚度 裙带以上 裙带以下 裙带中涂 内腔 （2）面漆厚度 a. 单色漆 车身外壁前部 车身外部 车身门框、内壁 无其他保护部位 b. 闪光漆 底色漆 罩光清漆 （3）总厚度（外表面） （4）车底 PVC：厚度	30~40 μm 35~40 μm 20~40 μm ≥15 μm 50~60 μm 35~60 μm 20~60 μm 20±5 μm 30~40 μm 65~100 μm 不低于 0.3 mm	FIAT 50711		
	5. 耐候性	不起泡，不粉化，不生锈，不开裂，允许失光率不大于30%和明显变色	GB 1767-79					

（续表）

涂膜特性	涂层的主要质量指标						NJ 171601	备注
	JB/Z111-86① TQ1甲			IVECOFIAT标准				
	测试项目	指标	试验方法	测试项目	指标	试验方法		
	6. 耐腐性 （1）盐雾试验	700 h合格	JB/Z111-864·11a法	5. 机械强度（P）摆度（硬度）杯突 附着力	250～350 综合涂膜≥4 mm 100%	IVECO 15-6021 FIAT 50454 FIAT 50461		（5）面漆 ① 单色丙烯酸或聚酯面漆烘干型 ② 两层金属闪光漆烘干型 （6）车身骨架构件内腔喷涂防护蜡 （7）出国车车身外表喷外表保护蜡
	（2）行车使用，在长江以南地区使用5年或20万千米	不应产生穿孔，腐蚀或锈蚀产生的结构损坏		6. 耐候性 （1）人工老化连续750 h（气候老化仪）	允许色调光泽有轻微变化 光泽允许减小≤6% 不允许粉化	FIAT 50451		
	7. 耐水 浸入50 ℃水20个循环	允许变粗，但不应起泡	JB/Z111-864·10a法	（2）紫外老化 紫外冷凝250 h	不允许有表面缺陷 光泽允许减小≤10% 杯突≥3 mm	ASTM G 53		
	8. 耐碱性	4 h不发糊，允许轻微变色	JB/Z111-864·8b法	7. 耐盐雾腐蚀 光板+阴极电泳+面漆500 h 磷化板+阴极电泳+面漆1 000 h	除试板边缘1 cm处外，不允许有腐蚀点 切口外扩蚀宽度不大于2 mm	FIAT 50180方法B1		
	9. 耐酸性	24 h不发糊，无斑点，允许轻微变色						

（续表）

涂膜特性	涂层的主要质量指标						备注
	JB/Z111-86① TQ1甲			IVECOFIAT标准			NJ 171601
	测试项目	指标	试验方法	测试项目	指标	试验方法	
	10. 耐汽油性浸在 RQ-70 号汽油中	4 h 无变化	GB 1734-79	8. 耐水性（60℃±3℃，24 h）和随后附着力	不允许起泡、脱落，失光 附着力减小≤5%	FIAT 5 0461方法 B2	
	11. 耐机油性浸在 HQ-10 号机油中	48 h 无变化	化暂 2017-57	9. 抗石击试验 试片经去油、磷化、电泳及面漆，在4块试板上进行	冲击石头的号数≥6，在 600 cm² 试板表面石击点数＜400，点的直径在 A~B	FIAT 50488/01 试片温度为 20℃±2℃	

注：① JB/Z111-86 标准为汽车油漆涂层标准，于 1974 年首次发布。1999 年 3 月，国家机械工业局地准将本标准更名为 QC/T484-1999。

3. 材料涂装

在车身进行了前处理之后，就需要进行车身的底、中、面三层涂料的涂装，其中涂装的工艺流程如下所示。

（1）PVC涂装工艺流程

转挂→上遮蔽→喷车底防护涂料→下遮蔽→转挂→焊缝密封胶→铺沥青垫片→PVC涂料喷涂→烘干（140℃，15 min）→强冷→缓冲/AUDIT抽检[①]。

（2）中涂涂装工艺流程

电泳底漆打磨→擦净→喷中涂（手工喷涂→自动喷涂→检查补喷）→晾干→中涂烘干（150℃，30 min）→强冷→缓冲。

（3）面漆涂装工艺流程

中涂打磨→面漆前编组→擦净→喷基色漆（手工喷涂→自动喷涂→检查补喷）→晾干（预留水性基色漆预热区）→喷罩光漆（手工喷涂→自动喷涂→检查补喷）→晾干→面漆烘干（140℃，30 min）→强冷→缓冲→检查修饰（点修补/大返修回面漆线/AUDIT抽检）→B立柱贴黑胶条→面漆后编组→转挂→喷蜡/涂黑漆→合格品送总装。

---

① AUDIT抽检是一种新型质量检验方法，它站在消费者的立场上，促使企业主动地去满足顾客需求，从而能够使企业在激烈的质量竞争中稳操胜券。

第三章　涂装材料——涂料

本书前面介绍了涂装的基材以及涂装的目的与要求、涂装前处理和涂装过程设计，这些都是从宏观层面上对材料的涂装进行介绍。实际生产当中，上述的每一个环节都会出现一些具体的问题，统称为涂装产生的问题，这些问题是涂装企业和涂装人员在实际生产应用过程中会面临的问题。本章将对涂装使用的主体材料——涂料进行介绍，并针对涂料自身在涂装应用过程中会呈现出的问题进行剖析。

在本书的第二章当中，已经对涂装的主要材料——涂料，按照成膜树脂的种类进行了分类，并对各种成膜树脂的性能特点进行了简要的介绍。而涂料的状态和性能取决于涂料的配方以及生产工艺的系统设计。在涂料配方系统当中，最为核心的成分之一就是成膜的黏合剂——树脂（在此我们不再赘述）。在进行涂料配方设计时，选择了得当的树脂之后，颜填料、溶剂和助剂的选择和整个涂料系统的平衡设计将决定涂料最终呈现出何种状态和性能。而且涂料自身的问题，是涂装过程中碰到的众多问题当中的重要类别，要解决这些问题就必须从涂料的配方设计和生产工艺入手，进行有效的调整才能最终解决由涂料自身问题造成，而经涂装呈现出来的问题。

鉴于本书在 2.3.1 章节进行涂装材料的介绍时，是以涂料的成膜树脂类型进行介绍的，本章节在对涂料组分的介绍当中，就不再重复介绍涂料树脂的内容，而以介绍溶剂、颜填料和助剂为主。

3.1　溶　　剂

涂料是一种可以变换形状的材料，可以呈现出涂装者想要达成的形状和性状。这都源于对材料的液化之后，使得材料能够犹如水一般可塑造成诸多的形状，便于在其他材料表面进行施工和应用。而且在涂料施工之后，随着溶剂的挥发，涂料会固化成为涂装设计设定的表面性能和装饰效果。其中液化过程使得材料能够随被涂覆物的形状而呈现出特定的形状，而固化过程则将涂料的性能呈现于被涂覆物表面，达成涂装设计的设定。承担材料的液化与固化过程的核心原料就是涂料当中的溶剂，因而溶剂在涂料当中一方面是涂料成膜物质溶解/分散的介质（将固体液化成为可涂装的材料），这很大程度上决定了涂料中树脂类物质的溶解状态以及成膜颜填料和相应助剂的分散和分布状态；另一方面溶剂成分以及性质将决定着涂料的干燥成膜的物理过程，如干燥速度、表干时间、实干时间，涂膜形成后留下来的气体挥发通道状态等。

3.1.1　液化过程（溶解和分散作用）

1. 溶解作用

判断溶剂对于树脂的溶解性强弱主要参照两者的溶解度参数是否接近，也就是相似相溶的原理。相似相溶原理，对于选择适宜的溶剂对树脂进行溶解具有重要的指导作用，但实际情况也会出现一些溶解度参数相近，但溶剂完全不能溶解树脂的情况，因而溶剂对于树脂的溶解性如何，还将以实际测试结果为依据。常见溶剂的溶解度参数如表 3-1 所示。

表 3-1　不同溶剂的溶解度参数及其非极性参数、极性参数和氢键参数对应表

物质种类	δ_{total}	δ_D	δ_P	δ_H
正己烷	14.7	14.7	0	0
环己烷	16.8	16.8	0	0
甲苯	18.2	18.0	1.4	2.0
二甲苯	18.1	17.8	1.0	3.1
乙苯	17.9	17.8	0.6	1.4
苯乙烯	19.1	18.6	1.0	4.1
正丙醇	24.0	15.1	6.1	17.6
异丙醇	23.8	15.3	6.1	17.2

（续表）

物质种类	δ_{total}	δ_D	δ_P	δ_H
正丁醇	23.3	16.0	6.1	15.8
异丁醇	22.7	15.3	5.7	15.8
2-乙基己醇	20.2	16.0	3.3	11.9
异己醇	22.4	17.4	4.1	13.5
二丙酮醇	20.9	15.8	8.3	10.8
丙酮	19.9	15.6	11.7	4.1
甲乙酮	19.0	16.0	9.0	5.1
甲基异丁基酮	17.0	15.3	6.1	4.1
环己酮	20.4	17.8	7.0	7.0
乙酸乙酯	18.4	15.1	5.3	9.2
乙酸丁酯	17.3	15.1	3.7	7.6
丁基纤维素	21.0	16.0	6.3	12.1
二乙二醇乙醚	21.7	16.2	7.6	12.3
二乙二醇丁醚	20.4	16.0	7.0	10.6
水	47.8	14.3	16.3	42.6
聚苯乙烯	19.0	17.5	6.1	4.0
聚醋酸乙烯酯	23.0	18.9	10.1	8.1
聚甲基丙烯酸甲酯	22.9	18.7	10.1	8.5
聚氯乙烯	22.3	19.1	9.1	7.1
环氧树脂	23.4	17.3	11.2	11.2

注：其中，$\delta_{total} = \sqrt{\delta_D^2 + \delta_P^2 + \delta_H^2}$；$\delta_D$= 非极性参数；$\delta_P$= 极性参数；$\delta_H$= 氢键参数。

在涂料树脂确定之后，首先要选择的就是能够将树脂有效溶解的溶剂种类和配比。根据相似相溶原理，我们可以根据树脂的溶解度参数数据并结合以上溶剂的溶解度参数表选择出适宜的溶剂。虽然相似相溶原理是一个经验性原理，但在绝大多数的时候，该原理在树脂之间、树脂与溶剂之间以及溶剂与溶剂之间的相溶性预判上，具有很强的指导意义。尤其在进行溶解度参数对照时，并不是将总体溶解度参数进行数值对比，而是将两者的极性参数和非极性参数分开对比，当极性参数和非极性参数都具有较高的相似度时，两种物质之间的相溶性通常都较好。表3-2罗列了一个针对涂料当中常用溶剂之间以及溶剂与树脂之间的相溶性的实际情况与溶解度参数的差值的对应表。

表 3-2　两种物质相溶情况对应溶解度参数表

组分 1	组分 2	溶解性	$\Delta\delta$
正己烷	甲醇	差	14.1
	聚二甲基硅烷	好	0.4
	聚异丁烯	好	1.4
正庚烷	二乙醚	好	0.2
	苯	好	3.5
	乙二醇	差	13.2
	水	差	30.6
正辛烷	二氯甲烷	好	4.7
甲苯	聚醋酸乙烯酯	好	0.4
正丙醇	聚二甲基硅烷	差	9.2
乙醇	聚醋酸乙烯酯	好	6.9
	聚异丁烯	差	9.8
甲醇	聚丙烯酸酯	中	8.4
	聚苯乙烯	差	11.0
乙酸乙酯	聚苯乙烯	好	0.8
丙酮	聚甲基丙烯酸甲酯	好	0.6

通过对比表 3-2 中的数据，可以得到，当溶解度参数差 $\Delta\delta$ 达到 8 左右（表中有 8.4）就开始呈现出相溶性适中，$\Delta\delta$ 达到 9 左右（表中对应 9.2）时就已经呈现出相溶性差的现象。因而在选择溶剂的时候，通常选择 $\Delta\delta < 6$ 的溶剂进行混溶和溶解其他物质。

相似相溶原理在绝大多数的时候，能够非常有效地帮助我们在设计涂料配方时进行溶剂的选择，尤其是对非极性参数、极性参数和氢键参数进行相溶性考量时，相似相溶的概率是极高的。但是也有特殊情况，如在水性树脂当中 pH 对于树脂的溶解度有极大的影响，例如水性阴离子树脂，通常在碱性的涂料体系当中与水有很好的混溶性，但是当涂料体系呈酸性或者中性时，该类树脂就完全不能与水混溶。因为 pH 的变化涉及树脂由分子间相互作用到离子间相互作用的转变，所以对于理论溶解度参数不变的树脂，出现了极大的溶解性的转变。同理水性的阳离子树脂当中，当涂料体系呈酸性时，便能够呈现出很好的水溶性，但若涂料体系呈碱性时，树脂便不能与水相溶。

2. 分散作用

在油性涂料当中，溶剂对于树脂的作用通常是以溶解作用体现出来的，而在水性涂料当中，溶剂对于树脂（水溶性）起到溶解作用，但是对于乳胶和二级分散体则是以分散作用为主。对于相关的助剂，如分散剂、润湿剂以及增稠剂等，溶剂的作用更多的是溶解（半溶解——消泡剂）的作用。

对于颜填料而言，无论是水性体系还是油性体系，溶剂都发挥着分散介质的重要作用。只有在溶剂的作用下，颜填料才能有效地分散于体系当中，以液态的形式满足涂装要求，进而完成颜填料在涂料当中的作用。

3.1.2 固化过程（挥发作用）

溶剂在涂料制备过程中承担着液化材料的功能，在施工的过程中，溶剂还承担着根据施工现场的变化进行涂料施工适应性调整的任务，在施工之后，溶剂则承担着挥发干燥，使成膜物质按照一定的规律排布并留存在被涂覆物的表面，形成所需的涂膜。

而在涂料固化过程中，溶剂的挥发对涂膜结构（内部和表面）有很大影响，进而影响着涂膜的性能和外观。这是因为溶剂的挥发在造成涂料的干燥和固化的同时，也会产生其他的变化，最终可能导致涂膜内部和表面结构以及性能等方面的诸多问题。其中具体的变化如下所示。

（1）溶剂挥发有速度差异，这会导致涂料施工后，留存于涂膜中的溶剂无论是种类还是比例都处于不断的变化中，进而使得涂料当中的树脂在体系中的溶解性在不断变化，颜填料的分散稳定性也在不断变化。而这些变化将对最终形成的涂膜的结构和性能造成影响。

（2）溶剂挥发会在涂膜内部以及表面形成一定的向涂膜表面方向的趋向力，这会造成涂膜当中微粒的定向运动，使得涂膜当中微粒分布出现差异化，造成涂膜结构的不均一，进而演变成其他问题。其中消光粉对涂膜进行消光就是基于此原理来实现的，但是涂膜经过消光之后，涂膜的机械性能、耐化学品性能以及耐久性能，较消光之前都会出现不同程度的下降。

（3）溶剂挥发必然需要通道，如果溶剂挥发的通道受阻（涂膜表面已经干燥），底层溶剂的挥发会直接造成涂膜的针孔、火山孔、起泡等缺陷。如果溶剂挥发通道始终得不到填充，则会造成涂膜封闭性不佳；而如果溶剂挥发通道填充得太好，又会造成涂膜不具备一定的呼吸功能，也可能造成蒸汽或其他物质侵入后影响涂膜的后续性能，如附着力、表面状态等。

（4）溶剂的挥发速度和梯度决定涂膜的表干与实干时间，更是很大程度上决定涂装过程的设计。如果不能根据实际涂装需求进行溶剂的选择与配比的调整，可能造成诸多的涂装工艺与涂料的干燥过程不匹配的问题，进而造成涂装施工后出现各种实际问题。

在涂料配方设计当中选择溶剂，一方面要考虑对于成膜树脂的相溶性以及对于颜填料的分散性，另一方面还要考虑施工环境和干燥固化工艺条件。能够用于市场的涂料，必须要求选择和配制的溶剂能确保涂料制备过程的便利性和涂料储存的稳定性，还需满足涂料施工与干燥固化过程中对于溶剂挥发速度的要求。其中溶剂的挥发性与溶剂的物理性质有极大的相关性。表3-3就列出了常用溶剂的相关物理性质参数，此表罗列出的参数及数据，能够为涂料配方设计以及稀释剂的配制设计提供有效的参考。

表3-3　常用溶剂的物理性质参数

溶剂种类	摩尔质量/（g/mol）	沸点/℃	折光率（20℃）	密度（20℃）/（g/cm³）	蒸发数值	蒸汽压（20℃）/（hPa①）	闪点/℃	燃点/℃	爆炸极限（体积分数）/%
脂肪烃及其混合物									
正己烷	86.2	65～70	0.675	1.372	1.4	190	−22	240	1.2～7.4
100号溶剂	123	155～181	0.877	1.502	40～45	3	41	＞450	0.8～7.0
150号溶剂	155	178～209	0.889	1.515	120	1	62	＞450	0.6～7.0
汽油溶剂	123	150～195	0.870	1.500	40～45	3	41	＞450	0.8～7.0
挥发油135/180	131	135～175	0.766	1.428	25～30	70	−22	210	0.6～7.0
环己烷	84.2	80.5～81.5	0.779	1.426	3.5	104	−17	260	1.2～8.3

（续表）

溶剂种类	摩尔质量／(g/mol)	沸点／℃	折光率(20℃)	密度(20℃)／(g/cm³)	蒸发数值	蒸汽压(20℃)／(hPa①)	闪点／℃	燃点／℃	爆炸极限(体积分数)／%
芳香烃									
二甲苯	106.2	137～142	0.87	1.489	17	90	25	562	1.0～7.6
甲苯	92.1	110～111	0.873	1.499	6.1	290	6	569	1.2～7.0
苯乙烯	104.2	145	0.907	1.547	16	60	31	490	1.2～8.3
醇类									
丙醇	60.1	97.2	0.804	1.386	16	19	23	360	2.1～13.5
正丁醇	74.1	117.7	0.811	1.399	33	6.6	34	360	1.4～11.3
异丁醇	74.1	107.7	0.802	1.396	25	12	28	410	1.5～12
乙辛醇	130.2	183.5～185	0.833	1.432	600	0.5	76	250	1.1～12.7
异十三醇	200.2	242～262	0.845	1.448	>2 000	<0.01	115	250	0.6～4.5
乙二醇醚									
乙二醇丁醚	118.2	167～173	0.901	1.419	163	1	67	240	1.1～10.6
乙二醇丙醚	104.2	150.5	0.911	1.414	75	2	51	235	1.3～15.8
乙二醇己醚	146.2	208	0.887	1.429	约1 200	0.08	91	220	1.2～8.4
二乙二醇甲醚	120.2	194.3	1.021	1.424	576	0.3	90	215	1.6～16.1
二乙二醇丁醚	162.2	224～234	0.956	1.431	>1 200	0.1	98	225	0.7～5.3
乙二醇甲氧基丙醚	90.1	122.8	0.934	1.403	25		38	270	1.7～11.5
乙二醇乙氧基丙醚	104.1	132	0.896		33	<10	40	255	1.3～12
酯类									
乙酸丁酯	116.2	123～127	0.880	1.394	11	13	25	400	1.2～7.5
乙基乙氧基丙酸酯	146.2	170	0.943		96	2	59	327	1.05
乙酸乙酯	88.1	76～78	0.900	1.372	2.9	97	-4	460	2.1～11.5
乙酸异丁酯	116.2	114～118	0.871	1.390	8	18	19	400	1.6～10.5

（续表）

溶剂种类	摩尔质量/（g/mol）	沸点/℃	折光率（20℃）	密度（20℃）/（g/cm³）	蒸发数值	蒸汽压（20℃）/（hPa①）	闪点/℃	燃点/℃	爆炸极限（体积分数）/%
丙酸乙酯	146.2	158	0.941	1.405		2.27	54	325	1.0～9.8
丙酸甲酯	132.2	143～149	0.965	1.402	33	4.2	45	315	1.5～10.8
乙酸戊酯	130.2	146	0.876	1.405	14	6	23	380	1.1
丁基乙酰乙酯	160.2	190～198	0.945	1.415	250	0.4	75	280	1.7～8.4
酮类									
甲基异丁酮	100.2	115.9	0.800	1.396	7	20	14	475	1.7～9.0
丙酮	58.1	56.2	0.792	1.359	2	245	−19	540	2.1～13
环己酮	98.2	155	0.945	1.451	40	3.5	44	455	1.1～7.9
甲乙酮	72.1	70.6	0.805	1.379	2.6	96	−14	514	1.8～11.5
甲戊酮	114.2	150.6	0.816	1.411	25	5	49	393	1.1～7.9
甲基异戊酮	114.2	141～148	0.813	1.407	55	6	41	425	1.1～8.2
异佛尔酮	138.2	215	0.922	1.478	230	3	96	460	0.8～3.8
其他									
水	18	100	1.000				—	—	—
丙烯碳酸酯	102.2	242	1.206		＞1 000		123		

注：① 1 hPa=100 Pa。

　　对于溶剂的挥发，涂料行业中从业人员通常以溶剂的沸点作为溶剂挥发速度的直接参照，实际上溶剂的挥发速度与溶剂沸点并不呈现明确的函数关系。虽然通常沸点较低的溶剂具有更快的挥发速率，因为挥发还与溶剂的饱和蒸气压、溶剂分子间相互作用、溶剂与空气界面分布形态有关。能够直接对应溶剂挥发速率的参数为上表当中的蒸发数值（evaporation number），蒸发数值是以溶剂相对于乙醚相同条件下的蒸发分子的数量的比值。当蒸发数值小于 10 时，溶剂的挥发速率较快；当蒸发数值为 10～35 时，溶剂的挥发速率适中；当溶剂的蒸发数值大于 35 时，溶剂的挥发速率较慢。

　　通常涂料当中的溶剂会选择多种溶剂混用，一方面可以调节整个溶剂体系的相溶性，另一方面是能够将溶剂体系的挥发调节成有序、有梯度的逐步挥发，以保证涂膜干燥过程中，溶剂能够保持相对均匀而适宜的挥发速度，以达成施工需求，同时保证涂膜的结构与性能。

3.2 着色剂和添加剂

涂料当中树脂是涂膜的黏合剂，溶剂实现了涂膜材料的液化以及固化过程控制，一部分涂料只需要树脂和溶剂就能够满足使用和施工要求，这也是最早、最简单的涂料产品。如今市场当中，更多的涂料需要为基材提供颜色装饰，以遮盖基材的缺陷以及达到防腐蚀、防老化等目的。这就要求涂料当中必须引入颜料、填料或其他添加剂，来满足材料对颜色以及相关性能的需求。

当颜料、填料引入之后，要确保实现引入颜料带来的功能效果，就必须牵涉到润湿剂、分散剂的使用，而当润湿剂、分散剂等助剂加入之后，整个体系对气泡的稳定性将大幅提升。进而需要引入消泡剂来解决涂料生产过程中因颜料等粉料带入的空气以及机械分散过程中混入的空气（以气泡形式存留于涂料中）。另外通常颜料的密度较溶剂更大，甚至远远的大于溶剂的密度，这又会造成颜料在涂料体系当中沉降的问题，所以需要使用防沉剂。另外除了助剂以外，填料也是涂料中通常会添加和提及的重要内容之一。同时涂料在施工的过程中还有诸多的问题，依靠树脂、溶剂、颜填料不能解决的问题，都需要助剂对涂料体系进行适当的调节才能解决。

其中，涂料当中引入颜料、填料、助剂的功能如表 3-4 所示。

表 3-4　涂料当中颜料、填料、助剂的功能

颜料的作用	颜料与助剂的要求	填料及助剂的特殊作用
对光选择性吸收（颜色） 光的散色 视觉的反射与干涉 UV-防护 腐蚀防护	分散性 不溶解性 光照和气候耐性 耐热性 化学耐性 生物兼容性	填充性 打磨性 特殊施工和物化功能特性

3.2.1 着色剂

世界的缤纷多彩，一方面是大自然的鬼斧神工，另一方面就来源于人类的多彩涂装，而在有色涂膜当中，着色剂便是为涂料 / 涂膜提供各种颜色的材料。在涂料的着色剂当中主要分为颜料和染料两大类。其中颜料是涂料当中极为重要的组成部分，其总体的分类如图 3-1 所示。

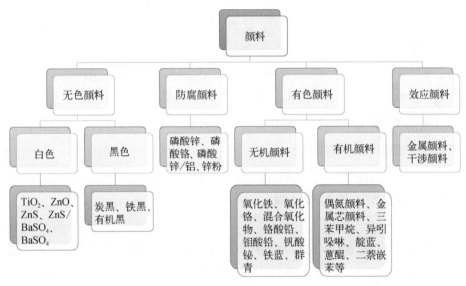

图 3-1　颜料分类关系图

由图 3-1 可知，不同的颜料具备不同的功能和效应，其中无色颜料是其他彩色颜料的背景色，主要起消色作用，在调色过程中主要控制涂料的 L 值[①]，有色颜料则为涂膜提供 a 值和 b 值，并且可以通过不同的颜料种类和加量进行颜色偏向的调节。而防腐颜料就是专门为钢铁防腐蚀而存在于涂膜当中的颜料，当外界腐蚀物质侵蚀到钢铁表面时，这些颜料在钢铁表面会先于基材与侵蚀物发生反应，并且形成具有阻止腐蚀反应继续的效用。而效应颜料是一种特殊的

---

① L 值、a 值、b 值均代表物体颜色的色度值，L 代表明暗度（黑白），a 代表红绿色，b 代表黄绿色。

装饰颜料，例如金属片状颜料，能够为涂膜提供不同视角的色彩，颜料会因视角以及环境的变化出现不同的颜色变化，进而可以丰富色彩装饰效用。

上述的某一类颜料当中的任何一种颜料都有其独特的性质，有些颜料的颜色艳丽鲜亮，但是对于环境的耐性不佳，如偶氮类颜料的耐候性较差，但颜色艳丽；又如同样都是白色颜料，但是实际消色能力差别较大，如二氧化钛的消色能力要远远强于硫酸钡。

实际颜料生产过程中，即便是固定化学结构的颜料，在类似的工艺条件下进行生产，不同的颜料厂家出厂的产品，颜色也会有一定的差异，甚至同一颜料厂家的不同批次之间也有一定的色差。而且同一家涂料企业，使用同一批各项指标完全一致的颜料，生产工艺也几乎一致（理论工艺参数设定一致，实际中有细微的差异），最终不同批次之间的涂料成品颜色也会有一定的不同。因而对于涂料企业来讲，颜料的选择以及使用颜料的过程控制，对最终成品呈现出的颜色稳定性都具有极大的关系，而这一过程控制便是涂料生产和质量把控的重要环节。

3.2.2 添加剂（填料和助剂）

在涂料生产过程中，通常将颜料和填料放在一起讨论，但是填料毕竟与颜料的功能相差较大，因此本章将两者分开讨论。填料大多是为了填充和提供一些其他的涂料性能，与涂料着色之间存在一定的关系，对于涂料的颜色有一定的影响（会让涂料颜色变暗、发黑），但对于主体颜色影响并不显著。填料也必须跟颜料一样，需要均匀分散于涂料当中，才能发挥填料的作用。常用的填料有硅酸盐类（滑石粉、云母粉、陶土）、碳酸盐类（重钙、轻钙）、硫酸盐（硫酸钡）、硅氧化物（二氧化硅、消光粉、气硅）以及其他物质（石墨、纳米氧化物等）。

助剂在涂料当中用量很小，但作用巨大，每当涂料生产和使用过程中出现相关问题时，在树脂、溶剂以及颜料和填料确定之后，需要解决什么问题就需要使用特定类别的助剂。例如，润湿剂、分散剂能够使得颜料和填料在溶剂当中有效地分散和稳定；当涂料当中因为搅拌出现气泡而不能自然消除时，就需要使用消泡剂。总之助剂就是解决涂料当中的各种问题的添加剂。按照其功能进行分类，包括颜填料润湿剂、基材润湿剂、分散剂、消泡剂、流平剂、增稠剂、手感剂、闪锈剂、防锈剂、触变剂、乳化剂、附着力促进剂、偶联剂等。

3.3 涂料制备过程

3.3.1 颜填料的分散

颜填料粒子都具有自身的原始状态，我们称之为原级粒子（primary particles），在涂料生产过程中，在对颜填料等粉体进行分散和研磨时，我们也希望粉体能够达到原级粒子的粒径等级。实际生产当中颜填料在进行分散和研磨前，并不处于原级粒子的状态，而是处于聚集体（aggregates）状态，甚至是团块（agglomerates）状态，如图 3-2 所示。

由图 3-2 可知，粉料从宏观上都是细微的粉末状态，但是粉末的自身结构以及微观形态有极大的差异，如粉末微粒有六面体状、球状、棒状和无定形状几种，另外还有类似银元的片状、无定形片状等。而每一种微粒的聚集形

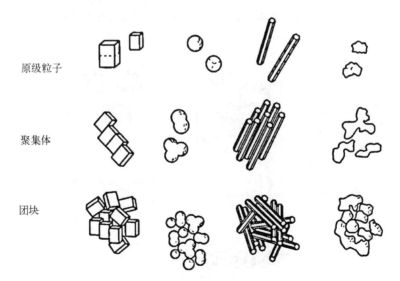

图 3-2 颗粒状态模型图

式都可以根据分散程度分为团块状、聚集体状、原级粒子状三种常规状态。

再如图 3-3 所示，颜填料的原级粒子的形态各异，其中大多数的颜填料的原级粒子为球形，对其进行分散和研磨之后呈现的状态犹如钛白粉分散于树脂中呈现出的球形状态，如图 3-3（b）图所示。也有一些颜填料的原级粒子为片状、无定形状以及棒状，如图 3-3（a）所示，该颜料就是片状结构的。但无论颜填料的原级粒子是何种形状，在涂料体系当中，都需要将颜填料通过研磨或分散将呈现为团块状的粉体均匀地分散成颜填料的原级粒子，才能最有效地展现颜填料粒子的功效，如为涂膜提供着色颜色、遮盖力等。其中颜填料的分散过程示意图如图 3-4 所示。

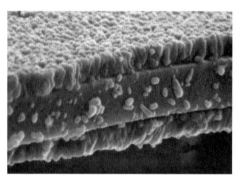 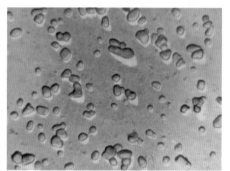

(a) 片状颜填料截面电镜图　　　　(b) 钛白粉分散于树脂中的电镜图

图 3-3　颜填料粉体的粒子的模型图与实体电镜图

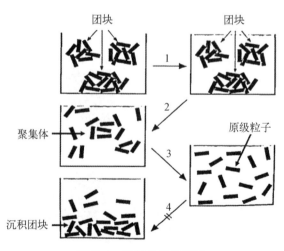

图 3-4　微粒分散示意图

由图 3-4 可知，将团块状的粉体置于容器当中后，经过过程 1（加入溶剂进行液化分散），此时团块状的粉体当中依旧为空气所填充；当团块粉体当中的固-气界面被溶剂润湿时，团块就开始变成了聚集体的状态，便是图示的过程 2，该过程通常需要添加润湿剂，提高溶剂对粉体的润湿效率。

当溶剂完全润湿粉体，且被溶剂润湿的聚集体受到足够大的剪切力后，便会分散开，成为均匀分散于溶剂当中的原级粒子，也就是过程 3，该过程的核心就是要求对粉体施加足够大的剪切力。过程 3 是所有颜填料分散过程最为重要的环节，也是所有涂料企业在进行涂料生产过程中，花费极大精力关注的工序之一。因为颜填料的分散将直接决定最终涂膜性能是否能够达到预期理论设计的结果或实验室测试结果。

同时对于同一种颜填料，更高的剪切力也能更快更有效地将粉体分散到原级粒子的状态。不同的生产厂家对化学结构相同的颜料的加工过程和表面处理方法均有差异，因而在对化学结构相同的颜料进行分散时，也将出现极大的差异，如图 3-5 所示。

由图 3-5 可知，不同颜料要最终呈现相同着色力的分散过程存在极大的差别。该差别主要体现在三个方面，一是初始着色力，二是分散过程中着色力提高速率，三是达成最终着色的时间。如图 3-5 所示，初始着色力强的颜料，

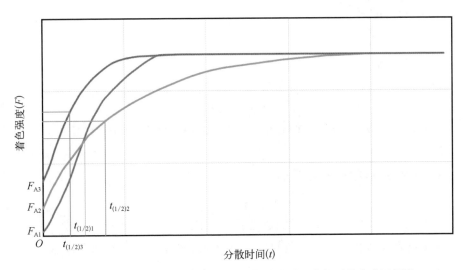

图 3-5　不同种颜料（化学结构不同）在分散过程中相对着色力过程图

在经历分散过程中，以更快的速度提升颜料的相对着色力，体现在半数着色力所耗的分散时间 $t_{(1/2)i}$ 最短，着色力提升曲线斜率最高，达成最终着色力所耗时间也最短；初始着色力处于中间水平的颜料，半数着色力所耗的分散时间 $t_{(1/2)i}$ 处于中间水平，着色力提升曲线斜率也处于中间，达成最终着色力的时间也处于中间。

颜料经过不同的生产工艺、表面处理工艺以及储存运输过程，最终的分散难易程度有较大的区别。如图 3-6 所示，同种颜料但分散难易程度不同的分散过程有极大的差异，容易分散的颜料研磨 7 min，就能够达到 89% 的着色强度，但研磨 40 min 后着色强度才达到 100%（以易分散颜料最终着色力为 100% 计）。而难分散的颜料，在研磨 10 min 的着色力仅为 66%，但是研磨 30 min 后，着色力达到了 102%，当研磨达到 40 min 时，着色力达到了 108%，该难分散颜料最终着色力达到 114%。所以在涂料实际生产过程中，颜料的批次或者厂商的更换，都会直接影响颜料的分散难易以及最终颜料着色力，这会导致涂料生产过程中颜色着色力存在不可控的因素，容易造成涂料生产过程的颜色差异或遮盖力差异等问题。

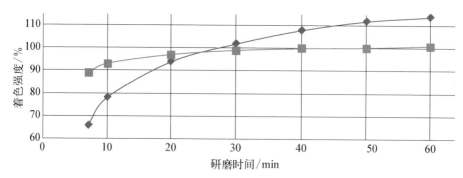

图 3-6　两种分散难度不同的同种颜料（化学结构相同）分散曲线对比图

3.3.2　涂料中粒子的稳定性

在树脂溶解、颜填料分散完成之后，基础的涂料生产就已经完成，也就是完成了材料的液化，制成了涂料。但涂料不是液体短暂的能够展现涂装性能就能满足实际应用需求的，涂料还需要能够在一定时间内稳定存在，直到施工完成都能够保持涂料制备出来之后的状态，才能满足涂料的实际应用需求。

如果没有助剂将已经分散开的原级粒子进行稳定，或稳定性不够，一旦剪切力消失，静止后，颜料等粉体在涂料体系当中会受到重力、浮力、与其他粒子之间的作用力的影响。直观的表现就是出现浮色、沉降等问题。沉降也就是粉体粒子再一次聚集在涂料体系的底部，常称为沉底，如果沉底时间足够长，或沉底微粒表面稳定作用太弱，沉底粉体将变成结实的硬块，也就是图 3-4 所示的过程 4。过程 4 是涂料配方设计、生产控制、储存控制等系列环节所需要共同控制、极力避免或尽量延后的过程。而要使得分散的原级粒子稳定存在于涂料体系当中，就必须要了解粒子之间的相互作用以及涂料颗粒之间的相互作用。其中最主要的是分子/原子之间相互作用以及颜填料粉体与涂料体系当中其他物质之间的相互作用。

1. 分子间相互作用

分子之间的相互作用普适性的有范德瓦尔斯力、氢键、化学键，而这些普适性分子之间作用的强弱，一方面与分子的自身性质有关，另一方面与分子之间的距离有关系。这些分子间相互作用力的大小以及变化规律如图 3-7 所示。

由图 3-7 可知，范德瓦尔斯力、氢键和化学键这三种分子之间的作用力，都出现在分子之间的距离在小于 5 nm 的条件下。当分子之间的距离超过 4 nm

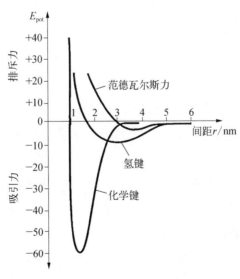

图 3-7　分子之间相互作用力

时，分子之间很难形成化学键，因而难以形成化学键的作用；当分子之间的距离超过 6 nm，范德瓦尔斯力都可忽略。因而上述三种作用力主要说明的是原子、分子之间的作用力。这在涂料当中主要体现在溶解状态的树脂与树脂以及树脂与溶剂之间、溶剂与溶剂之间、溶解的助剂与树脂和溶剂之间、助剂与颜填料、树脂与颜填料之间可能存在。

在涂料体系生产制备和储存过程中，极少涉及化学键的形成和断裂，也就不会过多的出现化学键的作用。涂料体系当中的作用力主要还是范德瓦尔斯力和氢键。范德瓦尔斯力和氢键的理论简化计算公式以及能量范围如表 3-5 所示。

表 3-5　分子之间作用力分类及计算公式表

分子间作用力类别	平均能量	理论计算公式
静电力 （极性与极性分子之间存在）	25 kJ/mol	$E_o = -\dfrac{2\mu_1^2\mu_2^2}{3kTr^6}\dfrac{1}{(4\pi\varepsilon_0)^2}$
诱导力 （极性与其他分子之间存在）	15～20 kJ/mol	$E_i = -\dfrac{\alpha_2\mu_1^2 + \alpha_1\mu_2^2}{(4\pi\varepsilon_0)^2 r^6}$
色散力 （所有分子之间都存在）	5～10 kJ/mol	$E_d = -\dfrac{3}{2}\dfrac{I_1 I_2}{I_1 + I_2}\dfrac{\alpha_1\alpha_2}{r^6}\dfrac{4}{(4\pi\varepsilon_0)^2}$
氢键作用	40～50 kJ/mol	$E_h = e^{-kr}$

表 3-5 中的静电力、诱导力、色散力三种作用力均属于范德瓦尔斯力，由表 3-5 可知，色散是最小的，而静电的能量比色散力大很多，但是分子的极性并不是普遍存在的，所以静电力和诱导力都不具有普适性。所以在实际当中色散力是大多数分子之间最主要的相互作用。氢键是另一种分子间的相互作用，但是能量要远超范德瓦尔斯力，是一种介于化学键/离子键与范德瓦尔斯力之间的相互作用。在涂料当中处于分子级别的微粒要能够长期处于稳定状态，就必须按照各种相互作用的合力来评判。涂料体系当中，各种分子、粒子能够长期保持自身状态，与其他分子之间的作用能够保持相对稳定的状态，决定涂料体系的稳定性。

在合理配方设计下，这种分子级别的相互作用能够在涂料体系当中达成热力学稳定的状态，即在各个物质状态不变的情况下，分子级别的微粒可以在整个体系中保持长期稳定。

2. 微粒间相互作用

在涂料体系当中不仅仅存在范德瓦尔斯力、氢键、化学键这种亚微观（< 10 nm）范围存在的相互作用。微观范围（30 nm ～ 100 μm）内的相互作用，在很大程度上更能描述和表征涂料的状态和特点。颜填料的引入使得涂料的整个体系当中微粒种类变得更加丰富，微粒之间的相互作用就远不局限于分子之间的相互作用了。本小节就简单地介绍一下颜填料在涂料体系当中的相互作用。

颜填料在涂料体系当中通常需要研磨、分散，形成的原级粒子需要通过分散介质和分散助剂提供一定的稳定作用，才能使得分散开的微粒稳定地存在于涂料体系当中。其中主要的稳定方式有在分散介质中的微粒（胶体）表面形成双电层，如图 3-8 所示。

图 3-8　微粒溶剂中形成双电层的示意图

图 3-8 中示意的双电层是内部为负电荷，外部富集正电荷的一种现象，实际的双电层也可以是内部为正电荷，外部富集负电荷。微粒表面都形成了这种双电层之后，由于同种电荷相互排斥，所以微粒之间将不容易聚集到一起，使得微粒分散开之后便处于一个相对稳定的状态。双电层能够在微粒表面形成，需要分散介质当中具有离子存在，或至少具有极性微粒的存在，才可能在微粒表面形成双电层的结构。通常仅仅依靠分散介质（溶剂或树脂），很难为粉料微粒提供这样完美的稳定环境，需要在涂料体系当中添加分散剂才能实现。

在涂料生产过程中，对颜填料进行分散时都会加入分散剂，但也不是所有的含有分散剂的涂料体系都具备形成双电层的条件。在这种涂料体系当中微粒的稳定依靠另外一种作用——大分子在微粒表面进行包裹，形成微粒之间的空间位阻。这种通过大分子在微粒表面形成的空间位阻，阻止微粒的聚集。其中大分子对于微粒表面包裹状态理论示意图如图 3-9 所示。

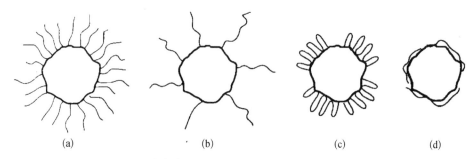

(a)　　　　　　(b)　　　　　　(c)　　　　　　(d)

图 3-9　微粒表面被大分子包裹形成空间位阻示意图

图 3-9（a）中示意的包裹状态能够为微粒提供很好的稳定作用，这是因为包裹的大分子在微粒表面形成的锚定点多，同时分子链也足够长，因而能够形成的空间位阻也足够大，能够很好地阻止其他微粒与该微粒融合到一起，形成聚集。图 3-9（b）示意的包裹状态，虽然大分子形成的空间位阻够大，但是大分子在微粒的表面形成的锚定点太少，不足以稳定该微粒与其他微粒之间碰撞融合，稳定性存在不足。对于图 3-9（c）示意的包裹状态，大分子虽然在微粒表面形成了诸多的锚定点，但此时形成的空间位阻不够大，在微粒之间碰撞时，也容易融合进而聚集，稳定性也不好。图 3-9（d）示意的包裹状态，虽然大分子较微粒表面包裹的很严密，但是空间位阻的作用几乎没有体现出来，在涂料体系当中，微粒之间的碰撞，很容易形成聚沉的现象。

双电层与空间位阻对于微粒的稳定作用是对涂料当中颜填料的分散剂设计的重要考虑项目。很多时候为了满足涂料体系当中微粒的稳定性要求，需要对分散剂在分子结构上进行特殊的设计，使得在微粒表面能够形成双电层和空间位阻两种作用，如图 3-10 对比所示。

如图 3-10 所示，图 3-10（a）示意的为双电层的作用，而图 3-10（b）示意微粒表面既有双电层，也有空间位阻的作用。在空间位阻的作用下，

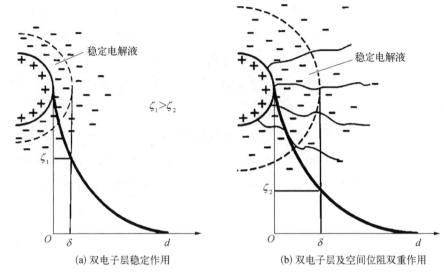

图 3-10　微粒形成双电层与双电层和空间位阻共同作用对比示意图

（ζ—电势；d—距离；δ—双电层稳定距离）

微粒表面形成的双电层的电势能会稍低于没有空间位阻的环境，仅有双电层形成的稳定性较低，但是在双电层和空间位阻的双重作用下，微粒的稳定性更好。

　　在涂料当中对于颜填料的分散是极为重要的环节，其中理论上对于颜填料的分散和研磨都需要达到颜填料的原始粒径和最终着色力才能确保微粒的稳定性得到最佳的保证。但是大多数的实际生产当中，鉴于能耗和效率的问题，都只是将颜填料的研磨分散到一定的细度，能够满足着色力和稳定性的基础要求就停止了继续研磨。颜填料的粒径控制是颜填料能够稳定存储于涂料体系当中的重要指标。

3.4　涂料自身问题实际案例

　　本书的前面已经介绍了涂料体系当中的树脂、溶剂、颜填料以及助剂，并且对于颜填料的分散和涂料体系当中粒子的稳定性进行了阐述。但是从热力学的角度来看，涂料是一个类胶体体系，是一个亚稳定体系，而且从更严格的意义上讲，涂料当中的颜填料的颗粒比常规胶体粒径（$1 \sim 1\,000$ nm）更大，更难以稳定。因而在涂料的实际生产和应用当中，也必将容易出现稳定性问题。所以对于涂料的稳定性控制，最为重要的控制便是对涂料当中颗粒的分散以及稳定性的持续控制，以满足在一定的储存环境和时间内能够满足涂装施工的要求。涂料在经过一定时间的储存后，依旧能够满足施工和装饰要求，这一时间称为涂料的保质期。

　　另外在涂料的配方设计过程中，各种材料之间的反应活性与配伍平衡也会影响到涂料的储存稳定性。涂料配方当中所用原材料的稳定性、涂料生产过程的控制，以及包装运输、仓储环境和时间的控制问题，都存在不确定性。因而涂料运输到涂装企业准备使用时，就有可能出现涂料自身的一系列问题。本小节就对这些问题进行逐一的讨论和分析。

3.4.1　胀气

1. 问题描述

　　在涂料未开罐之前，如果出现包装桶凸出的现象，则很有可能是因为涂料已经出现了胀气的问题，如图 3-11（a）所示，包装桶出现凸起。如果将已经出现胀气的桶打开，可能会出现轻微爆炸、喷涌现象，甚至出现胀气之后涂料大面积地流出包装桶 / 罐，如图 3-11（b）和（c）所示。

(a)　　　　　　　　(b)　　　　　　　　(c)

图 3-11　胀气问题实例图示

2. 原因分析

（1）溶剂挥发。常规涂料都具有挥发性组分，因为涂料干燥过程必然要经历溶剂的挥发，才能将液态的涂料转变为固态的涂膜。而涂料在运输前必须用密闭的包装桶包装，通常包装桶做了极佳的密封处理（以免涂料泄漏），而在涂料开罐前一定会产生挥发组分的挥发，产生一定的罐内压力，如果涂料在运输的过程中受热，使得涂料当中的溶剂出现了大量的挥发，就会导致包装桶内的压力较大，造成包装桶的变形，形成胀气的状态。为减少此类情况发生，可参考3.1.2当中所列的表3-3，根据常用溶剂的沸点和蒸发数，合理选用和调节溶剂配比。另外对于涂料的运输过程也需要合理控制，尤其不能让涂料受热、暴晒。

（2）涂料自身反应。在很多的涂料品种当中具有自身反应的活性，尤其是含有铝粉、异氰酸酯等能够与空气或者水反应的活性物质。如图3-11（b）或（c）就是典型的实例——因为铝与水发生反应释放了大量的氢气，同时该反应还会放热，放出的热量会加速铝与水的反应，进而使得整罐涂料胀气后爆罐而出，同时涂料当中含有大量的气泡，呈现出蓬松的类似于发泡材料的液体状态。这要求在选用铝颜料、树脂以及溶剂时，需要综合考虑铝粉的稳定性（是否做了包覆，包覆稳定性）、体系的含水率以及树脂的酸值等因素。

3. 解决方案

要解决涂料的胀气问题，通常的方法是通过涂料选料以及制作工艺来解决。

（1）因为溶剂的挥发导致的胀气，很多时候并不会直接影响涂料的使用，只要在涂料配方设计过程中选择挥发速度较低和沸点相对高的溶剂来调节溶剂的总体挥发梯度，降低溶剂的挥发量，使得涂料能够适应运输环境的变化（如受热），就可以解决胀气问题。但是涂料在使用的过程中需要加入合适的稀释剂，来有效地解决实际施工过程中的干燥速度问题。图3-11（a）所示的胀气，就可能是溶剂挥发导致的包装桶轻微鼓起。

（2）涂料自身反应引起的胀气，一定程度上会直接影响涂装以及最终涂膜的性能。绝大多数的时候该涂料的性能已经发生了变化，不能使用，至少不推荐使用。

对于这类胀气问题，解决方法是对涂料的配方和原材料当中相关有害杂质的控制以及在工艺过程上进行直接的控制。例如水性的铝粉漆，一方面需要选用对铝粉表面进行了钝化或包膜处理的铝粉，同时在对铝粉进行分散的时候，需要注意分散时搅拌机的转速不能太快，否则铝粉表面的钝化膜或包覆膜受到破坏，使得铝粉裸露后会与原漆当中的水反应而引起胀气。

3.4.2 发霉

1. 问题描述

涂料开罐，发现涂料表面出现了长菌、发霉、发臭的现象，同时还可能伴随涂料的流体状态出现变化，如出现分水、沉底等现象。如图 3-12（a）所示，涂料就出现了表面发霉和明显的分水现象，而图 3-12（b）则出现了发霉和边缘干燥开裂的状况。通常来讲，液体涂料中只有水性涂料才可能出现发霉的现象，因为水作为主体溶剂，为细菌和霉菌提供了生存环境，而油性涂料不含水，所以油性涂料不会出现发霉的现象。

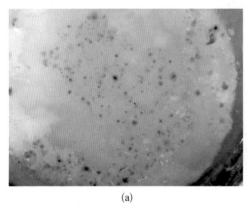
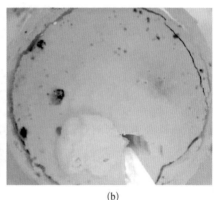

(a)   (b)

图 3-12   涂料发霉实例图示

2. 原因分析

涂料开罐的时候，油性涂料几乎不会出现发霉的问题，因为细菌和霉菌难以在高浓度的有机溶剂环境当中生存。但是在水性涂料体系中，由于主体分散介质是水，有机溶剂的含量很低，并且涂料当中含有有机物质（成膜乳胶等），包装好的涂料可以同时提供水、空气、有机物质，因此构成了细菌和霉菌生存的基本环境。而涂料所用原材料、工厂环境、生存设备、工人衣装、包装材料等都附着和存在着各种各样的细菌和霉菌，这些都可成为细菌和霉菌出现在涂料当中的源头。

当涂料的生产过程中引入了细菌和霉菌，在水性涂料当中细菌和霉菌又获得了生存和繁殖的环境，在适当的温度下，细菌和霉菌就能够以水性涂料作为培养基而迅速繁殖，消耗涂料当中的有机成分，并且排泄出相应的物质成分，进而使得涂料当中的化学成分以及微粒的稳定状态发生变化，同时可能伴随在涂料表面出现菌斑以及发臭等现象。

3. 解决方案

水性涂料如果发生了长菌、发霉、发臭等现象，而且已经是肉眼可见，说明该涂料的性状已经出现了变化，这样的涂料即便能够进行施工，且形成涂膜，但涂膜的相关性能也会与涂料设计有一定的差异。而且通常涂料发霉、发臭的问题，是不太可能在施工现场解决的，甚至涂料企业都难以在现场有效地解决该类问题，涂料基本要以报废处理。解决水性涂料的长菌、发霉的问题，只能通过在涂料的配方设计当中进行添加适当的具有一定长效性的杀菌剂来解决，同时在涂料生产设备、工厂环境、设备维护和处理等方面进行协同控制，避免水性涂料的发霉、发臭问题的产生。

3.4.3　浮色

1. 问题描述

涂料开罐后，发现涂料表面局部或整体呈现出与实际提供颜色不一致或不均匀的现象，称为涂料浮色，图 3-13（a）浮出了黄色，图 3-13（b）则浮出了银白色。

2. 原因分析

涂料本身是一个热力学不稳定，动力学（一定温度环境中，一定时间内）相对稳定的亚稳定体系。涂料生产结束，经存储以及运输等环节之后，开罐呈现出浮色的状况，从动力学的角度分析，主要分为两大类原因：一是比重

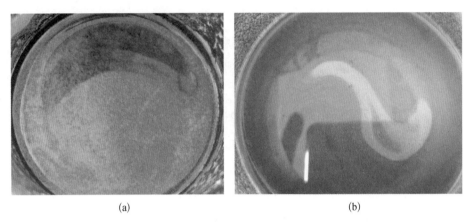

(a)   (b)

图 3-13　开罐浮色实例图

较大的颜填料沉降之后，与上层已经分散均匀的颜色分离开，呈现出颜色的不一致，表观看来呈现出浮色的状态，如图 3-13（a）所示，锌粉作为比重极高的颜料出现了沉降，与能够悬浮的黄色颜料分离而表现出了黄色浮出的现象；二是，有部分颜料因为润湿分散体系选用不得当，使得颜料不能悬浮于整个涂料体系当中，而呈现出浮于涂料表面或部分颜料沉降到涂料底部的现象，如图 3-13（b）所示，铝粉颜料在体系中的润湿性不好，从而出现了明显的铝粉浮出的现象。

3. 解决方案

涂料属于亚稳定体系，就一定会随着储存时间推移，因热力学与动力学相关不稳定因素的共同作用出现一定的变化，开罐出现了浮色问题属于变化呈现出来的一种现象。

相关物质呈现出趋向有序（颜填料聚集沉底、有机颜料上浮等）的状态，是动力学因素主导了这一过程。而在这个过程中，动力学因素属于一个过程变量，该因素的大小与时间呈反比关系。

出现该问题之后，如果这个动力学因素的变化速度并不快（颜填料聚集沉底速度或颜料上浮速度），能够确保涂料在施工之后的干燥过程中不会引起明显的变化，那么解决方案相对简单，在施工现场给涂料外在力量，将已经处于分离状态的物质，经过搅拌重新混合均匀，即刻使用即可。

但如果动力学因素的变化速度较快（颜填料聚集沉底速度或颜料上浮速

度），使得涂料在施工之后，干燥的过程中依旧呈现出明显的动力学变化，改变涂料的颜色和性状。那么该涂料在施工现场将很难有效地解决，通常需要涂料厂家分析涂料浮色的根本原因（比重差异与颜填料的润湿、分散、稳定性等），并做出有效地调整才能最终解决这类开罐，甚至是施工后的浮色问题。

3.4.4　分层

1. 问题描述

涂料开罐之后，涂料呈现上下性状和颜色等不一致的现象，都可称为涂料分层。分层实际当中呈现出来的状态种类较多，如图 3-14（a）所示的上层为清液，下层为颜填料的分层（下层的颜色还分为两层）。也有如图 3-14（b）所示，呈现出黄色颜料分为上下两层，中间呈现出乳白色的分层现象。还有如图 3-14（c）所示的，上层为清液，中层为有颜色液体，下层为铝粉颜料层。在水性涂料当中经常会呈现出分水，也就是水（分散介质）与涂料主体成膜物质的成分分离，而出现分层的现象。

(a)　　　　　　　　(b)　　　　　　　　(c)

图 3-14　涂料分层实例图

2. 原因分析

理想的涂料状态是各物质以一定的分散程度均匀地分布在整个涂料体系当中，且在保质期内都能够保证各物质处于均匀分散的状态。但是现实当中很多涂料的配方设计以及工艺条件难以使得涂料产品达到理想的状态。另外在涂料生产包装之后，储存的过程中，由于涂料各成分的理化性质差异，涂料体系当中，各种微粒受到了布朗运动、重力、浮力、与其他分子间的作用力以及其他作用力的共同作用。微粒会在涂料储存的过程中，因为部分相互作用力更强而聚集或分离，直观的变化就是涂料出现分层。如图 3-14（a）所示的现象，上层清液为成膜树脂与溶剂的混合溶液，均匀分布于整个涂料体系当中，但成膜的颜填料成分（下层成分）则不能均匀分布于整个体系当中，而出现了沉积的现象（该现象的原理将在本书后面的 3.4.6 节进行详细阐述）。

在水性涂料体系当中，所需添加剂的种类较多，同时各种添加剂性能各异，使得水性涂料当中出现的分层现象就更为频繁。如在使用聚氨酯缔合型增稠剂时，容易呈现出分水的状态（出现成膜物质与水分开的现象）。在常规的涂料体系当中，如果不加入防沉降的物质，通常在储存的过程中就会出现分层的现象。

另外涂料在储存的过程中，还有可能会出现相关物质的挥发（如 pH 调节剂、溶剂等），导致涂料体系的 pH、溶解度参数等性状的变化，进而出现了涂料树脂溶解性能以及颜填料分散状态的变化，最终导致分层，甚至沉底。

3. 解决方案

在涂装现场碰到这种问题时，通常都是先搅拌涂料，将分层状态的涂料搅拌为均匀状态。进行试用，如果在使用的过程中几乎不会发生明显的分层，导致涂料施工出现不良，且不影响最终涂膜状态和性能，则只需要在涂装现场进行搅拌就能够有效地解决问题。

如果涂料分层较为严重，甚至底层大比重物质通过现场搅拌也不能重新均匀分散，或施工现场的搅拌并不能重新将涂料分散成原始出厂时的正常状态时，就需要涂料企业进行有效的处理才能解决。

如果涂料的分层是因为相关物质的挥发导致涂料的相关性状发生了变化，例如涂料树脂的溶解性的变化，可以现场补充已经挥发的相关物质，再进行搅拌分散，以解决该类问题。若是水性涂料当中 pH 调节剂的挥发，则可以通过现场加入适量的 pH 调节剂，并搅拌均匀，来有效地解决该类问题。

但更多的时候还是需要涂料生产企业对物料进行相关性状的调整，甚至需要经历重新的研磨制漆工艺才能解决。如果乳胶体系制成的水性涂料中出现大量的沉淀和硬块，那么该涂料只能报废（乳胶不能参与研磨，因而无法解决颜填料结块的问题）。

3.4.5　反粗 / 絮凝

1. 问题描述

除了特殊涂料之外，在开罐后，如果在对涂料进行开稀、搅拌均匀的过程中发现涂料不再是光滑的流体，而是存在颗粒状的物质，那么基本可以确定涂料发生了反粗或絮凝的问题。通常在涂料的基本出厂指标当中，对于细度都有明确的要求，例如防腐底漆要求涂料细度小于等于 30 μm，面漆细度小于等于 15 μm，通常出厂时需要用刮板细度计（图 3-15）对涂料进行细度检测。因而涂料开罐后出现可视性颗粒物，通常是出现了反粗或絮凝。

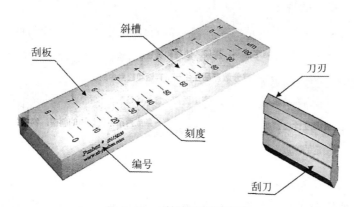

图 3-15　刮板细度计实例图

2. 原因分析

涂料出现反粗，通常是因为颜填料表面包覆的物质与分散剂发生了物理或化学反应，使得原本稳定的、已经研磨到规定细度的颜填料颗粒发生团聚，继而呈现为反粗。

涂料体系如果是乳胶体系，当涂料在储存过程中，因为环境温度或自身成分的相互作用，成膜的乳胶会出现破乳，破乳之后的絮凝物会以大颗粒形式呈现。如果是树脂体系，当树脂不能再良好地溶解于涂料当中时，就会出现树脂析出涂料体系，出现絮凝的现象。絮凝颗粒在形态上与反粗颗粒有些差异，反粗颗粒非常明显，且颗粒较硬，而絮凝物有絮状、条状，具有一定黏弹性，也有颗粒状和无定形状。

而导致反粗的原因可能有两种，一种是涂料企业在配方设计或生产的过程中，并没有将颜填料的分散工作做到达成动态平衡的状态，也就是分散剂对颜填料的分散稳定的作用力并不能长期抵御促使颜填料团聚的作用力。而仅是达到表观检测指标，如细度等指标。对这类涂料进行包装后，在储存的过程中，就会发生缓慢的微粒团聚，长时间储存就会出现反粗。

另一种情况是，涂料在开稀的时候，通常需要加入稀释剂（溶剂/水），由于稀释剂与涂料体系也可能存在一定匹配性，可能会因为某些溶剂或者溶剂中含有的物质影响颜填料的分散状态，使得在开稀分散的过程中出现反粗或絮凝的状态。如：高离子浓度的水，对水性涂料进行开稀的时候，就有可能出现涂料反粗的现象。

对于絮凝，通常来讲是成膜基料在涂料体系当中以相对均匀的状态分布，在存储过程中出现析出或破乳，使得成膜基料在未施工前形成涂膜的现象。导致这种情况的原因通常是涂料当中溶剂对树脂的溶解性出现了变化，或者溶剂造成了乳胶的破乳等。在水性涂料当中，也有树脂体系在 pH 变化之后，自身溶解性出现了极大的变化从而导致絮凝的发生。

3. 解决方案

当涂料出现反粗或絮凝现象，通常是由涂料企业的配方设计或生产工艺问题所致，即便是涂装现场对涂料开稀造成的反粗或絮凝，在涂装现场也是不可能解决的。大多数时候，只能依靠涂料生产企业将涂料拿回工厂进行再加工，甚至对产品的配方做出更为合理的设计才能有效地解决。

如果是因为开稀所用稀释剂的问题，通常可以依据涂料生产企业提供的专门的匹配性的稀释剂对涂料进行开稀，直接避免和解决开稀和搅拌的过程中出现的反粗或絮凝的问题。

如果是因为涂料储存过程中 pH 的变化导致絮凝，可以在涂装现场对 pH 进行调节之后，再进行搅拌和稀释，可以解决这类絮凝的问题，使得涂料能够继续使用。

3.4.6 沉底

1. 问题描述

涂料开罐之后，在搅拌的过程中，发现包装桶底部有较多的成膜物质，甚至出现了一定的黏度极大的物质或硬块，难以搅拌均匀，我们通常将这种现象称为沉底。

2. 原因分析

沉底是指涂料体系当中的微粒，尤其是比重较大的颜填料等颗粒，在涂料储存的过程中，沉积在包装桶底部的现象。涂料体系当中存在诸多的微粒，如果在涂料配方设计中，没有通过强的微粒间的缔合和氢键等作用，使得微粒具有足够的悬浮力（浮力以及其他微粒间作用力的合力），或当微粒所受的悬浮力小于重力时，在停止搅拌之后这些微粒便开始沉降。图3-16是涂料体系中微粒的沉降原理示意图以及沉降力的测试方法。因而在涂料储存的过程中，随着时间的推移，悬浮力小于重力的微粒将出现持续下沉。当微粒的悬浮力与重力相差较大，微粒形成了一定的堆砌（软沉淀也即分层状），但悬浮力与微粒之间的支持力之和依旧小于重力，微粒将持续挤压，最终将微粒表

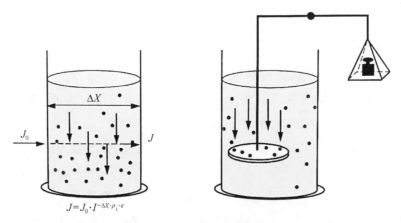

$$J = J_0 \cdot I^{-\Delta X \cdot \rho_1 \cdot \varepsilon}$$

图 3-16 沉降沉底原理和测试示意图

（I—衍射强度；ΔX—入射点与检测点的距离；J_0—入射光能量；ρ_1—液体密度；ε—衍射系数）

面的分散和稳定作用破坏，出现微粒的再一次聚集，形成宏观的硬块状固体。

3. 解决方案

当开罐之后，发现涂料有沉底，通常需要通过搅拌来对沉底的物质进行有效的分散，才能将涂料体系的物质搅拌均匀，如果现场搅拌能够实现将沉底的物质分散均匀，并且满足涂料施工以及装饰的要求，可以在现场进行有效的分散来解决。

但是如果沉底的时间较长，出现了硬块，通过常规的分散难以有效地将沉底的物质搅拌均匀，或者分散不到使用所需的细度，则需要涂料生产企业进行解决。涂料企业对于能够进行重新研磨的涂料体系，可以通过补加一定量的分散剂，并重新研磨，将沉底结块的粉料再次分散成为稳定的涂料体系。

3.4.7 难过滤

1. 问题描述

涂料开罐后，需要经过开稀、搅拌均匀以及过滤之后再进行施工。然而有些涂料在施工前的过滤较为困难，例如过滤的速度较慢，甚至出现滤网网孔堵塞等问题。

2. 原因分析

通常过滤需要根据施工所需选择合适的过滤网，才能有效地匹配涂料进行过滤。如果滤网选择与涂料不匹配，尤其是滤网过密，就会导致涂料过滤速度较慢，甚至出现网孔堵塞的问题。

另外还有一种涂料是高触变性的涂料，在过滤的过程中，如果涂料没有适当的剪切力，涂料过滤将会出现过滤不动的状况。

同时还可能是涂料施工黏度较高，对于涂膜表观装饰性能要求较高，使得过滤较为困难。

如果涂料出现了反粗或絮凝，也会出现难过滤的情况，因为微粒粒径变大，且超过过滤网孔，就会导致网孔堵塞难以过滤，具体反粗或絮凝的原因如 3.4.5 节所示。

3. 解决方案

解决难过滤的问题，首先是在涂料过滤前选择合适的过滤网，在匹配涂料的装饰需求的同时，能够匹配涂料的相关过滤要求，这样可以避免大部分过滤困难的问题。

如果是涂料的高触变性导致过滤存在困难，则可以在涂料过滤的过程中边搅拌边过滤，以提高涂料的流动性，进而提高过滤效率。

对于高要求的高黏度施工的过滤困难问题，只能通过专门的过滤装置，来解决过滤的问题。如通过在滤网上面加压或者滤网下面减压等压滤的方式来提高过滤效率。

如果因为涂料反粗或絮凝导致难过滤，则需要按照 3.4.5 节所陈述的解决反粗和絮凝的方法来解决。

3.4.8 凝胶／胶化

1. 问题描述

涂料开罐之后，无法搅拌，涂料呈现出整块的凝胶状，有些凝胶具有一定流动性，但同时具有极强的黏性，整体上无法搅拌混合，有些凝胶呈现出不具有流动性的块状弹性体或硬块。很显然出现如此的凝胶状态，涂料是不能再用的，因为已经不具备基本的涂覆属性。

2. 原因分析

在涂料的组成成分当中，组分之间存在相互反应的风险，还有一些涂料体系当中的活性成分能够与空气等环境当中的物质进行反应，例如水、二氧化碳等。一旦出现显著的反应，就可能导致涂料在储存的过程中出现凝胶的问题。其中常见的涂料出现凝胶的原因有以下几种。

涂料当中还有诸多具有反应活性的物质，共存于涂料体系当中，例如紫外吸收剂、硅烷偶联剂等活性物质，如果配方选择、储存时间和环境没能得到有效的控制都可能造成凝胶问题。

还有像有机硅类树脂／硅烷偶联剂、异氰酸酯树脂、氮吡啶类物质，能够与空气中的水进行反应，其中硅氧烷水解之后还能自聚形成交联网状的物质，由此这类具有与环境当中不可避免的物质之间发生反应的涂料体系也容易出现凝胶和胶化状态。

另外，在水性涂料当中由乳胶作为主体成膜物质的时候，如果在储存的过程中出现了极端条件，可能导致乳胶破乳，乳胶粒子之间相互黏结形成一个整体，最终呈现出凝胶的状态。水性涂料当中选用的相应助剂也存在一定的温度稳定性，例如一些助剂在气温较低时会出现凝胶等问题，可能也会引起整个涂料的凝胶。

水溶性树脂体系当中，pH 调节剂挥发或者助溶剂的挥发，导致树脂在涂料体系当中从溶解状态，变成了不溶或部分相溶的状态也会呈现出凝胶状态，该类凝胶最主要就是呈现出极为黏稠的凝胶状态，甚至出现部分分水等问题。

最为常见的就是涂料当中溶剂的大量挥发，尤其是对于涂料树脂相溶性极强或助溶的溶剂的大量挥发，会导致涂料当中树脂变得极为黏稠或直接析出，呈现出凝胶的状态。

3. 解决方案

涂料出现凝胶之后，能够现场解决问题的只有由于溶剂或 pH 调节剂的挥发导致涂料稳定性下降，而呈现出的局部或全部凝胶的状态，可以选择补加 pH 调节剂和溶剂，并不断地进行搅拌来解决凝胶问题。

如果是因为发生化学反应出现的凝胶，通常都是不可逆的，涂料只能报废，必须在涂料的配方设计、储存环境和时间上综合考虑，才能有效地避免涂料储存过程中出现凝胶的问题。

3.4.9 结冰

1. 问题描述

水性涂料当中，由于水的凝固点只有 0℃，而我们生活当中在很多地方很容易出现零下的自然环境温度，因而水性涂料在一定的区域当中，尤其在冬天储存环境可能会低于 0℃，涂料可能出现结冰的状况。通常涂料出现结冰后，即便是通过加热的方式化开之后再进行搅拌，很多时候涂料的相关性能也发生了变化，例如出现失光、难以干燥、附着力下降等问题。

2. 原因分析

水性涂料是以水作为分散涂料成膜物质的介质，纯水在0℃就达到了理论上的冰点，而现实应用当中冰点温度极为常见。虽然在涂配方设计过程中，会考虑冬天以及客户区域的不同，适当调整涂料的配方设计，但是一旦水性涂料的储存温度长时间低于配方设计的冰点，涂料就存在结冰的风险，因而存在涂料被冻坏的可能。

3. 解决方案

如水性涂料开罐之后已经出现了结冰现象，可以尝试通过加热搅拌，在对涂料的性能进行评价，如果性能变化不大，则可以继续使用。但是通常情况下，涂料结冰之后，相关性能会有一定的影响，例如表面光泽会有所下降，涂料可能出现反粗以及附着力下降，成膜不能连续，涂料直接变成渣子等使涂料根本不能使用的现象。

最根本的解决办法就是在进行涂料配方设计时根据客户使用的区域设计极端储存条件下的涂料结冰点，以避免出现在极端区域当中出现的极端天气和环境导致涂料储存过程中结冰而使涂料失效的问题。

3.5　本章小结

涂料是涂装的重要原材料，甚至是很多涂装加工企业的主体材料。对于涂料知识的了解使人能够更容易在涂装过程中发现涂装的问题，判断所用的涂料是否变质。本章介绍的涂料成分能够为涂装人员选择涂料提供参考，而涂料问题的阐述，能够为涂装人员提供分辨涂料质量问题的方法，减少因涂料问题的判定和解决的不到位，而引起的后续涂装问题。

第四章　涂装施工

经过对涂料开罐问题的检测，并有效地解决了相应的开罐即视的涂料自身问题之后，便可以安排涂装的施工。而涂装施工需要对涂料进行搅拌以及输送，并且用合适的涂装工具，设定合理的涂装工艺进行涂装施工，在这些诸多环节当中还会遇到很多问题。

对于涂装结果来讲，涂装材料、工具的问题和涂装施工设计与工艺控制的问题，都会给涂装带来一些弊病，最终造成涂装成品的不良。

4.1　涂装施工遇到的问题

在涂装施工过程中，一方面因为施工材料与施工设备不匹配会造成涂装施工过程中的一些问题；另一方面，在材料和施工设备的使用过程中，可能出现的操作不当，也会带来一系列涂装问题；还有涂装过程中设备的损坏也会造成一些涂装问题的产生。涂装施工过程遇到的问题，可能会造成涂装施工不能持续进行，也可能造成涂装工件出现大面积的不良。下面就针对涂装过程中遇到的一些常见问题分别进行阐述。

4.1.1　漆液输送困难

1. 问题描述

在实际施工当中，喷涂是最常用的施工方式。而喷涂系统当中，涂料通常是通过一定的输送途径，从漆料桶（调漆室）通过管道输送到喷枪当中进行喷涂的。但是在施工的过程中，有时会出现涂料从漆料桶输送到喷枪的过程中出现输送缓慢，输送量不足以供应喷涂量，流量减少以及断流等问题，影响涂料喷涂施工。例如，将油性涂料的输送系统用于输送水性涂料时，由于水性涂料的施工黏度更高，容易出现水性涂料输送困难的现象。

2. 原因分析

涂装系统中输送涂料的常规动力来源有重力、负压、泵送等方式，输送困难从流体力学来讲，就是输送流量太小。而影响输送漆液流量的原因有输送压力、输送液黏度、输送管道阻力。因而导致企业输送困难的原因可能有输送压力不够、输送的漆液黏度太高、输送管道阻力太大等。

另外，富锌、铝粉以及含有大量密度较大而悬浮性不佳的颜填料的涂料体系在实际应用过程中，经常会出现锌粉、铝粉、颜填料沉降过快，阶段性地出现输送管道底部、弯头等部位的粉料沉积，进而引起管道堵塞，造成漆液输送困难。

3. 解决方案

解决涂装系统当中涂料输送困难的问题，需对引起涂料输送困难的具体原因进行分析。在综合考虑各种因素后，选择最优的解决方案。首先选择较为经济的方法来减少输送管道阻力，如出现输送困难，可以尝试将输送的管道换成口径更大的输送管道。其次，选择改变输送压力，例如选择功率更大的隔膜泵，使空气压力更大，或者选择用合适的齿轮泵来输送漆液。如果输送阻力降低或输送压力提升，都解决不了漆液输送的问题时，只能通过调节涂料的黏度来解决问题，而这需要涂料企业针对涂装施工要求做适应性的调整来解决涂料输送问题。甚至可能需要将上述多种方案综合起来，才能有效地解决涂料输送困难的问题。

4.1.2 堵枪

1. 问题描述

涂料在输送到喷枪后进行喷涂时，喷幅和漆雾不稳定，出现出漆量减少、甚至无法喷涂的状况，这种现象就是喷枪受到局部或者全面堵塞所致。

2. 原因分析

本小节对于机械类故障造成的堵枪不做陈述，仅对涂料与涂装相关问题引起的堵枪进行介绍。

涂料是在合理的配方设计下，经过溶解、研磨调漆等工艺后，形成的一种固体物质悬浮或者溶解在液相体系当中的一个动力学相对稳定的状态。其中的固体悬浮物，需要乳化剂或分散剂吸附在其表面，才能够持久地保持自身的稳定性。但这种悬浮颗粒属于动力学的亚稳定状态，在遇到其他不稳定因素的冲击时，如某些溶剂、某些树脂的加入会使得悬浮物表面形成的分散剂层遭到一定的破坏，进而使得悬浮颗粒表面的稳定状态被破坏，出现颗粒之间的团聚，使得颗粒变大。当颗粒变大之后，很有可能会导致涂料在施工的过程中出现堵枪现象。同时这种问题的出现会严重影响涂料涂膜的相关性能，如表面光泽，涂膜的致密程度等都会产生不同程度的变化。

造成固体悬浮物稳定性下降而出现团聚的原因可能有：（1）与涂料体系的极性和溶解性有较大差异的溶剂的加入，如水性体系当中添加大量的有机溶剂；（2）具有很强解吸附能力的物质或基团的加入，如乳化剂等表面活性剂；（3）pH 的极大变化；（4）体系当中离子浓度尤其是高价离子浓度的增大。

涂料的反应速度太快，干燥太快，也可能会导致喷枪口处结皮固化，最终将喷枪的出漆口堵住，形成堵枪。

另外涂料在生产和加工的过程中，可能会有外来颗粒、粉体混入体系，未能有效分散，进而使得涂料当中存在一定数量的大颗粒，也可能导致在涂装施工的过程中出现堵枪问题。

3. 解决方案

针对涂装过程中出现堵枪的问题，首先检查过滤系统是否正常，因为过滤系统通常是为了避免涂料中的颗粒导致涂装装饰和防护性能不达标而设定。而且过滤是最有效的解决涂料当中存在大颗粒对涂膜性能影响的手段，经过过滤的涂料在很大程度上能够避免堵枪的问题。

如果过滤系统能够正常运作，或者短期内可以运作，那么就应该寻找涂料在配制过程中，是否加入了影响涂料固体悬浮颗粒稳定性的物质，并针对性地逐一排除，逐步解决。

最后还需要检查涂料是否存在过期使用问题，尤其是双组分产品，在施工停止时，必须及时清洗喷枪和涂料输送管道。涂料开罐之后，就需要对涂料的细度和装饰相应的性能做出一定的评价。如果检验涂料在施工前已经出现颗粒变大的问题，那么就需要让涂料生产厂家解决问题。

4.1.3　雾化不良

1. 问题描述

涂料通过喷涂施工时，需要将涂料雾化，让漆雾附着在工件表面，进而实现涂装。因而喷涂施工的雾化状态极为重要，良好的雾化状态如图4-1（a）所示。但是进行涂装施工的过程中，有时候会出现涂料的雾化并不好，甚至出现从喷枪中喷射出大的涂料液滴，呈现撒点的状况。进而导致涂装难以形成均匀平整的涂膜，不能满足实际的涂装要求，如图4-1（b）所示。

(a) 雾化良好　　　　　　　　　　　　(b) 雾化不良

图4-1　喷涂雾化效果对比图

2. 原因分析

涂料进行雾化的常规方式有：（1）压缩空气对涂料液体进行空气雾化；（2）通过喷枪喷嘴的物理结构，加上具有一定压力的流体使得涂料雾化。

涂料雾化的形成和调节，是通过流体压力和喷嘴结构来调节的，影响雾化的原因有几个方面：（1）涂料的流体类型，常规的流体类型包括强/弱假塑性液体、牛顿流体、胀塑性流体；（2）涂料流体从喷枪内部到喷嘴再到空气当中的速度与剪切状态；（3）喷枪的内部结构等。

就是上述的几种主要因素引起了雾化不良的问题。常见的直接原因有：（1）涂料黏度太高（不易为外力分散成小液滴）；（2）空气压力或者无气喷涂压力太小（将涂料分散成小液滴的能力不强）；（3）喷枪选择或调节不到位。

3. 解决方案

影响雾化的三方面因素，都是解决雾化问题的切入点。通常解决涂料雾化不良的方式及流程为（1）按照喷涂需求进行喷嘴的调节，如果能够解决雾化问题，其他因素调节到适合施工的状态即可；（2）当调节喷嘴解决不了雾化不良的所有问题，就需要进行涂装剪切力的调节（出漆量与出气量比例调节），如喷涂压力调到更高；（3）当调节喷嘴和喷涂压力都不能有效地解决雾化不良的问题，就需要从涂料的黏度进行调节，将涂料用合适的稀释剂开稀到合适的黏度再进行施工。

实际解决涂装过程中雾化不良的问题，都是在特定的环境当中进行的，调节的顺序当随机应变。

4.1.4 出漆量不均

1. 问题描述

涂料在涂装施工的时候，有时候会出现出漆量不均匀的问题，如在正常喷涂过程中，出漆量减少，甚至出现断流的现象，而后又忽然出现出漆量迅速增大的现象，进而使得喷涂过程的连续性以及均匀性难以把控。这样的喷漆状态，很容易造成喷涂的表面状态难以把控，导致不良的问题。

2. 原因分析

在涂料从出料桶到进料管，然后到喷枪，再从喷枪经过雾化附着到工件上的整个喷涂过程中，涂料的供应必须是连续的，且流量几乎是相等的，才能保证涂装任务的有效完成。实际应用过程中，很多时候在连续化涂装的过程中，涂料是通过泵送输入喷枪当中的，而泵送需要根据涂料的黏度以及管道阻力，结合喷涂过程中出漆量来设计泵的功率，如果泵的功率不够，不能对一定黏度的涂料在一定的阻力下进行稳定足量的输送，就会出现供漆不足，出漆量不均匀的状况。

如果采用其他送漆方式，只要出现输送能量不足以持续稳定的供应涂装，也同样会出现出漆量不均匀的状况。

3. 解决方案

影响出漆量不均匀的根本原因是，涂料的供应不能满足施工要求。可以通过三个方面的因素考虑解决该问题。

（1）降低涂料黏度，当涂料黏度较低的时候，输送涂料的过程中所需的能量更少，对提供输送涂料的泵或其他动力来源的功率要求更低；

（2）减少整个供应涂料系统的输送阻力，如加大输送涂料的管道，选择内壁更为光滑的输送管道等，输送管道阻力小，对于输送涂料的泵或其他输送动力来源的要求也会更低；

（3）增大输送涂料动力来源的功率，如加大泵的功率。

4.1.5　喷幅不稳定

1. 问题描述

涂料在雾化之后通常呈现出不同大小的扇面（喷幅），在涂装的过程中，通常需要根据工件的性状和面积进行扇面的调节。但涂装的过程中，出现了扇面状态不稳定、偏向一边、中间涂膜较厚、扇面时有突变等问题。这使得在对产品涂装的过程中难以控制涂膜的整体厚度和装饰效果。

2. 原因分析

涂装过程中对于涂料雾化之后的状态，除了雾化、出漆量的问题导致喷幅的不稳定以外，还有其他的原因会造成喷幅的不稳定。例如，（1）选用喷枪口径太大会直接导致喷幅的不均匀，稳定性不好；（2）喷嘴磨损、有缺口可能导致扇面局部涂料聚集，使得涂装工件上的涂膜厚度不均一；（3）喷枪堵塞或者喷嘴磨损，会导致扇面有偏向一边的问题；（4）当涂料当中的颗粒恰好在喷枪口径范围之内，出现阶段性堵枪会使得扇面时有突变的问题。

3. 解决方案

在涂装过程中出现了喷幅不稳定的状况，依据扇面状况的不同，对相关的原因进行排查，是最为简单高效的方法。如涂装过程中涂料局部聚集、扇面偏向一边，通常换掉喷嘴或将枪嘴的局部堵塞清理干净，就可以解决。如若出现喷幅不稳定、扇面时有突变，可能需要在喷枪的选择上做出调整，或者在涂料的黏度和细度上做出调整。

4.1.6 静电吸附不良

1. 问题描述

涂料在进行静电喷涂的过程中，工件侧面／背面没有吸附或吸附达不到要求，而工件空腔部位有涂料吸附和黏附现象，统称为静电吸附不良。这将会使得涂装结果达不到静电涂装的效果，如涂料利用率降低、漏涂，涂膜厚度达不到设定要求等一系列衍生问题。

2. 原因分析

静电喷涂是通过让漆雾带上负电荷，工件带上正电荷，因工件与漆雾带有相反的电荷，所以涂装施工后，漆雾将会被吸附到工件上形成漆膜的一种涂装方式。也正是因为静电吸附的作用，涂料的利用率以及涂装效率较空气喷涂都有明显的提高。其涂装原理示意图如图4-2所示。静电喷涂有三个特点：（1）背面吸附沉积涂料；（2）边缘过量吸附涂料；（3）空腔不吸附涂料。而形成这些特点的根本原因是涂料与工件带有相反电荷（通常是涂料带负电），工件表面富集相反电荷。电场作用必然会使得工件外表面富集相对均匀的电荷（喷枪视角的正面，侧面以及背面都富集电荷），内空腔表面不富集电荷，但是电荷在边缘以及尖角的地方会出现富集（因尖端放电原理）。因而当带有电荷的涂料雾化之后到工件周围时，相反电荷相互吸引，工件带有电荷的地方都将吸附上相应的涂料（正面、侧面、背面），但空腔当中不会吸附漆雾（可能会黏附上空气压力吹打上去的漆雾），而在边缘和尖角处也会富集更多的涂料。

因而工件表面没有静电吸附或吸附不良，通常是涂装系统当中的某个环节破坏或削弱了静电场的强度所致。可能造成涂装静电场不能形成或较弱的主要原因有两个方面：（1）漆雾带电未能达到要求；（2）工件带电未能达到要

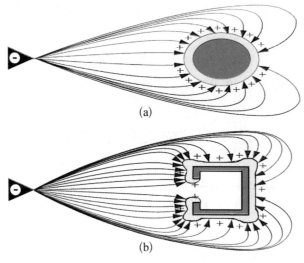

(a)

(b)

图 4-2　静电喷涂原理示意图

求。如涂料的导电系数太低，不能有效带电，静电系统接线出现故障（出现不导电的部位），还可能出现静电喷涂系统导电性能太好导致静电泄漏，使得静电流失。

3. 解决方案

对于漆雾带电未能达到要求，首先要对涂料的自身导电性能进行确认，要依据涂料的导电系数匹配涂装系统绝缘性能，如果涂料自身不能带电自然不能构成静电喷涂的必要条件，自然不能实现有效的静电吸附。如用于静电喷涂的油性涂料，通常通过稀释剂的调节，将施工的涂料电阻设定为 $20 \sim 60\ \mathrm{M\Omega}$，以确保涂料能够有效带电，同时电荷不易流失。而水性涂料的电阻无须专门调节电阻，涂料电阻为 $1 \sim 100\ \mathrm{k\Omega}$，也就是水性涂料带电容易，但漏电也容易。

其次静电吸附不良，也可能是静电发生器故障、涂装系统出现了漏电，使得漆雾带电不良。涂装系统漏电需要对涂装进料、增压、出料、喷枪等整个系统进行排查，以找到相应的漏电的问题。尤其对水性涂料实现静电喷涂时，对涂装系统要求的绝缘等级要比油性的高出很多，且生产实践证明，用油性静电喷涂系统来进行水性涂料静电喷涂施工，会出现漏电严重的情况，出现系统电流极大而静电吸附不良的现象。出现这种情况，通常需要针对涂装系统的任何环节提升绝缘等级，逐步调整到静电发生器电流显示窗口的电流值较低为止。

而工件带电通常是以接地为主，如果静电喷涂过程中出现了静电吸附问题，对于工件带电问题，需要确保工件接地正常，电通路通畅。

4.2 涂装施工造成的问题

涂装的问题来源很多，前面阐述了涂料自身问题以及与设备匹配等带来的问题，而对材料进行涂装的过程当中，问题最为集中出现的是在涂装施工过程中，并且这些问题主要来自涂装施工，涂装施工过程中的种种因素，会造成涂装最终成品的各种不良，其中常见的问题阐述如下。

4.2.1 漏涂

1. 问题描述

涂料在涂装的过程中，在工件指定需要喷涂的面上出现了局部没有喷涂，或者没能完全盖住底的一种涂装缺陷问题，称为漏涂。漏涂在人工喷涂的施工工艺当中，时有发生，主要表现为个别不良或一定比例不良，在机器人喷涂的时候则是可能造成批量的不良现象。常见的漏涂的现象如图4-3所示。

图 4-3　漏涂现场实例图

2. 原因分析

涂装过程中，在涂料的选择等诸多因素得到有效的控制的情况下，出现漏涂的根本原因就是涂装工艺上，未能有效地根据工件的性状与面积大小，调节扇面和走枪程序与次数，使得在指定涂装区域未能达到应有的喷涂量，进而呈现出了漏涂。

尤其是以人工喷涂为主的涂装过程中，由于人为操作的随意性，未能严格按照设定的程序来喷涂，而涂装结束后不进行整个涂装状态的检查就容易出现漏涂的现象。

对于机器人涂装来讲，在根据实际需求调节喷枪以及程序打样满足涂装需求之后，而在实际涂装生产的过程中出现了漏涂问题。这类问题主要是因为实际生产的过程中，最终涂装的厚度未能稳定控制在合格范围，漆料在施工过程中的局部变化导致涂装未能达到全面盖住底材的漏涂问题。

3. 解决方案

要有效地解决人工喷涂出现漏涂的问题，需要针对工件设定有效的涂装步骤和走枪程序，在涂装几遍以及喷枪扇面等方面的控制上做出明确设定。同时要求喷涂工人，在坚决执行设定涂装程序的基础上，喷完一个工件之后，首先自身检查一遍，看是否有漏涂的问题，如果有，现场进行修补，避免漏涂。

对于机器人涂装出现的局部漏涂来讲，就需要对程序设定以及喷枪的扇面和出漆量来调节解决。在程序设定的时候，主要以最薄涂装部位的膜厚能够达到要求涂装厚度底线的 10% 以上，以便确保产品在涂装出现微小变化的时候避免漏涂的问题。

4.2.2　积液

1. 问题描述

在进行涂装之后，工件表面出现了涂料局部集聚的现象，如图 4-4 左边线圈内所示，而通常还会伴随出现在未能囤积涂液的地方的漆液量较少，甚至出现露底（图 4-4 右边线圈）等问题。积液现象与后续的流挂现象原理类似，但是流挂更多是在立面涂装时出现，而积液更多呈现在平面或相对平整的涂装面。

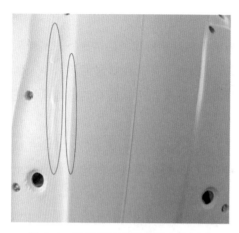

图4-4 涂装积液及露底发青实例图

2. 原因分析

对于异形工件的涂装，由于工件涉及立面和平面或工件局部有凹凸的表面状态，而所有工件表面均须达到相应的涂装效果和涂膜厚度。但是漆液的流动会使得工件的立面/凸出部位的漆液会因为重力的作用向下或向低处流动，而工件的平面/凹陷部位的漆液形成聚集，进而出现局部涂膜较薄或较厚的问题，这种重力作用导致的漆液流动是不可避免的。如果这种趋势没有得到有效的控制，就会出现立面/凸出部位出现漆液量少、涂膜厚度薄，进而露底的问题，而平面/凹陷部位呈现漆液量过多、涂膜过厚的问题。

而涂料在经涂装施工后，在重力作用下流动性是涂装出现积液的动力来源，因而涂料的黏度较低、触变性较差、挥发性不佳是涂料在施工当中出现积液的主要原因。

另外，漆液涂装之后的流动性还与涂装环境、工件温度、涂料当中溶剂的饱和蒸气压以及涂装环境当中的溶剂蒸气含量有很大的关系，如在寒冷天气进行涂装施工时，由于涂料干燥速度较慢，涂料在施工后维持流动性的时间较长，所以更容易引起积液，或者引起的积液问题更显著；水性涂料在低温高湿（环境空气当中水蒸气含量较高）的环境当中进行涂装施工时，会更容易出现积液的问题。

工件表面张力过低，也可能导致涂料涂装后，因湿膜在工件表面难以铺展，或因表面张力的作用而流动，进而呈现出积液的问题。

涂料含有的溶剂挥发性不够好，也会促使涂料在涂装之后拥有较好的流动性，进而容易出现积液的问题。

3. 解决方案

当涂料在施工的过程中呈现出了积液的问题，首先要减少涂料的开稀比例，将涂料的施工黏度提高，再进行涂装，可以避免涂装过程中的积液问题。

同时对具有立面/凹凸面的大型工件喷涂前，尽量选择具有一定触变性的涂料，并且在施工的时候选用快干稀料（水性涂料则需要选用高固、低黏、挥发性较高的涂料），能够更好地避免积液问题。

有条件的情况下，尽量避免在低温环境下施工，而水性涂料的施工，尽量避免高湿度环境下的施工，都有利于涂装过程中的积液问题的解决和改善。

4.2.3　流挂

1. 问题描述

涂料在根据所需涂膜厚度进行涂装施工时，出现局部甚至大面积的漆液流动造成的波纹，甚至在工件底端出现液滴垂下的现象，称为流挂，如图 4-5 所示。

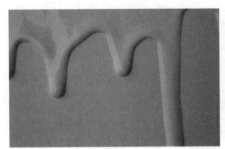

图 4-5　流挂现象实例图

2. 原因分析

对立面工件进行涂装施工过程中，出现流挂的原因是，涂装过程中工件表面的局部甚至大面积的湿膜不能对抗重力的作用，呈现了向下流动的现象。而对抗重力作用有两个方面因素：（1）湿膜在工件表面附着，产生的摩擦力，该摩擦力的方向因重力而起，与重力方向相反；（2）涂膜自身黏稠，加上溶剂挥发，干燥后变得更加黏稠，涂膜自身流动性变差的同时，涂膜与工件表面可产生的摩擦力也随之升高。

因而出现流挂是多种因素的共同作用导致的，影响因素有：（1）涂料施工时的黏度较低，流动性太好；（2）工件表面粗糙程度太低，与涂膜之间形成的摩擦系数较小；（3）涂料干燥速度不够或触变性不够强，不能在雾化过程中大量挥发，涂覆在工件上后黏稠度迅速上升，迅速降低流动性；（4）涂装的湿膜厚度太高，涂膜与工件表面在涂膜最外层的摩擦力，不足以对抗重力；（5）环境温度过低及环境当中涂料主体溶剂含量过高（水性涂料尤为需要关注空气湿度的影响）。

图 4-6 为涂料流挂性能测试示意图，如图 4-6（a）所示涂膜厚度为 1 000 μm 时出现了流挂现象，图 4-6（b）中涂膜厚度在 225 μm 时，开始出现流挂。也就是在相同测试的施工黏度和环境下，图（a）中的涂料一次性施工湿膜厚度可在 500 ～ 1 000 μm 不出现明显流挂，而图（b）中的涂料一次性施工的湿膜厚度不能超过 200 μm，否则会出现流挂现象。

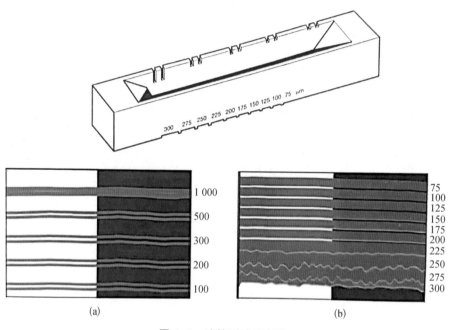

图 4-6　流挂测试示意图

3. 解决方案

在涂装过程中要解决流挂的问题需要从以下几个方面着手。

（1）通常工件表面粗糙度是固定的，确保经过了必要的前处理；

（2）确定施工黏度是否合理，避免因为施工黏度过低引起流挂；

（3）对于油性涂料开稀选用合适干燥速度的稀料，对于水性涂料需要在涂料配方设计上做出快干方案的调整；

（4）对于容易流挂的涂装工件，在涂料选择的时候，选用具有一定触变性的涂料，尽量避免涂装造成的流挂；

（5）对涂装施工的湿膜厚度做出明确的上限控制，避免流挂的产生；

（6）对涂装环境进行有效的控制，温度、空气湿度、喷房的进风与出风的有效控制。

4.2.4 缩孔

1. 问题描述

在对工件表面进行涂装时，涂膜局部出现涂料被排开，不能覆盖工件的状况，而这种局部涂膜被排开通常以圆形凹坑形状为主，这种现象称为缩孔，如图 4-7 所示。

2. 原因分析

涂料在工件上出现缩孔，是因为将涂料涂覆在工件上时，局部表面张力要远低于周边，进而出现了涂料因为表面张力的作用被排开，最终呈现出涂膜在这个局部不能覆盖的现象。同时由于这种表面张力的差异，通常是局部存在的，而这种表面张力差使得涂料以该局部为中心向四周排开，因而涂膜不能覆盖的区域最终呈现为圆形凹坑的形状，如图 4-8 所示。

出现缩孔的根源是局部表面张力远低于周边涂膜，这种表面张力差的来源有两个方面。（1）涂料当中含有的低表面张力的物质不能均匀地分散在涂料当中，造成局部表面张力小，也就是涂料自身会缩孔，如图 4-7（c）和（d）两图所示缩孔状态便是涂料中的低表面张力物质未能完全分散均匀所致。（2）工件表面的表面张力不均一，在局部有低表面张力的物质存在，且该局部的表面张力要明显低于施工涂料的表面张力，当涂料涂覆在工件表面的时候，这种表面张力差就会引起缩孔，如图 4-7（a）和（b）两图所示的缩孔状态更多可能是因为基材表面局部表面张力过低，涂料在表面不能润湿所致。

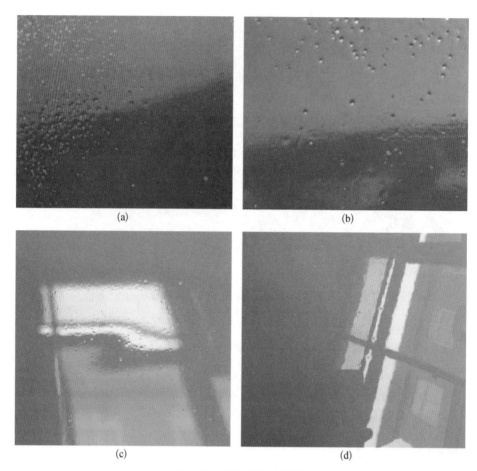

(a)

(b)

(c)

(d)

图 4-7 缩孔现场实例图

图 4-8 涂料施工后缩孔的原理示意图

涂料本身造成的表面张力不一致的原因有：（1）消泡剂与涂料的相溶性不够，或者添加量过量，使得涂料自身呈现出不均一的状态，因此即便是在表面完全一致的基材上依旧会出现缩孔；（2）涂料当中添加的表面爽滑剂、耐指纹助剂、橘纹剂、锤纹剂、基材润湿剂等助剂与涂料的相溶性不够好时也会使得涂料出现缩孔等问题。

工件表面问题主要有：（1）前处理没能做到位，工件表面有油污、清洗液以及其他物质残留；（2）工件表面在施工前受到污染，附着了低表面张力的物质；（3）工件自身表面张力有极大差异（底漆面层不均一，有低表面张力的物质渗出，局部表面张力较低）。

另外喷涂环境当中含有低表面张力的粉尘颗粒，在涂装的过程中飞到涂膜表面也会出现缩孔现象。

3. 解决方案

在涂装过程中出现缩孔，首先需要确定缩孔的原因所在。如是涂料自身所致，只需要取部分涂料喷涂、刮涂到做好前处理的标准板上就能确定。施工现场几乎不可能解决涂料自身问题，解决该问题需要涂料企业进行配方调整或工艺改进。

如果是工件表面的处理或受到污染的问题，则需要进一步对工件的前处理工艺进行评价和改善。同时需要改善涂装环境，尤其是对涂装车间空气中粉尘颗粒的种类与含量进行控制，避免工件表面前处理之后受到污染。另外喷涂过程中环境中的颗粒吸附于涂膜上，也会造成缩孔。

4.2.5 有印痕

1. 问题描述

对工件进行涂装过程中，涂料喷涂到工件表面之后，涂膜表面出现了固定形状的痕迹，如指纹印、擦拭印、水痕印等不良现象，我们称之为有印痕，如图4-9所示。

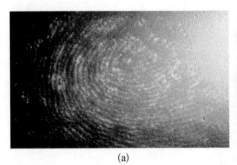

(a)　　　　　　　　　　　　　(b)

图 4-9　涂装后出现印痕现象

2. 原因分析

在对工件进行涂装之前，通常来讲都会对工件进行相应的前处理，如擦拭处理、清洗处理等。而清洗和擦拭都是因为工件表面有脱模剂、防锈油或者其他污染物质，进而需要进行前处理的清洗。但是如果清洗或擦拭处理没能将表面的污渍完全清除干净，在工件局部依旧残留污染物甚至带有前处理物质，而这种残留通常以擦拭印和水痕印残留在工件表面。另外在涂装施工前，如果施工工人或者送料工人直接用手拿或带着不干净的手套等，则会污染工件表面，形成指纹印，如图4-9所示，涂装后呈现出明显的指纹印，这种现象最为常见。在工人施工时，未戴手套直接用手指接触工件，同时工人手指含有油脂，导致工件直接与皮肤接触的部位不能上漆［图4-9（a）］或上漆不良［图4-9（b）］，出现指纹印。

在进行涂装时，无论是残留印痕，还是指纹印通常与工件的表面张力不一致。而涂料在表面张力设计上通常是以工件表面的张力为依据设计的，当工件的表面出现表面张力差的时候，就会在有表面张力差的部位呈现出相应的痕迹，形成了涂装过程中的印痕。

3. 解决方案

对于涂装的印痕问题，原因是前处理未能够完全地将工件表面的污染物清理干净，或者是涂装前受到污染。按照理论解决方案来讲是需要将工件的前处理进行合理有效的改进，并对于涂装前的工艺进行严格控制，避免污染，就能有效解决。

另外，涂装生产过程中，前处理并非能够做到完美，出现印痕的状况会比较多，甚至在相关印痕的地方会出现油缩等状况。而涂装企业还不具备前处理的能力，因而从涂料的角度考虑，可以将涂料的表面张力做得更低一些，以便涂料在涂装的过程中能够覆盖印痕，不会将印痕的缺陷展示出来。

4.2.6 不流平

1. 问题描述

在对工件表面进行喷涂之后，湿膜未能流平形成平面，对于基材缺陷处也未能填充，呈现出工件表面空隙处漏涂，如图 4-10（a）所示，涂膜呈现出表面的橘皮［如图 4-10（b）所示］。如果施工方式为滚涂、刷涂，则会出现滚印、刷痕等不良状况。

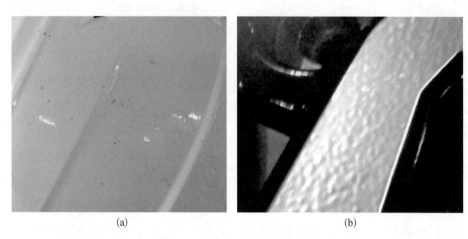

(a)　　　　　　　　　　(b)

图 4-10　施工后涂料不能流平

2. 原因分析

在针对工件进行涂料施工之后，一方面由于表面张力的作用，涂料会在工件表面有铺展／收缩和流平的趋向；另一方面施工后涂料的流动性对其铺展和流平性能也有极大影响。针对涂料流平性，对这两个方面因素的具体分析如下所示。

（1）涂膜的流平力学原理。这种关系液滴（涂料）与固体（涂装基材表面）接触的某一瞬间，固液气三态交点处的力学分析来解释，在这一瞬间液滴是继续铺展流平，还是回缩最终决定于该点的合力 F。液滴与固体接触瞬间模拟图如图 4-11 所示，我们假设 F 的方向与 γ_{SG} 方向一致，则合力 $F = \gamma_{SG} - (\gamma_{LG} \cos \theta_C + \gamma_{SL}) = \gamma_{SG} - \gamma_{LG} \cos \theta_C - \gamma_{SL}$。式中，$\gamma_{SG}$ 为基材的表面张力；γ_{LG} 为基材的界面张力；γ_{SL} 为液体的表面张力；θ_C 为液滴与固体表面的接触角。

很显然只有 F 为正值时液体才能

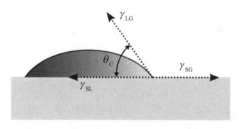

图 4-11　液体润湿基材原理示意图

继续在基材上铺展润湿，对于涂料来讲称为流平。

当 $F = 0$ 时，$\cos \theta_C = (\gamma_{SG} - \gamma_{SL}) / \gamma_{LG}$，此瞬间液滴受力平衡，不铺展也不回缩。

当 $F < 0$ 时，$\cos \theta_C > (\gamma_{SG} - \gamma_{SL}) / \gamma_{LG}$，液滴在该瞬间所受合力为向内收缩，液滴回缩将使得 θ_C 不断变大，使得 $\cos\theta_C$ 变小直到 $\cos \theta_C = (\gamma_{SG} - \gamma_{SL}) / \gamma_{LG}$，也就是 $F = 0$ 时，液滴再一次达到受力平衡为止。

当 $F > 0$ 时，$\cos \theta_C < (\gamma_{SG} - \gamma_{SL}) / \gamma_{LG}$，这液滴在该瞬间将继续铺展，使得 $\cos \theta_C$ 值变大，直到 $\cos \theta_C = (\gamma_{SG} - \gamma_{SL}) / \gamma_{LG}$，也就是 $F = 0$，液滴再一次达到受力平衡为止。

要改善涂料在工件上的流平性，一方面可以通过溶剂和助剂来降低涂料自身的表面张力，让 γ_{LG} 变小，涂料就会有流平趋向，以使得 θ_C 变小，$\cos \theta_C$ 值变大来平衡等式。另外在涂料当中添加基材润湿剂，让基材润湿剂能够在固/液界面定向排布，降低固/液界面张力 γ_{SL}，当 γ_{SL} 变小时，受力等式又出现不平衡，涂料必须继续流平降低 θ_C 值，使得 $\cos \theta_C$ 增大以能够平衡受力等式。

（2）涂料自身的流动性问题。液体通常分为牛顿流体、非牛顿流体，而涂料基本属于非牛顿流体。而在涂料当中常见的流体类型为假塑性流体，假塑性也称为触变性，也就是流体在剪切力的作用下，黏度降低，而没有剪切力的作用下，黏度很高，直观表现为涂料呈现为果冻状。在涂料施工过程中，涂料的触变性越强，流平性就越差，因为在涂装施工后，在工件表面的液滴几乎没有任何剪切力的作用，触变性强的涂料此时的黏度极高不具备流动性，容易造成涂装的橘皮状态。

（3）涂料不能流平还与涂料喷涂黏度、干燥速度有关，如施工黏度太高，可能导致涂料施工后不能流平；而涂料干燥速度极快，涂装之后能够迅速表干，使得涂料施工后来不及流平，也可能最终导致涂料不能流平的问题。

3. 解决方案

对于涂料不流平的问题，在涂装施工的过程中，首先确认涂料自身的触变性，随后还需要仔细观察看涂料液滴在工件表面的状态以及静置流平之后的状态变化，确定涂料涂装之后不能流平的根本原因。

然而在涂装现场无论是涂料表面张力太大或者太小，还是触变性太强，都很难在现场进行有效的调节，只有通过涂料生产厂家进行配方的调整来解决。由于涂装工件表面性状是相对固定的，通常将涂料的表面张力调节到略低于工件的表面张力有利于铺展流平。对表面流平效果要求较高的应用领域，通常选择触变性较低的涂料。

如果是因为涂料施工黏度过高而导致不流平，只需要加入适量的稀料将涂料黏度调节到较为合适的施工黏度即可解决。

如果是因为涂料干燥速度太快，导致施工之后来不及流平，则需要用一些慢干溶剂调节涂料的干燥速度。

4.2.7 橘纹/锤纹不一致

在工件涂装要求上，为了避免光污染以及遮蔽材料自身的缺陷，在很多的应用领域当中选择对工件进行橘纹/锤纹等花纹效果的涂装。设计的涂装结果是，工件表面形成的涂膜呈现出橘纹或锤纹等纹路。

1. 问题描述

在涂装时，施工形成的纹路经常会出现不一致，甚至在同一个面上出现纹路不一致的现象，更是有在一段时间施工的纹路与下一段时间施工得到的纹路有显著区别的情况，如图 4-12 所示。

图 4-12 锤纹现场实例图

2. 原因分析

橘纹或锤纹，形成的原理是通过涂料当中含有与涂料部分相溶的、表面张力较涂料更低的物质（橘纹剂／锤纹剂），橘纹剂／锤纹剂能够相对均匀地分散在涂料当中，且能够在施工之后，因其表面张力较周边的涂料的表面张力更低，使得涂料向周边流动。而在设计锤纹和橘纹大小以及形状时，就是根据锤纹剂／橘纹剂排开周边涂料的能力和距离，以及助剂在涂料体系当中的分散状态，而设计出不同大小和形状的橘纹或者锤纹漆。

根据橘纹或锤纹形成的原理，橘纹或锤纹的形成依赖于施工之后部分相溶的低表面张力的物质的分散均匀程度及该物质与涂料的表面张力差，配合涂料施工到干燥整个过程中的流动性，最终决定施工之后的橘纹或锤纹纹路。

导致施工后出现纹路不一致可能的原因有以下几点。

（1）在涂料施工到工件表面后，橘纹剂／锤纹剂的分散均匀性在前后不能有效的保持一致，导致形成的橘纹或锤纹不一致，例如喷涂的厚度不一致，必然会造成局部橘纹剂／锤纹剂含量不同，将直接导致涂料在不同区域形成的纹路不同；

（2）非同一批次施工，因施工环境存在一定的变化，如施工前后的温度差异，会使得涂料的流动性也出现一定的差异。又如开稀程度的差异、稀释剂的干燥速度、环境温度、环境湿度等因素都可能导致施工后涂料的流动性的差异；

（3）橘纹剂／锤纹剂自身发生化学变化，使得自身的性能出现变化，进而使得涂装施工之后，呈现的纹路也会有明显差异。如橘纹剂／锤纹剂通常是有机硅类的物质，容易与水发生反应，反应前后的橘纹剂／锤纹剂的结构、性能、表面张力就会发生变化，导致形成的橘纹或锤纹不一致。

（4）锤纹与橘纹都是在工件上形成的，如果工件表面张力有不一致的现象，那么即便是相同的涂料、相同的施工工艺和干燥工艺，依旧会呈现出不同的纹路效果。

3. 解决方案

对工件进行橘纹或锤纹涂料施工时出现纹路不同的情况，这在涂装生产过程中是极为常见的。通常客户对于纹路的要求具有一定的范围，在常规施工条件下，形成的纹路基本上能够满足涂装需求。但是出现了纹路变化超出涂装需求的解决方案有以下几种。

（1）确保被涂装的工件表面基本一致，尤其是工件表面张力不能有较大的差异；

（2）不同批次施工时，要根据环境的差异做适当的开稀和涂料干燥速度的调整，确保涂料的流动性从施工到干燥过程中不出现极大的差异；

（3）要确保施工的均匀性，确保施工不存在显著地单次涂装的厚度不一致以及涂装遍数不一致的问题；

（4）如果经过以上几个方案的确定之后，依旧不能有效地解决纹路的差异，则可能是涂料当中出现了橘纹剂/锤纹剂的变化，这需要涂料生产企业优化涂料配方设计才能有效地解决，甚至可能需要直接报废涂料。

4.2.8　砂纹立体感不够

砂纹涂料，是一种特殊表面状态的装饰性涂料，是通过在涂料当中加入砂纹粉来呈现出的表面具有均匀颗粒感的装饰效果，有时设计涂装砂纹涂料就是使工件表面有一定立体感或触感为目的。对砂纹涂料进行施工之后，由于涂膜当中粉体的堆积，会遮蔽部分砂纹的立体感，尤其是只有在涂料干燥之后才能发现选定的砂纹涂料的立体感是否能够满足设计需求。

1. 问题描述

砂纹涂料施工干燥之后，砂纹涂料对于工件表面装饰的立体感不够，未能达到砂纹涂料设计的装饰需求。如图4-13所示，该图中砂纹具有一定的立体感，但是涂装设计当中对于砂纹的立体感有不同的要求，选择不同粒径的砂纹粉就决定砂纹立体感的强弱。

2. 原因分析

根据砂纹的粒径，砂纹涂料分成多个等级，通常来讲依据设计所需

图4-13　砂纹立体感

的装饰效果进行砂纹粒径和颜色的选择。但是进行砂纹装饰效果设计时，现成粒径的装饰效果并不一定在新的工件表面就能很好地体现出来，同时施工、干燥工艺和砂纹粉的选择不匹配也会使得砂纹装饰效果不同。其中具体原因如下所示。

（1）砂纹涂料装饰的工件只有在平面和凸面曲面的工件上能够展示出较好的立体感，体现砂纹的装饰效果。但是如果工件存在一定的凹陷，存在沙眼以及其他缺陷，砂纹涂料的立体感将受到不同程度的影响，进而很难满足人在视觉上的需求。

（2）砂纹粉是结晶聚丙烯粉末，具有不同的耐温等级，在进行粒径选择之后，如果在耐温性的选择上没有与烘烤工艺匹配好，可能会因为烘烤温度过高导致砂纹粉的软化，甚至是融化，使得砂纹装饰的立体感不够，甚至消失。

（3）砂纹涂料施工时，如果经过多次涂装使得砂纹粉之间出现了明显的堆砌现象，可能因为砂纹粉之间对空隙的填补，最终呈现出装饰的立体感下降的问题。

3. 解决方案

（1）要避免和解决砂纹立体感不够的问题，首先需要从设计上针对装饰工件提出适宜的装饰效果，且装饰效果必须针对所设计的工件进行匹配，以避免工件自身的缺陷导致砂纹立体感不能完全展现的问题。

（2）涂料配方设计时，选用砂纹粉的大小和耐温等级时一定要结合涂装设计要求和干燥工艺要求，避免粒径和耐温等级的不匹配导致最终涂装干燥之后，砂纹立体感不足的问题。

（3）在进行砂纹涂料施工时，需要固定涂装工艺和施工手法，确保砂纹涂料施工的一致性以及砂纹粉堆积的效果。避免不同的堆砌造成的立体感下降和不可控的问题。

4.2.9 砂纹效果不一

砂纹涂料施工干燥之后，常见的不良如前所述，即砂纹的立体感不能达到预期的要求；另一种常见的不良现象就是砂纹效果不一致。

1. 问题描述

在砂纹涂料经过施工、干燥之后，板面砂纹效果呈现出明显的不一致，局部砂纹密集，前后砂纹立体感、密集程度、视觉粒径、在涂膜当中呈现的状态等效果不一致，如图 4-14 所示，图 4-14（a）与图 4-14（b）的砂纹效果有明显不同。

(a)　　　　　　　　　　　　(b)

图 4-14　不同砂纹效果展示图

2. 原因分析

砂纹涂料是涂料当中非均相尤为明显的一类，其中存在砂纹粉与基体涂料形成两个相对独立的相态，对于这两个非均相的物质进行施工时，一旦砂纹粉在任何阶段分布不均匀，都会导致砂纹的效果不一。

实际操作当中造成砂纹分布和排列不一致的原因有以下几种。

（1）砂纹涂料施工之前未能搅拌均匀，砂纹粉出现沉淀，在涂料当中分散不均匀，或者在施工过程中砂纹粉在输油储罐中的持续沉淀造成前面砂纹密集，后续砂纹稀薄的问题。

（2）涂装施工的手法不一致，砂纹涂料薄涂多次施工与一次性施工一定厚度，实际呈现出来的砂纹效果有极大的区别。所以在施工过程中的工艺控制是砂纹漆装饰效果控制的核心。

（3）涂料当中其他具有填充功能的颜填料对砂纹粉的立体装饰效果造成的不同程度的削弱，使得在施工的过程中更难以把握实际当中砂纹涂料干燥之后的装饰效果。

另外砂纹烘烤型涂料当中砂纹粉的耐温等级有所不同。砂纹粉选择的耐温性与干燥工艺设计不匹配，或者炉温意外波动都会造成砂纹装饰效果的不一致。

3. 解决方案

要解决砂纹涂料施工干燥之后呈现出的不一致现象，需要从涂料和施工两个方面共同努力，做好各个环节自身的同时，还需要应对和适应其他环节的失误。

（1）涂料配方设计以及生产工艺控制上，尽量做到让砂纹粉能够均匀地分散到涂料体系当中，且不易出现自身的沉淀、结块，更不能有显著影响砂纹装饰效果的大颗粒的颜料或填料出现在涂料的配方当中，以至于大大增加施工控制砂纹效果一致性的难度。

（2）砂纹涂料施工的过程中，需要设计固定的时间对施工的砂纹涂料进行搅拌混合，基本保证砂纹效果不会因为砂纹粉的沉降存在差异；同时对施工手法尤为需要注意，喷枪的出漆与出气以及走枪速度的一致性，最好能够用机器人喷涂，辅以有效的控制工艺，确保砂纹漆的涂装工艺过程对砂纹效果的控制。

（3）砂纹漆配方设计需要建立在施工以及干燥工艺的基础上，同时施工企业也需要涂料企业参与涂装工艺与干燥工艺的设计，双方有效地沟通，最终设计出的涂料与涂装工艺才能更好地保证涂装的效果。

4.2.10 撒点不一

涂装当中有一类装饰效果需要通过撒点来实现，而撒点是在涂装施工的过程中，将涂料黏度调节至较高的状态，且保持气压低至不能完全雾化涂料，使得涂料以大的涂料液滴的形式撒在装饰面上的一种工艺。

1. 问题描述

在对涂料进行撒点施工、干燥之后，撒点装饰面上的点在大小和密集程度上有差异，尤其是在不同批次当中，撒点出现明显不一致。如图4-15所示，撒点漆属于一种介于规律与非规律之间的状态，容易出现前后不一致的现象。

图 4-15　撒点漆实例图

2. 原因分析

撒点涂装属于一种特殊的装饰工艺，要达成良好的装饰效果，一方面需要在施工的各个环节严格把控，干燥环节的温度控制都能够相对的一致才能实现所设计的撒点状态。因而具体导致涂料撒点不一致的原因有以下几点。

（1）涂料在进行撒点施工的时候，涂料黏度、喷枪出漆、出气以及喷涂手法和喷涂遍数，没有做到全面的有效控制与合理协调，都可能造成不同工件或同一工件的不同部位呈现出显著差异，就直接会带来撒点效果的不一致。

（2）撒点施工之后，干燥工艺出现了一定程度上的差异，或者干燥过程中工件的不同部位受热和干燥的速度有显著差异也会导致撒点涂装的装饰效果的差异。尤其是施工基本实现了均匀撒点，但在涂膜干燥之后呈现出不同的撒点效果。

（3）另外撒点在干燥过程中，涂料自身的流动性与干燥速度对撒点施工后撒点状态能否保持下来有重大影响，会给撒点装饰效果带来极大的变数。

3. 解决方案

有效控制撒点涂装的质量，避免撒点效果的不一致性，可以从以下几个方面着手努力：

（1）在设计配方的时候，可以将涂料的触变性和黏度都做得相对高一点，同时溶剂挥发速度控制方面，尽量选择涂装完毕之后能够迅速挥发的溶剂，降低施工和干燥过程中带来的撒点变化的可能性，避免撒点的不一致。

（2）在涂装施工的过程中，严格设定施工黏度、喷漆压力、出漆量以及涂装施工手法和次数，确保涂装施工过程的一致性。

（3）在撒点漆的干燥条件上，更为严格地控制干燥的温度和环境，确保工件各部位温度的相对一致以及不同时间施工的温度的稳定性。

在对涂料的性能进行有效的控制的基础上，针对涂装施工的每一环节做出合理的设计，确保实践当中的相对一致性，以及在施工过程中的灵活应变，便能够实现涂料进行撒点施工后获得良好的撒点装饰效果。

4.2.11 遮盖不良

1. 问题描述

用遮盖型涂料对工件进行指定颜色和装饰效果的施工完成后，工件自身的颜色在一定程度上依旧可见，如图 4-16（a）露出底下的黑色，图 4-16（b）露出底下白色，我们将这种现象称为遮盖不良，也叫露底。

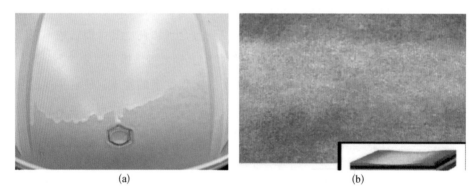

(a)　　　　　　　　　　　　　(b)

图 4-16　遮盖不良实例图

2. 原因分析

遮盖型涂料检测指标当中有一项遮盖力检测指标，工件在选择涂料的时候，通常要求在规定的湿膜/干膜厚度范围内，涂料要能够完全遮盖住工件表面的颜色。因而在涂装施工过程中，出现遮盖力不良的问题，原因通常有两个方面。(1) 涂料施工的厚度未能达到指定的厚度，涂料在施工厚度下不能完全遮盖住工件颜色，而出现遮盖不良的问题；(2) 正在施工的涂料自身遮盖力不能达到指定的标准，在按照指定厚度施工时，涂膜的遮盖力不能满足要求，导致遮盖不良。

另外涂装施工过程中由于部分遮盖型颜料以及填料具有较高的密度，它们在涂料施工过程中具有下沉趋势，如果施工过程中出现了颜填料的下沉，可能会导致涂料施工的过程中出现部分遮盖力不够的问题。

3. 解决方案

对于涂装施工过程中出现的遮盖不良问题，最常见的解决办法是提高施工的厚度，如再进行一次涂装施工来提升施工工件表面涂料的遮盖力。但是增加涂料施工的湿膜厚度，容易因为施工过厚带来涂料流挂、立面涂膜厚度相差大、干燥过程中起泡、涂膜干燥不彻底、干膜过厚等问题。因而涂装施工过程中，解决遮盖不良的问题的最佳选择是适当提高施工的涂膜厚度。

但是如果在不引起其他不良效果的前提下，提高涂膜厚度不能解决涂膜遮盖不良的问题。则需要涂料供应商进行配方调整，如提高涂料当中提供遮盖和颜色的颜料的含量，进而提升涂料自身的遮盖能力。

如果是因为施工过程中颜填料的下沉导致涂装施工过程中的局部遮盖不良的问题，则需要在对施工过程中对涂料进行固定的搅拌来解决。

4.2.12　前后颜色不一

1. 问题描述

对工件进行涂装时，颜色一致性的控制是涂装行业里始终如一的追求，更是终端客户对于涂装企业在外观检查上的基本要求。

而在涂装施工过程中，同一批涂料，针对同一类/批工件进行批量化施工时，可能出现涂装前后有一定色差，甚至大面积施工工件在不同的区域呈现出明显色差的现象。

2. 原因分析

涂装过程中出现前后颜色不一致，涉及的影响因素有以下几点。

（1）涂装工件表面颜色前后颜色不一致，会导致涂装后呈现出前后颜色不一致；如图4-17所示，同样的涂膜厚度，在白色底与黑色底上面涂装同样的涂料，最终呈现出来的涂装完的工件前后颜色也不一致。

（2）涂装过程的控制没能达到前后一致，导致涂装呈现出来的颜色前后不一致。涂膜的厚度不一致会直接导致涂膜的颜色不一致，如图4-17所示，当涂膜未能达到完全遮盖住底色时，厚度不一致会显著影响前后颜色的一致性，同时当涂膜厚度完全盖住底漆之后，如果涂膜厚度持续升高，颜色也会有所变化，也将呈现出色差的变大。另外如果对于铝粉系列涂料，涂装施工的一涂厚度不一致，涂料自身颜色都将出现色差，必将导致工件最终涂装之后呈现出来的颜色有色差。如图4-17所示，同一涂料对于不同黑白底材进行涂装时，无论是白色还是黑色底材，当涂膜厚度不能达到一定数值时，涂膜不能完全盖住底材颜色，会出现显著的色差。同时，完全遮盖白色底材涂膜厚度要小于完全遮盖黑色底材所需的涂膜厚度。

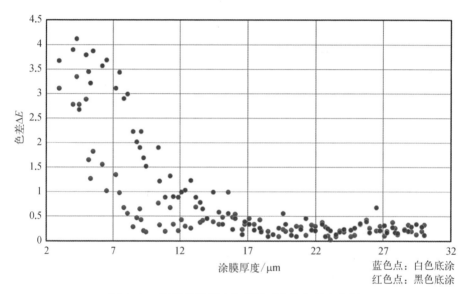

蓝色点：白色底涂
红色点：黑色底涂

图4-17 涂料涂膜厚度与标样对比的色差点集图
（蓝色点集代表白色底做涂膜，红色点集代表黑底上做涂膜）

（3）施工涂料干燥速度的不同，使得涂膜颜色不一致。前后环境以及溶剂的不同会改变涂料的干燥速度，进而导致前后涂装形成的涂膜颜色不一致。

3. 解决方案

涂装企业在对工件进行涂装时，要有效地避免前后涂装颜色不一致的问题需要注意以下几个方面。

（1）需检查前后使用的涂装产品的色差是否在我们设定的色差控制范围，以排除涂料供应商在颜色调节上的批次稳定性导致前后涂装的颜色不一致。其次要确定涂装前已经将涂料原漆搅拌均匀，开稀之后的涂料产品已经搅拌均匀，避免涂料搅拌不均匀导致的前后颜色不一致。

（2）涂料施工要根据环境所需，用合适的稀释剂调节挥发干燥的速度，减少涂料施工时，干燥速度的骤变带来的涂膜的颜色不一致。

（3）在施工工艺上做出严格的控制，确保施工过程中涂装效果的一致性，同时对于铝粉系列涂料，要在涂装的过程中不断地对涂料进行搅拌，以避免在施工过程中，铝粉和其他色料出现分离状态，从而导致涂装呈现的颜色不一致。

4.2.13　表面有撒点

1. 问题描述

在涂装施工过程中，大部分时间涂膜是正常的，涂料的雾化也很好，形成的涂膜完整且平整。但时有发现涂膜表面有没雾化的涂料点撒在涂膜上，导致涂装不良。如图 4-18 所示，涂膜表面有明显的未雾化的点。

图 4-18　涂膜表面有撒点

2. 原因分析

涂装施工过程中，通常涂料雾化正常，说明压力与喷枪结构上没有大的问题，但是时有雾化不良的涂料点撒于涂膜上。也就是施工过程中偶有涂料不能雾化（涂料当中由于溶剂等挥发性挥发导致树脂溶解性下降而析出）而喷射到涂膜表面形成撒点。这种现象的产生有以下几种可能的原因。

（1）涂装施工过程中涂装气压不稳定，偶有压力骤降，导致施工过程中，忽然间出现气压不足，出现阶段性的雾化不良的现象。如压缩空气的串联结构当中，当施工过程中其他串联接口忽然开启使用时，会导致原来正在施工的接口处的气压迅速降低，因而出现压力降低引起的雾化不良。

（2）涂料供应系统供应涂料量不稳定，阶段性出现供漆不足或忽然大量供应涂料的状况，也会导致施工过程中操作的阶段性，导致雾化不良。如隔膜泵功率不足时，就会出现阶段性的供漆不足的现象，进而引发阶段性的涂膜表面出现撒点的问题。

（3）涂料在喷嘴处有残留，重新进行喷涂施工时，高压雾化的涂料会带着喷嘴处残留涂料，喷到工件表面。这部分残留的涂料并没有经过雾化的过程，将会直接以撒点的方式存在于涂膜表面。喷枪喷嘴处存在漏液时，这种涂膜表面的撒点现象，就会出现在每次重新开启喷涂的那段施工过程中。

3．解决方案

要避免涂装施工过程中出现偶有撒点的问题，就需要从以下几个方面进行控制。

（1）对涂装的压力系统做出合理的设计，如在设计多个涂装点位的时候，需要将全部开启时所需的压力作为基准，设计供压系统。实际使用时，要根据涂装排布需要开启点位数量以及每个涂装点位的压力所需压力范围，设定合理的输送压力阈值。供压系统的合理设计，能够很好地避免涂装过程中偶然出现供压不稳定，导致雾化不良而形成的撒点问题。

（2）对涂装的供漆系统做出合理的设计，需根据涂装需要配置适合的供漆系统。如隔膜泵，自身供漆就是一个存在间歇性启动供漆的系统，如果隔膜泵功率与涂装出油量的控制不能匹配，就容易出现涂装过程中的断流和撒点问题。

（3）喷嘴处出现漏液的问题，需要检视喷嘴漏液的原因，合理解决，但是即便不存在喷嘴漏液的问题，每次喷涂停止时，喷嘴处可能会有少量涂料残留，在重新开启喷涂时也会出现这种状况。对于这种现象通常的方法是重新开始喷涂的时候，先检视涂装的雾化以及整个涂装系统是否正常，不直接喷涂工件，直到各方面调整好了之后，再进行工件的喷涂。

4.2.14　涂膜发花

1．问题描述

在涂装施工过程中，在对工件表面进行施工之后，出现工件表面颜色不一致，同一工件呈现出多种不规律的颜色，不能呈现统一的涂装颜色的问题。其中灰色和金属色的涂装最容易出现颜色发花的问题。

在对工件涂装的过程中，含有铝粉等金属颜料或其他具有光的吸收与反射功能的片状颜料为主色的涂料，经常出现施工后涂膜表面颜色不均一，有明暗［如图 4-19（b）和（d）］、黑白［如图 4-19（a）］、表面颜色差异［如图 4-19（c）］等，我们将该类问题统称为涂膜发花现象。

(a)

(b)

(c)

(d)

图 4-19　涂膜发花实例图

2. 原因分析

铝粉、铜金粉、珠光粉、金葱粉、云母氧化铁系列颜料常在涂料当中使用，尤其是金属漆。这是因为涂料设计需要涂料拥有金属光泽，而金属颜料能够呈现出金属光泽。金属颜料通常都是以片状存在于涂料当中，如铝粉、铜金粉、珠光粉等。自身带有光泽又是片状的金属颜料，在涂料当中需要解决金属颜料的排列问题，如果金属颜料排列错乱，金属光泽不容易显现，且施工后涂膜的光泽和颜色都会出现差异，在实际施工过程中更是难以控制，最终容易在工件表面呈现出颜色不一致的发花的现象。当涂料调色时，用了其他无机有机颜料来配合金属颜料调节颜色，则更容易出现发花和颜色前后不能有效控制的现象。因而可以说金属漆涂装过程中出现颜色发花的主体原因是金属颜料的排列问题。那么具体原因有以下几个方面。

（1）涂料体系当中，对于金属颜料的排列定向能力较弱，使得产品在施工时，容易出现金属颜料的排列定向不一致，进而导致施工过程中难以确保施工过程中颜色的一致性；

（2）涂装施工时，未能制定有效的施工工艺或对施工工艺未进行严格的控制，导致金属颜料排列不一致，形成发花。具体的施工工艺问题有一次性施工太厚、涂料干燥较慢、施工时气压调节小、漆雾雾化不能完全等。

另外，对于以其他的颜料为主的涂料，实际上也会出现涂装之后发花的现象，例如涂料当中也会经常有浮白、黑色上浮以及有机颜料与无机颜料分离等问题造成的发花。

3. 解决方案

要解决涂装过程中涂膜发花，保持涂装涂膜的颜色一致性，不出现发花的方案有以下两种。

（1）涂料自身体系稳定性较高，其中金属漆体系中把金属颜料的排列做好，当涂料自身的铝粉定向很好时，就更能适应不够标准的施工工艺，依旧能够获得较好的铝粉排列效果，进而呈现出较好施工的颜色和保持金属感的一致性。实际上，通常选择在涂料中加入铝粉定向蜡，或提高涂料的触变性等方案来解决此类问题。

对于常规颜料出现发花问题，则需要通过颜料润湿剂提高颜料的润湿性，使颜料在涂料体系当中能够完全有效地润湿和展色，并用合适的分散剂将已经分散开的颜料稳定下来，确保颜料前后的展色性保持一致，进而避免颜料的沉降与上浮的问题，确保涂装之后涂膜颜色的一致性。

（2）除了对涂料方案进行有效的解决外，涂装施工工艺与环境以及干燥条件都会对涂膜的颜色发花产生一定的影响，因而需要严格把控施工工艺，并且根据施工环境调节涂料的干燥性能。

如在施工时，确保雾化完全，同时单次施工出漆量不能太大，需要经过几道喷涂最终将涂装的颜色和效果做到位，否则容易引起涂料干燥不够快，铝粉出现翻转、排列不佳的问题，造成涂膜发花。另外涂料的干燥性能一定要足够好，在涂料雾化的过程中让大量溶剂直接挥发，这样就能避免施工后涂料的流动导致发花，同时避免溶剂挥发时带着树脂上浮的过程中将金属颜料的排列破坏。

4.2.15　表面粗糙

1. 问题描述

除非特殊需求（如砂纹漆），涂料表面通常都是要求产品能够表面平整，但是涂装生产过程中，时有出现平面漆在施工时出现表面粗糙的问题，尤其是铝粉漆这类状况尤为常见。

2. 原因分析

对于光面漆的涂装过程中，出现表面粗糙的原因主要可分为以下几类。

（1）涂料干燥太快。如果涂料干燥太快，施工过程中会出现前面施工到工件表面的涂料迅速表干，而涂装还未完成，需要继续进行涂装的情形，这样就容易喷涂到干膜上，涂膜根本没办法流平，且迅速干燥，最终形成极为粗糙的表面。

（2）涂料在干燥的过程中出现颜填料反粗的现象。有些涂料在干燥的过程中由于溶剂的挥发，使得涂料体系出现变化，进而出现颜填料的反粗现象，使得最终呈现出的涂膜表面有粗糙的颗粒。

（3）在铝粉漆涂装过程中，气压太大，将涂料当中的铝粉由平躺状态，吹到竖立状态，或者涂料干燥太快，铝粉来不及排列就已经固化，进而使得涂料表面的铝粉部分处于竖立状态，部分处于平躺状态，形成了粗糙的表面形态。

（4）涂装环境当中有颗粒，或者涂装设备不能有效地将未黏附于工件表面的漆雾抽走，或随水幕带走，而出现漆雾反弹回到工件表面形成表面粗糙的问题。

3. 解决方案

对于工件进行光面涂料的施工时，要避免表面粗糙的问题需要从以下几个方面着手进行控制。

（1）应检查施工环境和设备。对于表面要求越高，则要求涂装环境的颗粒等级越高，需根据涂装产品对于表面的要求，检查施工环境和设备。同时涂装区域的送风与抽风比例要合理调节，水幕或者抽风都需合理有效地配置到位。

（2）合理调节涂料的干燥速度，对于表面要求越高的涂料，通常需要涂料在施工后能够在一定的时间内保持流动性，才能确保产品的高表面装饰效果。如在配方设计时，选择较为慢干而具有较好流平功能的涂料。

（3）在进行铝粉漆的喷涂时，需要有效地控制涂装的出漆量与出气量以及环境温湿度等因素。避免气压太大、涂膜干燥太快等施工因素，导致涂料表面粗糙。

（4）即便是涂装设计以及涂装施工都达到了最佳的状态，涂料的干燥速度也调节到了合适状态，如果有颜填料在干燥过程中出现反粗，或者其他反常变化，导致涂料施工后表面粗糙，则需要涂料厂家对涂料进行有效的调整才能解决。

4.2.16 渗色

1. 问题描述

涂装过程中，面层涂料将底层涂料溶解致使底层涂料的颜料或染料随溶剂挥发渗到面层，使面层涂膜着色或者变色的现象称为渗色。涂料渗色现象可能在涂料施工后马上呈现或发生在涂膜干燥的任何阶段。而涂料涂装过程中容易产生渗色的涂料有沥青漆、丙烯酸涂料、环氧酯涂料、硝基漆、含有耐溶剂性差的有机红或黄色颜料的涂料，如图 4-20（a）所示，底漆的黄色颜料

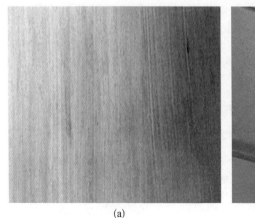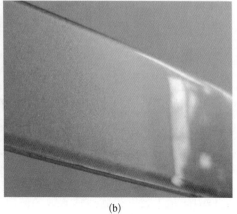

(a)　　　　　　　　　　　　　　(b)

图 4-20　渗色实例图

渗透到了白色面漆当中，使得白色漆出现局部黄色。另外底涂使用色精等染料调色，面涂使用对染料溶解力强的溶剂时，色精很容易被溶剂渗透到面涂当中，如图 4-20（b）所示，热塑性丙烯酸底漆当中的红、黄色精被溶剂带到面涂清漆当中，且面涂越厚的地方，颜色越深。另外水性漆作为底漆，面漆用油性涂料也可能呈现渗色的现象。

2. 原因分析

所谓渗色根本原理就是涂料进行面涂施工之后，底漆的颜料或染料迁移到面漆当中，使得面涂的颜色与预先配制的涂料的颜色有差异。颜料或染料发生迁移有两个前提条件，底漆在进行面漆施工后呈现出溶解或蠕动状态，而颜料或染料自身容易随着溶剂的挥发而发生迁移；另外迁移出来的颜料或染料要对面漆的颜色有明显的改变，才能判断出现了渗色问题。

因而涂装过程中出现渗色的原因有以下几种。

前提是底漆颜色为深色，面漆颜色为淡色，底漆的颜料或染料迁移到面漆当中呈现出来面漆的色差较为明显。诸如白色面漆涂装在红色或棕色的底漆上，容易变成粉红色或灰色。

在上述基础上，还需要以下能够造成色迁移的因素才能最终成为直观的可视性渗色现象。

（1）进行面漆涂装前，底漆未干透（底漆干燥速度太慢），或进行涂装的面漆有极强的溶剂,使得底层涂膜溶解,进而创造了颜料或染料从底漆向面漆迁移的条件。

(2)涂装前,底漆或者工件上有油污、树脂、染料等,未能清洁干净,涂装后也容易出现渗色现象。

(3)底漆或工件上具有耐溶剂较差的有机红色或黄色颜料或染料,这些颜料或染料在液体状态时,容易随着溶剂的挥发而向涂膜表面进行迁移。

3. 解决方案

要全面地解决渗色的问题,就要确定渗色的原因,其原因可能不仅是涂装过程中问题,难以得到迅速有效的解决。但是通过系统的设计和统筹的安排,是可以很好地解决渗色问题的,如下所示。

(1)在涂装设计当中,面对需要进行多层涂膜涂装的设计上,要注意两点:① 尽量设计底层涂料与面层涂料颜色较为接近,或者底漆的颜色选择以浅色为主。如浅灰色底漆,干燥之后再进行白色面漆的涂装。② 在涂料溶剂的选择上,选择底层涂料使用快干涂料,面漆选择溶解性能相对较弱的溶剂以防面漆对干燥底漆涂膜的溶解。

(2)在涂装施工工艺上,要确保底层使用的快干稀料,更需确保涂料施工之后有足够的时间干燥,最好是能够在底层涂料实干之后,再进行面层涂料的涂装。尤其是在水性涂料以及底漆需要氧化反应才能实干的环氧酯/醇酸等涂料体系当中较为明显。

(3)在水性涂料与油性涂料混用时,尤其要注意水性涂料为底层,油性涂料为面层的设计时,可能会出现渗色,但是反过来油性涂料为底层,水性涂料为面涂时,则不会出现渗色的问题。

(4)对于底漆或基材一定要进行涂装前的前处理,避免油污、树脂、颜料、染料的污染,导致涂装之后出现渗色现象。

4.2.17 咬底

1. 问题描述

在涂装过程中,进行二道涂装或对塑料基材进行涂装时,涂膜出现膨胀、

 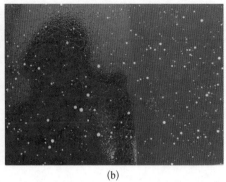

(a)   (b)

图 4-21   施工后咬底实例图

移位、收缩、发皱、鼓起、凹陷，甚至失去附着力而脱落，对于这种情况我们统称为咬底，如图 4-21 所示。

2. 原因分析

咬底是指施工的涂膜对被涂装的表面进行了一定程度的溶解，并造成了各种涂装不良的现象。无论是二道涂膜对于底涂，还是一道涂膜对于塑料基材，都是施工的涂料的溶剂将其附着的表层进行了溶解导致了不良现象的产生。那么，实际施工当中导致咬底的可能原因有以下几点。

（1）底漆未完全干燥就进行面漆涂装，面漆中的溶剂极易将底漆溶解软化，引起咬底。

（2）刷涂面漆时操作不迅速，刷涂次数过多也会引起咬底现象。

（3）对于油脂性涂膜以及干性油改性的一些合成树脂涂膜在未经高度氧化和聚合成膜之前，一旦与强溶剂相遇，底漆涂膜就会被侵蚀。如底漆用酚醛漆，面漆使用硝基漆，则硝基漆中的溶剂就会把油性酚醛漆咬起，并与原附着基层分开。

（4）前一道涂膜固化剂用量不够，交联不充分，而面涂自身溶剂极性较强，具有较强的溶解能力。

（5）前后两遍涂膜不配套，也就是底漆涂膜不能抵御面层涂料溶剂的溶解，进行涂装时一定会出现咬底。

（6）对于塑料基材，涂装所选用的溶剂没能配套好，也会对塑料基材产生咬底的现象。

3. 解决方案

涂装过程中的咬底问题的原理很简单，实际呈现的原因很多，但无论是哪种原因，咬底问题都可以通过合理有效的涂料和涂装的设计方案和执行来解决。所以，要全面解决咬底这类问题。需要从涂料和涂装两个方面的方案设计和执行来避免和解决咬底问题。

（1）涂料方案的合理设计

（a）涂料设计方案：涂膜设计要求，合理设计底漆与面漆的干燥性能以及涂膜性能，同时注意溶剂在涂装过程中的匹配性，避免面漆溶剂溶解能力太强将干燥的底漆涂膜溶解，导致咬底。

（b）对于塑料底材的性能特点，需要选择合理的涂料溶剂体系，既能提供有效的溶解性能，形成较好的附着力，又不至于溶解力强到能够溶解基材。

（2）涂装方案的合理设计

在涂料设计方案确定后，需要确定合理有效的施工工艺和干燥工艺。

（a）施工工艺，在施工时需要严格按照涂装规定，迅速有效地进行涂装施工，以配合后续干燥工艺，获得更为有效的涂装效果；如对涂料黏度、出漆量、出气量、喷幅、喷涂秒数和喷涂遍数等进行合理的规划控制，避免施工工艺造成咬底问题。

（b）干燥工艺，例如对于醇酸类涂料需要氧化干燥的涂膜，就必须给予涂料足够的空气暴露时间和适宜的温度条件，以便涂膜能够有效地氧化干燥，更需要避免底漆未完全干燥就进行面漆涂装，造成咬底问题。

4.3 本章小结

涂装施工是涂装当中最为重要的环节，涂装施工过程可能碰到的问题一定有超出本章所陈列和介绍的问题范畴。在涂装施工过程中敏锐地发现问题，能够非常有效地避免涂装带来的后续损失。涂装施工问题的及时发现与有效解决很大程度上决定了喷涂企业的高效生产。而本章介绍的问题，是较为常见的涂装施工过程中可能出现的问题，对于涂装从业人员具有很好的指导作用。

第五章 涂膜固化

涂料干燥也就是涂料经施工之后，随着溶剂的挥发，涂料当中发生相关的物理化学变化，最终固化形成涂膜的过程。涂膜干燥过程主要可分为两个阶段：（1）湿膜具有流动性的阶段；（2）涂膜表干之后不具备流动性的阶段。涂膜干燥过程是涂装当中必不可少的环节，同时这些环节也会带来相应的涂装问题，造成不良现象的发生。下面本章就涂膜干燥过程的两个阶段中容易出现的问题进行阐述。

5.1 湿膜的流动

5.1.1 湿膜流动原理

湿膜流动是涂装施工之后非常重要的特性之一，因为这涉及雾化之后涂膜的铺展和流平（涂装设计当中很多时候需要专门设定流平时间，就是因为涂料施工之后一定时间内具有流动性），但是涂膜流动性也会带来相应的涂装问题。

如图 5-1 展示了涂装施工之后，在工件表面上呈现的涂料液滴的分布状态，流平之后，湿膜平均厚度以及最后干燥之后干膜的厚度状态示意图。

如图 5-1 所示，施工之后基材表面的涂料液滴状态有大有小，在不同的地方呈现出的厚度也有差异，如图 5-1 中以虚线呈现的曲线所示。如果涂料不具备流动性，那么涂膜当中会有大量的空气，涂膜的表面状态就很难有效把控。这要求涂料施工之后必须具有流动性，经过涂料液滴的流动和融合，最终将空气排出，形成连续完整的涂膜，这一瞬间虽然涂膜当中溶剂也有一部

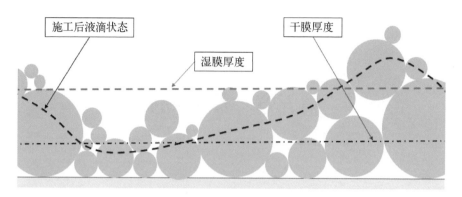

图 5-1　涂装后各阶段涂膜厚度示意图

分的挥发，但是我们依然以此厚度作为平均的湿膜厚度，如图 5-1 中虚线的高度代表湿膜平均厚度。在涂膜流动形成完整漆膜的过程中，涂料当中的溶剂已经开始挥发，最后涂膜当中的溶剂必将完全挥发，最终形成干膜，如图5-1 中长短线呈现出的直线所示高度便是涂膜的平均干膜厚度。

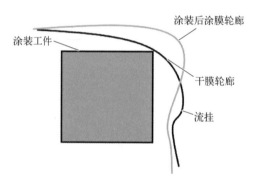

图 5-2　立面基材直角处涂装时肥边流挂示意图

涂装生产当中，涂装基材不一定都是水平面的施工对象，还有碰到立面和无规则形状的基材需要涂装。对于无规则形状的涂装，可以参照平面和立面的涂膜流动状态进行综合类比。对平面涂装的湿膜流动状态进行阐述之后，下面我们对立面状态的涂膜进行简单的阐述，其中示意图如图5-2 所示。

从图 5-2 中可以看到涂装施工完成的一瞬间，涂膜的轮廓如图 5-2 中的蓝色曲线所示意，我们可以看到在平面与立面形成的直角处，涂膜湿膜会呈现出相对凸出的状态，呈现出一定的肥边。而当涂膜在干燥的过程中，涂膜在重力和表面张力的作用下进行了流动，并随着溶剂的挥发，最终形成干膜，如图 5-2 中黑色曲线所示意。涂膜干燥之后在直角下沿出现了流挂现象，而直角处呈现出了干膜很薄的现象，而这些地方就极容易出现露底、基材的缺陷难以遮盖等问题。

涂膜的流动一方面是受到重力的作用，另一方面是受到涂膜内部及涂膜与基材之间的表面张力差的推动所致。其中重力作用是不可避免也无法调整的，因而要满足涂装对于涂膜流动性的调整，只能依赖对涂膜表面张力和对基材表面张力的调整。其中基材的表面张力可通过对基材进行表面处理来改变基材的表面张力，而涂膜的表面张力则可以在配方设计时，通过树脂选择、溶剂搭配以及相关助剂的调节，将涂膜的表面张力调节到能够满足涂装的需求。其中几种常见溶剂和树脂的表面张力列表如表 5-1 所示。

表 5-1　常见物质表面张力表 / (mN/m^2)

物　　　质	表面张力值	物　　　质	表面张力值
溶剂			
水	72.8	甲醇	23.6
乙醇	22.1	正丙醇	23.8
乙二醇	49.4	异丙醇	21.7
丙二醇	36.0	正丁醇	24.6
丙三醇	64.5	环己烷	24.3
正己烷	18.4	正癸烷	24.0
石油溶剂油	24.0	正辛烷	21.8
苯	28.2	甲苯	28.4
乙苯	29.0	均三苯	28.3
氯苯	33.1	二氯甲烷	28.2
三氯甲烷	27.1	四氯化碳	26.8
乙酸乙酯	24.0	乙酸丁酯	25.2
乙二醇乙醚乙酸酯	31.8	醋酸正丙酯	24.2
醋酸异丙酯	21.2	醋酸异丁酯	23.8
丙二醇甲醚醋酸酯	27	乙二醇丁醚	27.4
乙二醇乙醚	28.2	二丙二醇甲醚	28
丙二醇甲醚	26.5	二丙二醇丁醚	29
二乙二醇丁醚	33.6	丁酮	24.6
甲基异丁酮	23.6	甲基丙酮	24.0
环己酮	34.5	二丙酮醇	31.0

（续表）

物　　质	表面张力值	物　　质	表面张力值
树脂			
醇酸聚酯树脂	33.2	丙烯酸树脂	33.0
环氧树脂128	46	脲醛树脂	45
聚乙烯醇缩丁醛	53.6	聚甲基丙烯酸甲酯	39
聚乙烯醇	37	聚甲基丙烯酸丁酯	34.6
聚丙烯酸丁酯	33.7	聚醋酸乙烯酯	36.5
聚二甲基硅氧烷	15.0～20.0	聚四氟乙烯	21.5
常见基材			
磷化钢	34	不锈钢	1 000
玻璃	74	铝箔	≥ 32
聚乙烯（PE）	31	聚丙烯（PP）	30～35
聚氯乙烯（PVC）	36～39	聚酰胺（PA）	40～43
聚碳酸酯（PC）	37	聚苯乙烯（PS）	31～34
聚酯（PET）	40～45	聚酯三聚氰胺	44.9

5.1.2　湿膜流动带来的问题

1. 肥边

（1）问题描述

涂料在进行涂装时，出现涂料往工件边缘处聚集的现象，最终呈现为工件边缘湿膜较厚，我们称之为肥边问题。尤其是涂装基材有明显边界轮廓，且边界轮廓为直角和锐角时，最容易出现肥边现象。如图 5-3（a）所示，样板在喷涂白漆的过程中，由于样板边缘是明显的边界，进而呈现出整个边缘较中间区域更厚的现象（边缘遮盖力更强，形成相对明显的边框）。而图 5-3（b）是边缘为圆弧形的样件，在进行金色涂料的涂装后，其边缘处发白（涂膜干燥后铝粉排列更佳），而边缘内沿就出现了明显的由涂膜厚度造成的铝粉排列不佳，进而形成的黑框。

（2）原因分析

涂料施工之后，便进入干燥的环节当中，也就是溶剂将会按照一定的速度

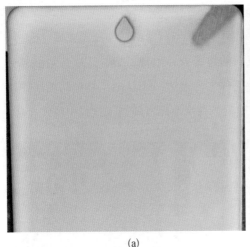

(a)　　　　　　　　　　　　　(b)

图 5-3　涂装后肥边实例图

向空气中挥发，当涂料进行施工的时候，施工工件的边缘与空气接触面积较大，便会更加快速的干燥，也就是工件边缘的涂膜更倾向于干膜。

涂料当中各物质的表面张力大小次序为：水＞颜填料＞树脂＞溶剂＞添加剂／助剂。

在涂装过程中工件边缘挥发较快的通常是溶剂，在涂料（无论是水性还是油性）当中，剩下的主要就是颜填料和树脂，那么最终呈现出来的是边缘干燥部分的涂料的表面张力较高。高的表面张力会迫使涂料向边缘流动，进而引起肥边。

（3）解决方案

基于涂料当中各物质表面张力的大小区别，我们在进行配方设计的时候，完全可以通过添加剂、助剂来调节涂料的整体表面张力，也可以通过助剂的有效加量控制涂料在干燥过程中表面张力不会出现大范围的变化，避免由工件边缘涂料溶剂的挥发导致边缘涂膜表面张力的迅速提高，而造成肥边。

涂装过程中造成肥边的主要原因是涂料配方设计的问题，在涂装现场通常是较难有效解决的，但是通过调节溶剂，适当减慢涂料挥发速度，还是能够在一定程度上缓解涂装过程中出现的肥边问题的。另外如果有条件，适当加入能够调节涂料表面张力的助剂也是解决问题的临时性办法。

2. 缩边

（1）问题描述

在进行施工的过程中，在工件表面的边缘处，出现了边缘露底或边缘部分涂膜较薄的现象，如图5-4所示，我们称之为缩边。而且向工件中间缩回的涂料又会造成局部涂膜更厚。这种缩边现象，在水性涂料的施工过程中经常出现。

图 5-4　涂装缩边实例图

（2）原因分析

在对金属工件表面进行涂装施工时，由于金属工件的表面张力普遍较大，当涂料的表面张力相对较大时，就难以进行有效的施工，这在水性涂料当中是极为正常的现象。尤其是在用水开稀之后，涂料表面张力较大，虽然整体上能够在工件表面铺展，使得中间部分的涂膜能够形成，但是工件边缘依旧由于干燥速度较快，形成的涂膜的表面张力反而小于未干燥的涂料的表面张力。同时由于涂料的流动性太好，因为表面张力的差异，工件边缘的涂料出现了往中间收缩的现象。

（3）解决方案

在进行水性涂料施工时出现缩边现象，通常需要加入助剂调节涂料的表面张力，将涂料的表面张力适当调低就能有效地解决。但是更需要注意的是，水性涂料在施工前加水开稀时，加水量需要严格控制，因为水的表面张力极大，同时对于水性漆的降黏能力也极强，如果涂料配方当中设定的加水量恰好可以施工，那么一旦开稀比例升高了之后，就会出现涂料自身表面张力过高，同时涂料施工时黏度也较低，流动性较高，进而在涂装施工时出现缩边的问题。

5.2　涂膜固化

涂膜固化的过程是涂膜能够达成涂装设计必不可少的环节，按反应类别来分，可以将涂膜的固化分为物理固化和化学固化两大类型。其中物理固化形成的是热塑性涂膜，受热后会变软发黏，而化学固化则是在固化过程中涂膜内部的分子会发生化学反应形成交联结构，涂膜当中成膜物质的分子量极大，涂膜具有热固性以及多项耐性。物理固化和化学固化的相关性能特点比较如图 5-5 和图 5-6 所示。

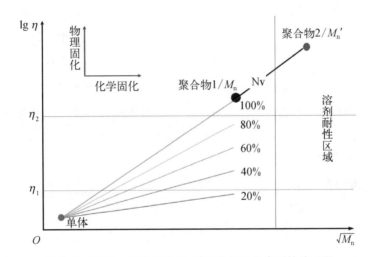

图 5-5　黏度 η 与分子量 M_n 以及涂料固化类型的关系图

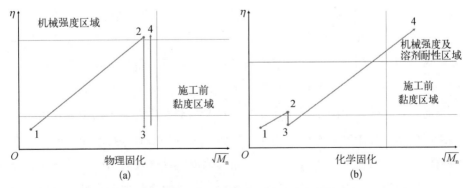

图 5-6　涂膜的形成及固化过程与性能差异对比

（1—单体；2—树脂；3—涂料；4—涂膜）

如图 5-5 所示，当涂料中聚合物的分子量为 M_n 时，物理固化的黏度会随着涂料当中聚合物的体积固体含量从 20% 逐渐升高到 100%，黏度将逐渐提升。但是当涂料当中的聚合物分子量为 M_n，发生化学固化时，当溶剂全部挥发之后，涂膜当中聚合物由于化学反应而产生交联，分子量会由 M_n 增加到 M'_n。并且后面形成的聚合物具有溶剂耐性。

如图 5-6 所示，1、2、3、4 分别表示成膜物质不同阶段的分子量及黏度坐标以及所处的性能区域，其中图 5-6（a）呈现了物理固化涂膜树脂分子量和黏度的变化过程，首先从低黏度的单体，聚合成高分子量的聚合物，在进行施工前需要使用溶剂稀释。施工后，经过溶剂挥发的干燥过程，涂膜当中的聚合物再一次回到大分子量和高黏度的状态，最终形成具有一定机械强度的涂膜。

而图 5-6（b）呈现了化学固化涂膜的过程，树脂先由单体聚合成一定分子量的聚合物，随后在涂料施工过程中，用溶剂稀释到施工黏度，在涂膜干燥的过程中，由于涂膜内部发生化学交联作用，涂膜当中聚合物的分子量迅速增大，黏度迅速增大，最终形成了一个远超树脂合成阶段形成的聚合物分子量的聚合物，形成了具有机械强度和溶剂耐性的涂膜。

5.2.1　物理固化

在了解物理固化和化学固化过程中涂膜树脂的变化之后，就能够很好地了解热固性涂膜和热塑性涂膜的差别。而实际应用当中的涂料，远比纯粹的树脂的反应要复杂。如图 5-7 所示，树脂溶解状态与最终形成的涂膜结构有极大的区别。

如图 5-7 所示，在涂料体系当中，图 5-7（a）展示了树脂良好地溶解在涂料体系当中，树脂分子链舒展开与其他成膜物质（粉体成膜物质）混为一体，均匀地分散于体系当中，在溶剂挥发之后，形成的涂膜较为均一，整体涂膜的一致性强。而图 5-7（b）所展示的是树脂在涂料体系当中呈现出不良的溶解状态，分子链呈卷曲收缩状，树脂分子与其他成膜物质相互分开，在涂料体系当中树脂分子团聚在一起，而其他成膜物质被树脂分子排挤在其他区域。这种涂料状态下，当溶剂挥发之后，形成的涂膜内部将呈现出分裂的小块，涂膜的一致性差，局部是由树脂成膜，局部是由粉料成膜，最终涂膜

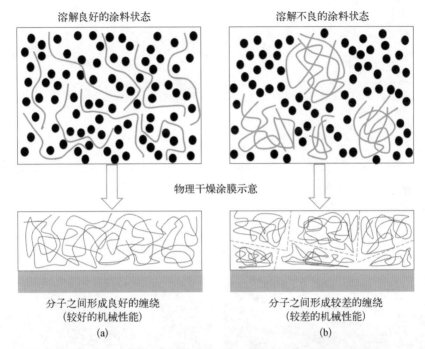

溶解良好的涂料状态　　　　　　　溶解不良的涂料状态

物理干燥涂膜示意

分子之间形成良好的缠绕　　　　　分子之间形成较差的缠绕
（较好的机械性能）　　　　　　　（较差的机械性能）
　　　　（a）　　　　　　　　　　　　（b）

图 5-7　树脂良好和不良的溶解状态下物理干燥前后的状态对比图

的综合性能较差，造成局部粉体脱落，局部涂膜过软等，更不能呈现出涂膜整体的各项性能。

　　涂料当中所用的树脂除了有如前面所示的，溶解于溶剂中的形态，还有以乳胶粒子的形式悬浮于水中的状态。这类涂料的干燥过程示意如图5-8 所示。

　　乳胶型涂膜湿膜状态如图 5-8（a）所示，乳胶粒子均匀地悬浮于涂料体系当中。涂料施工之后，涂膜当中的水开始挥发，如图 5-8（b）所示。然后大量的水挥发之后，乳胶粒子层叠在一起，如图 5-8（c），由于球状的乳胶粒子之间存在空隙，而形成毛细管效应，逐步地将乳胶粒子空隙当中的水分排挤出涂膜。最后乳胶粒子在一定温度和成膜助剂的辅助作用下，受挤压变形，形成完整的涂膜，如图 5-8（d）所示。

　　实际乳胶型涂膜成膜之后的表面状态如图 5-9 所示。

　　图 5-9（a）所示的为纯乳胶粒子涂膜表面的扫描电子显微镜（Scanning Electron Microscope, SEM）图像，我们可以看到涂膜表面乳胶粒子之间挤压

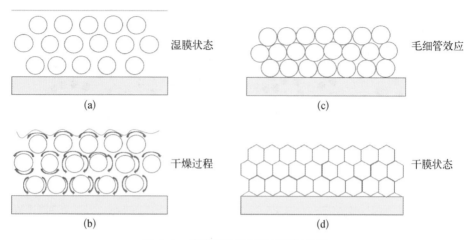

湿膜状态 (a)

毛细管效应 (c)

干燥过程 (b)

干膜状态 (d)

图 5-8　乳胶型涂料干燥过程示意图

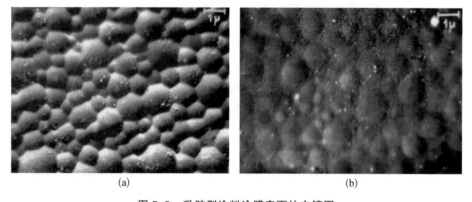

(a)　　　　　　　　　　　(b)

图 5-9　乳胶型涂料涂膜表面的电镜图

变形的同时，乳胶粒子的球状形态依旧清晰可见。而图 5-9（b）所示的为乳胶粒子和其他粉料共同形成的涂膜的表面 SEM 图像，从图 5-9（b）中我们可以看到，乳胶粒子与其他粉料相对均匀地分布在涂膜表面，乳胶粒子的边界较图 5-9（a）当中的更为模糊，也就是其他粉体吸附于乳胶粒子表面使得乳胶粒子球形状态发生了一定的无定形的形变。

5.2.2　化学固化

化学固化是在涂膜形成的过程中，涂膜当中的分子所带的基团能够进行相

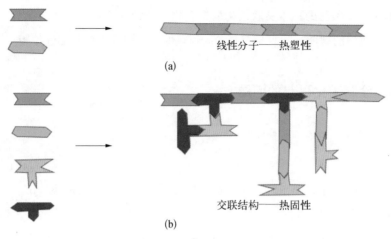

线性分子——热塑性

(a)

交联结构——热固性

(b)

图 5-10 化学固化原理示意图

互反应，进而形成更大分子的一类固化过程。该过程中的化学反应使得涂膜当中成膜树脂的分子量迅速增大，形成具有耐溶剂性和一定耐温性的涂膜。化学固化在涂料当中的应用以形成热固性的涂膜为主，其反应示意图如图 5-10 所示。

图 5-10（a）当中展示的是两类分子两端均带有两个可以与另一类分子所带基团相互反应的基团，在一定的条件下，两种分子便发生了化学反应，进而形成了热塑性的线性分子。线性分子受热时，必然使得分子链上的基团以及整个分子的运动能力增强，从而出现流动性，直接的表现为发黏，而受冷时，分子链上的基团以及整个分子链的蠕动能力下降，分子变脆。涂料当中热塑性的丙烯酸就是这种性质的产品。该类反应一般不会设计在涂膜形成阶段，而是在树脂合成阶段就已经完成。

而图 5-10（b）当中，参与反应的物质有四种，其中两种带有一类反应基团（如—OH），这两种物质当中一个带有两个这类反应基团（如 $HOCH_2CH_2OH$），另一个带有三个这类反应基团（如 $HOCH_2CHOHCH_2OH$），而另外两种带有另一类反应基团（如—NCO），这两种物质当中一个带有两个这类反应基团（如 TDI、HDI、IPDI、MDI 单体），另一个带有三个或者更多这类反应基团（如 TDI、HDI、IPDI、MDI 的三聚体，结构直接呈现 3 个 NCO，实际上含有 6 个 NCO 基团）。当这四种物质在适宜的条件下混合在一起，就会发生化学反应，形成不能完全预测的三维交联结构的聚合物。这种反应形成的聚合物分子量极大，具有较强的韧性，同时具有一定的耐热性，我们称之为热固性涂膜。

5.2.3 涂膜固化引起的问题

1. 清漆发白

（1）问题描述

在进行罩光涂装施工时，涂膜在干燥之后呈现出发雾的现象，出现了对于底材颜色或纹路的遮盖现象，如图 5-11 所示，图中红线圈内的是喷涂清漆之后的状态，而图 5-11（a）中黄线圈内和图 5-11（b）中绿线圈内是未进行涂装的状态，对比涂装前后状态不难看出该清漆干燥之后出现了发雾发白的现象。我们称之为清漆的发白或发雾。这种现象在木器漆和建筑涂料的罩光漆干燥之后偶有出现。

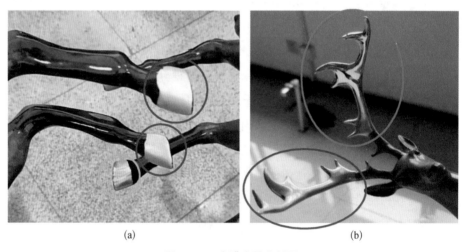

(a)　　　　　　　　　　(b)

图 5-11　涂膜发雾实例图

（2）原因分析

油性光油有高光无色透明和哑光半透明等不同类别，但无论是哪种类别，最终涂膜干燥之后，都应该呈现出相对透明的涂膜（高光全透明涂膜，哑光涂膜）。水性光油虽然在湿膜状态时会呈现出乳白的问题，但是涂膜干燥之后，便能够直接显现出透明的涂膜状态。

① 当罩光清漆为哑光清漆时，哑光清漆通常加入消光粉或蜡粉使得涂膜的表面变得粗糙，实现涂膜表面对光的散色，实现消光。而消光粉和蜡粉通常与涂膜树脂的折光率不同，甚至有较大的差异，因而清漆进行消光之后，透明性会下降。如果消光粉或蜡粉种类和加量选择不当，会造成涂膜发白，而不能实现涂膜的透明或半透明罩光的装饰效果，如图 5-11（b）所示。

② 在清漆体系当中使用两种或两种以上的树脂，且树脂的相溶性并不好，或树脂之间的折光率不同，当涂膜当中的溶剂挥发后，混拼的树脂成膜后呈现出来的漆膜便出现透明性不佳等问题，如图 5-11（a）所示。

③ 另外涂膜树脂在湿料状态的时候，处于完全溶解状态，但是进行了涂装施工之后，湿膜当中的溶剂会呈现不同速度的挥发，如果清漆配方当中溶剂的挥发梯度没能配合溶剂对于树脂的溶解性，可能会造成在涂膜干燥的过程中，涂膜当中溶剂成分的变化，使得涂膜中树脂的局部析出（呈现微粒状）或出现结晶等现象，进而造成成膜树脂自身分离出两种折射率不同的结构，造成涂膜的发雾。

（3）解决方案

对于涂装施工后，湿膜表面有发白的现象，这个不一定会引起涂装的不良，但是碰到这种情况首先还需明确引起表面发白的原因之后，再提供有效的应对方案。

① 如果对油性涂料进行施工后，便出现表面发白的现象，通常来讲是涂料配方中的消光材料的选择与添加量的问题，需要通过对涂料配方极性进行进一步的甄选，选择合适的消光材料，并配以适当的添加量才能有效解决该问题。

② 如果涂膜的发白现象出现在涂膜干燥之后，同时发雾集中在涂膜较厚的区域，而且涂膜越厚的区域，发雾越明显，则这种现象便可能是选用树脂为混拼树脂，混拼树脂的相溶性或折射率有差异所致，这需要涂料企业在进行配方设计时，进行斟酌调整。

③ 如果涂膜也是在干燥之后出现较为均匀的局部的污点类的发白或发亮或不透明等现象。则更可能是涂膜当中溶剂挥发与溶剂对于成膜树脂溶解性

的选择和搭配上的问题。这需要在涂料配方的溶剂选择上选择溶解力更强，同时具有更稳定挥发梯度的溶剂体系来解决这类发白问题。

2. 锤纹／橘纹花纹不一

锤纹／橘纹涂料在施工过程当中就经常会出现花纹难以控制，进而出现各种不一致的问题，前面我们已经讨论了该现象。这里我们讨论的是施工之后，干燥的过程造成的锤纹／橘纹花纹不一的问题，如图 5-12 所示。

图 5-12　橘纹涂料花纹不一实例图

（1）问题描述

在锤纹／橘纹涂料施工后，并未发现明确的锤纹／橘纹等花纹的显著差异，但是经过干燥工艺之后，花纹出现了显著的差异。例如自然干燥时，花纹较小较为细腻，甚至出现缩孔，但是加热干燥时，花纹迅速展开、变大等。

（2）原因分析

干燥过程中通常来讲主要涉及温度的差异，而温度影响的是涂膜干燥过程中的黏度、流动性，温度还会直接影响锤纹剂／橘纹剂的表面张力。

当温度升高时，对于表干速度较慢的涂料，由于锤纹剂／橘纹剂自身活性的提高，会更加迅速地展示出自身排开涂料的功能，使得锤纹／橘纹变大。

同样是温度升高，对于表干速度较快的涂料，涂料表面迅速地干燥而失去流动性，即便温度升高增强了锤纹剂／橘纹剂的活性，依旧不能排开涂料，进而出现锤纹／橘纹变小。

干燥过程中的湿度也会显著影响水性锤纹／橘纹涂料干燥后的花纹的大小。

（3）解决方案

如果在锤纹／橘纹涂料施工之后进行自然干燥，那么几乎难以避免因为温湿度变化带来的花纹的变化。但是对涂料的干燥速度进行适当的调整，对于四季大环境的变化，做出一定的流动性和干燥性能匹配调整，可以在一定程度上缓解干燥过程中的花纹的变化。

如果能够有效控制干燥环境温度和湿度，在进行锤纹／橘纹涂料施工时，根据四季环境的变化适当做出温湿度的调整，可以更好地确保锤纹／橘纹花纹的一致性。

还有锤纹／橘纹涂料一直都是处于亚稳定的状态，使用该类涂料前一定要确保涂料在保质期内，并且在做出相应测试之后再进行涂装更能有效保持涂装成品花纹的一致性。

3. 表面橘皮

涂膜表面的橘皮最为常见的是涂料未能流平，干燥之后直接呈现出橘皮的现象。我们这里分析的是涂料在施工之后，表面是流平状态，而干燥之后出现的橘皮现象，如图 5-13 所示。

(a)　　　　　　　　　　　　(b)

图 5-13　涂膜橘皮实例图

（1）问题描述

涂料在施工之后已经实现了完全流平，但是在涂料干燥之后，呈现出了明显的橘皮问题。其中橘皮有时是大的橘皮，有时是极为微小而均匀的细纹。图 5-13（a）显示涂膜干燥之后呈现出大的波纹，图 5-13（b）显示涂膜在干燥后呈现出小的橘纹。

（2）原因分析

涂料在涂装施工之后能够完全流平，但在干燥的过程中，随着溶剂的挥发，涂膜内部出现了温度、表面张力、溶剂浓度以及密度的差异。为了达到这种热力学上的平衡，涂膜内就出现了流动，这种现象称为贝纳德漩涡。如图 5-14 所示，上部分的图片是贝纳德漩涡的正面图像，呈现出较为规则的格子（漩涡单元）状，每个格子呈现出中心凹陷，边缘凸起状；图 5-14 的下半部分则呈现的是贝纳德漩涡涂膜的截面示意图，从截面图我们能够看到漩涡单元呈现出边缘处高高凸起，往中心部位高度逐渐降低，到了中心部位又会有一个小凸起。涡边缘的表面张力低，而中心区表面张力高，在表面张力的作用下，涂料在湿膜干燥的过程中会不断迁移以平衡表面张力差，最终形成了贝纳德漩涡。这就使得涂膜在干燥过程中形成了规则的凹凸表面，呈现出橘皮状。

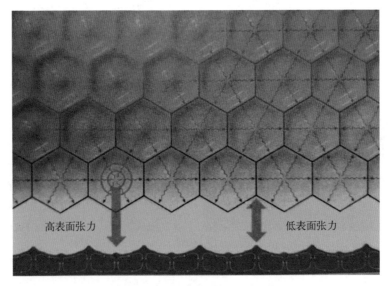

高表面张力　　　　　　　　　低表面张力

图 5-14　贝纳德漩涡原理示意图

出现的橘皮分为长波和短波，其中长波是因为涂料当中自身的表面张力就存在一定的差异，尤其是在含有颜填料的体系当中，在涂料的干燥过程中很容易出现局部表面张力较高，而呈现出局部的凸出而其他部位较为平坦，出现大波的橘皮如图 5-13（a）所示，出现这种问题的重要原因之一是涂料当中的降低颜填料与体系之间表面张力差的润湿剂较少或者其他平衡整个涂料体系的表面张力的润湿剂加量较少；而如果涂料当中加入的为了降低涂料内部成分之间表面张力差的物质过量，则会出现结合在颜填料表面的低表面张力的物质过多，使得涂料体系当中低表面张力的物质聚集，在干燥的过程中出现局部的溶剂和成膜物质的均匀排开的现象，进而呈现出密集而细微的花纹，如图 5-13（b）所示。

（3）解决方案

要有效地解决涂料干燥过程中形成的贝纳德漩涡最终造成的涂膜表面的橘皮问题，根本上说是要在涂料配方设计上有效地解决涂料成分之间的表面张力差（在进行涂料表面张力的调节上，添加适量的合适的助剂），同时合理地设计涂料的溶剂挥发梯度，这样就能够有效地控制涂料在干燥过程中溶剂较为均匀地挥发，同时有效控制涂膜体系当中的表面张力差异，避免贝纳德漩涡的形成。

另外在施工的过程中，选择合适的稀料，同时干燥条件需要设计得较为平稳，确保溶剂较为均匀地挥发，同时要控制涂膜的厚度，以使涂料在干燥的过程中拥有调节表面状态的功能。

4. 表面皱纹

（1）问题描述

涂料施工、干燥之后，涂膜表面出现皱纹、凹凸不平且平行的线状或无规则的线状等现象。图 5-15（a）展示的是出现大的皱纹的涂膜，图 5-15（b）

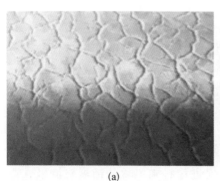 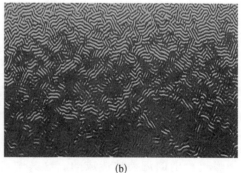

　　　　(a)　　　　　　　　　　　　　　(b)

图 5-15　涂膜出现皱纹实例图

展示的是密集小皱纹的涂膜。

（2）原因分析

涂膜干燥之后表面起皱的根本原因也是涂膜当中溶剂未能挥发出来，而且在这些残余溶剂挥发的过程中涂膜已经不具有任何溶剂挥发通道，使得溶剂只能将涂膜最底层具有流动性的部分形成通道，进而涂膜干燥后形成了褶皱的气体通道。

其中具体的原因有以下几点。

① 涂膜烘干升温过急，表面干燥过快，或者涂料挥发梯度较为单一，表面容易结皮；

② 涂膜过厚或在浸涂时产生的肥厚的边缘，出现表干后，局部因过厚底层溶剂难以通过涂膜挥发出来；

③ 涂装施工之后自然表干，然后再进行烘干易产生起皱现象。

（3）解决方案

要避免涂膜干燥后出现皱纹的现象，一方面要在涂料配方设计上对涂料的溶剂挥发梯度做出有效的调整，控制涂料的表干速度。

另一方面，要在涂装施工和干燥工艺当中以标准化的工艺执行，涂装施工的膜厚必须控制在合理安全的范围之内，同时干燥条件也必须在较为合适的温度范围之内，确保施工与干燥工艺能够与涂料溶剂的挥发梯度和表干实干速度有效匹配。

5.2.4 固化过程中的流动

涂料施工之后，在干燥的过程中，涂料的黏度会随着干燥过程的进行而迅速上升，黏度上升很大程度上限制了涂料当中各种微粒的运动。即便如此，涂料当中微粒的运动也是不可避免的，例如喷涂后的静置闪蒸时间，就是为了涂料在施工之后能够通过流动进而流平，涂料在施工过程中由于湿膜厚度太大，涂料的触变性不够，出现流挂等现象，实际上都是涂料在干燥过程中的流动性造成的。这其中要促进涂料施工后的铺展、流平，避免流挂等现象，通常需要在涂料当中通过助剂与溶剂的相互配合才能满足施工需求。

另外涂料干燥过程实际上也就是涂料当中溶剂挥发的过程，无论固化过程是物理固化还是化学固化，涂料施工之后，溶剂都必须挥发出来，在溶剂挥发的过程中，由于涂膜体系的变化，会造成涂膜内部表面张力等发生改变，因而可能会造成溶剂周边的粒子定向迁移的可能。这种现象最典型的特征就是造成了贝纳德漩涡，造成涂料表面的橘皮状。

5.3　涂膜收缩

5.3.1　涂膜收缩原理

涂料的制备过程是将成膜的相关成分液化的过程，而涂膜的固化过程是涂料由液态转变成固体涂膜的过程。涂料固化之后随着溶剂的挥发，涂料呈现出的干膜与湿膜会有一定的差异，其中最典型的差异就是湿膜流平的状态下，干燥之后涂膜会随之收缩。

如图 5-16 所示，图中蓝色线为湿膜流平后的涂膜高度，棕黄色的区域是干燥之后的涂膜，灰色的图为基材。从图 5-16（a）和（b）不难看出，两个涂料都有明显的收缩，图 5-16（b）所示的涂料体积固含量更高，涂膜收缩

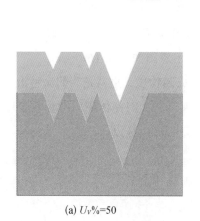

(a) $U_V\%=50$

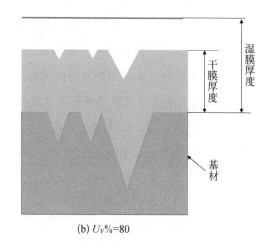

(b) $U_V\%=80$

图 5-16　涂料填充基材纹路原理示意图

比例相对于图 5-16（a）所示的要小，对于基材表面凹陷的填充能力更强。当分别使用图 5-16（a）所示涂料与图 5-16（b）所示涂料对该类基材进行填充时，图 5-16（a）所示的涂料经打磨后，基材的凹陷未能够完全填充，而图 5-16（b）所示的涂料经打磨之后则能够完全填充基材凹陷的问题。也就是要填充基材表面凹陷，需要选用高体积固含量的涂料进行涂装，才能更加有效地实现对基材缺陷的填充。

5.3.2 涂膜收缩引起的问题

1. 填充不良

（1）问题描述

涂装生产过程中，对工件表面进行打磨的前处理是极为常见的，而打磨通常会留下砂纸印，还有部分工件本身表面就存在一些凹凸不平。当对这些工件进行涂装时，在涂装施工后依旧能够看到工件表面的砂纸印、凹凸不平，对于这种现象称为填充不良。如图 5-17（a）所示的工件在进行涂装之后，呈现出图 5-17（b）的状态，很显然图 5-17（a）所示的工件表面的缺陷未能完全盖住。图 5-17（c）和（d）所示的工件表面上的凹陷或印痕，在进行涂装之后，涂膜均未能遮盖住基材表面的缺陷。

（2）原因分析

对工件进行涂装之后，涂膜虽然具备一定的填充功能，也就是具备填充凹凸不平的功能，但是涂料性质和施工工艺都会影响最终涂膜对于工件表面缺陷的填充能力。涂料对于基材纹理的填充原理示意图如图 5-16 所示。

在涂料当中能够有效填充凹坑的成分是固体成膜物质，也就是我们涂料指标当中的固体含量，由于填充是以体积形式表现出来，因而体积固含量将是涂料填充基材纹路的重要影响因素。涂料当中的固体成分以树脂和颜填料为主，因而总体上涂料施工时的固体含量直接决定涂料的填充性。如果选定的涂料施工的固体含量不能达到填充功能效果，则涂装施工时，一定会呈现出涂料填充不良的问题。

另外涂料能够达到填充缺陷的效果，必须要具有一定的涂装厚度才能

(a)　　　　　　　　　(b)

(c)　　　　　　　　　(d)

图 5-17　填充不良实例图

最终满足实际需求。如果施工涂膜的厚度达不到一定值也会出现填充不良的问题。

（3）解决方案

在填充工件缺陷的涂装施工过程中，要有效地解决填充缺陷的问题，首先在选用涂料时，必须选择拥有较高施工固含量的涂料产品。同时在施工工艺上尽量满足一次性施工能够达到一定的涂膜厚度，进而能够满足填充工件表面缺陷的要求。

涂料对于基材表面的缺陷具有一定的遮盖功能，但是在对一些表面具有砂纸印、沙眼、拼接印等缺陷的基材进行涂装时，很多时候需要将基材表面的缺陷遮盖住，从而达到美化的要求。

2. 露底

涂料施工过程中，发现露底的情况，施工过程会通过合适的方案进行解决，在这里我们不再重复之前的讨论。这里讨论的是涂料在施工的过程中呈现正常，而涂膜干燥之后出现露底的现象。如图 5-18 所示，底板的黑色未能完全盖住。

（1）问题描述

涂料施工后并未出现露底等不良现象，但是经过干燥工艺之后，出现了局部甚至是全面的发青、露底以及未能遮盖住底材的颜色和光泽的现象，我们称之为涂膜干燥后露底。这类现象在油性涂料当中时有发生，在水性涂料当中则更为常见。如图 5-18 所示，黑色底板的边缘处局部未能盖住，呈现出较其他部位更黑的颜色。

图 5-18　涂膜干燥收缩之后露底

（2）原因分析

涂膜湿膜状态未能发现露底现象，而干燥之后出现露底现象，根本原因就是涂料在干燥之后，涂膜的颜填料并不能完全遮盖住底材，而让底材透过涂膜呈现出来自身的颜色和光泽。涂膜遮盖基材的原理如图 5-19 所示。

当一定厚度的涂膜在黑色和白色底板上的反射率 R_B 和 R_W 的比值 $\dfrac{R_B}{R_W} > 0.98$ 时，认为涂膜完全盖住底材。

实际操作当中，涂膜在干燥后出现露底的原因可能有以下几种。

① 涂料在干燥的过程中重力或者其他外力造成了涂膜的流动，形成了涂料在工件表面局部较薄，或者涂料干燥过程中溶剂挥发导致涂料当中颜料进行了再次排布（如铝粉涂料），使得干燥之后，在较薄部位或颜料较少的部

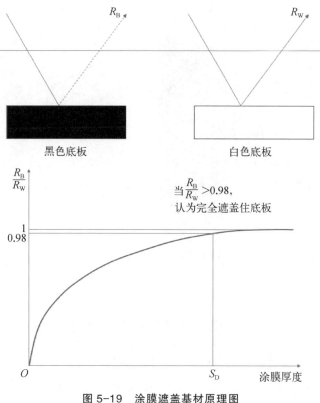

图 5-19　涂膜遮盖基材原理图

位，不能遮盖住底材，造成露底。

② 水性涂料当中，乳胶或分散体系由于自身成膜树脂成分在湿膜状态时，呈现出不透明乳白色，具有明显遮盖功能。而当涂料干燥之后，成膜的乳胶或分散体则呈现出透明状态，就难以遮盖住基材。因而在水性乳胶或分散体系的涂料施工过程中，湿膜呈现出完全遮盖住基材的颜色与光泽，但是在涂膜干燥之后，因成膜物质的乳白色褪去，遮盖力下降，呈现出了对基材的遮盖不良，出现露底的现象。

③ 涂料在生产过程中，工艺控制不当时，可能在研磨时对颜料的粒径大小和分布控制出现了不一致，进而使得涂料前后批次之间的实际遮盖效果不同，从而造成常规施工后的遮盖不良的问题。颜料的遮盖力与粒径大小之间的关系如图 5-20 所示。

从图 5-20 中我们可以看到，当遮盖型颜料的分散粒径为 300 ～ 500 nm

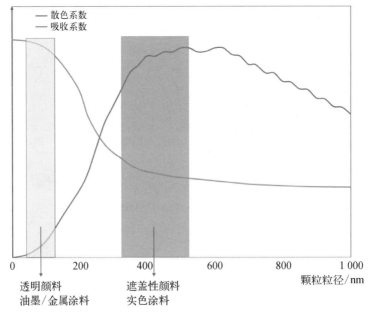

图 5-20　颜料粒径与遮盖力关系图

时，颜料的遮盖力可以达到最佳，当颜料的分散粒径超过 1 000 nm 时，颜料的遮盖力呈现明显的下降趋势。透明型颜料的分散粒径为 50～100 nm 时，具有最佳的着色力和较好的透明性。因而在涂料生产的过程中，如果颜料的研磨细度出现显著波动时，涂料的遮盖力会出现一定的波动。如果在进行涂料配方设计时，将遮盖力设计得恰好能够完全遮盖住基材时，就容易因为生产过程中颜料研磨细度的变化而出现遮盖不良的问题。

（3）解决方案

涂料呈现出遮盖力差，一方面是因为涂料的流动造成了局部涂膜过薄，对于这种问题的解决，只需要将涂料的施工黏度提高或者提高涂料的触变性，就可以使得涂料在施工过程中实现更高的施工膜厚而不出现流挂问题，进而有效地解决遮盖力的问题。

另一方面如果是水性涂料成膜基体干燥前后的遮盖力的差异，导致施工不到位，产生露底，则需要在施工前对所使用的涂料进行一定的施工测试，并全面记录测试施工方案，形成有效的施工方案指导，如出气量与出漆量的比例以及走枪速度和次数等。以此为基础进行涂装生产的工艺设计和对施工人员的培训。生产过程中按标准方案执行，避免依赖施工人员的视觉感受来评价涂装的到位程度。

如果是涂料配方设计中的遮盖余量不足，而生产控制上又出现颜料研磨细度没能很好地控制时，就必须从涂料厂家的配方设计和生产工艺上进行调整来解决涂料遮盖力差的问题。

3. 涂膜开裂

涂膜开裂常见的有涂膜干燥之后出现开裂和涂膜测试、使用过程中出现开裂等。我们这里仅仅描述涂料施工干燥之后呈现出来的开裂现象。

（1）问题描述

涂料在施工干燥之后，涂膜表面出现深浅、大小各不相同的裂纹，如从裂纹处能见到下层表面，则称为开裂，如图 5-21（a）所示；如涂膜呈现龟背花纹样的细小裂纹，则称为龟裂，如图 5-21（b）所示。

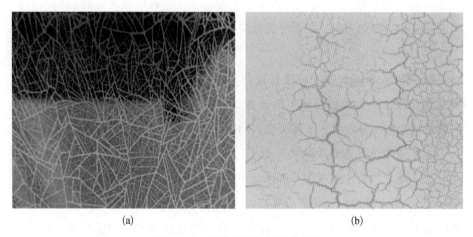

|(a)|(b)|

图 5-21　涂膜开裂和龟裂实例图

（2）原因分析

涂料在施工干燥之后出现开裂现象，一部分原因是在涂料干燥过程中，涂膜的收缩比例不一致，从而出现局部开裂的现象，如图 5-21（a）所示，该类裂纹就属于表面涂膜的收缩率低于底下涂膜的收缩率，使得表面涂膜附着于底涂时，因为底涂热胀冷缩较为明显，而面涂涂膜较脆，进而出现开裂；另外一部分原因是水性乳胶涂料体系，在成膜溶剂（助剂）不足或环境温度较低时，涂料干燥之后出现不能成膜而开裂的现象，如图 5-21（b）所示，这类开裂在涂膜较厚的地方较为明显，涂膜较薄的地方裂纹较小，而且还会有局部不开裂的现象。具体到实际施工过程中，有如下几点可能导致涂膜干燥之后开裂。

① 底漆与面漆不配套，涂膜受外界（机械作用，温度变化等）影响而产生收缩应力，引起涂膜龟裂或开裂，如面漆硬度较高，收缩率较大，同时能够与底漆紧密结合，面漆干燥之后就会导致涂膜出现开裂。

② 底漆未干透即涂覆（喷、刷、辊涂）面漆，或第一层面漆过厚，未经干透又涂第二层面漆，使两层漆内外伸缩不一致，也会导致涂膜出现开裂的现象。

③ 涂膜过厚、施工环境恶劣，温差大、湿度大，涂膜受冷热而伸缩，引起龟裂。

④ 水乳性的涂料体系，必须要借助成膜助剂成膜，或者在一定温度下才能使得乳胶粒子软化成膜。如果施工之后，干燥过程中出现成膜助剂不够或者干燥温度过低的情形，都会导致涂膜的开裂现象。

（3）解决方案

① 对于在干燥过程中，涂料自身收缩比例的不匹配，施工膜厚或者环境温、湿度差异极大导致涂膜干燥速度的极大变化，进而导致开裂的现象，就必须通过涂装的有效设计来解决这类问题。

通常从两个方面解决这类问题，（a）底漆与面漆相关性能的合理匹配设计；（b）施工过程中施工膜厚和干燥条件以及重涂施工时间间隔等设计。

② 对于水乳性涂料体系，需要涂料企业与涂装企业进行有效的沟通，明确施工和干燥的各个环节，最终确定涂料当中成膜助剂的加量与施工和干燥工艺以及环境相匹配，甚至成膜助剂需要根据季节的变化做出不同程度的调整来确保涂料干燥过程中的成膜性。

4. 表面起泡

（1）问题描述

在涂料施工和干燥之后，涂膜出现大小不等的凸起的圆形泡，鼓泡可存在于两层涂膜之间，如图 5-22（a）所示；也可存在于涂膜与基材之间，如图 5-22（b）所示；还可以出现在涂膜表层，甚至出现局部炮孔破裂之后形成火山孔。

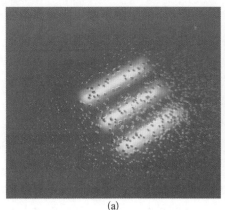
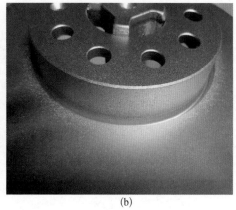

(a)　　　　　　　　　　　(b)

图 5-22　涂膜起泡实例图

（2）原因分析

涂膜干燥之后出现起泡的现象，理论上的原因是涂膜当中有气体成分未能排出，以气泡的形式存在于涂膜当中，如图5-23 所示。在实际施工操作过程中，涂膜当中起泡的具体原因有以下几种。

① 涂料覆盖在基材表面时，在液体与基材结合的过程中未能有效地将气泡排出，造成这种现象的原因除了基材在接缝处存在空隙、表面有沙眼、针孔等之外，最为常见的原因是涂料的表面张力过大，不能在工件表面铺展，形成了涂料点与点之间的空气存在于涂膜当中。

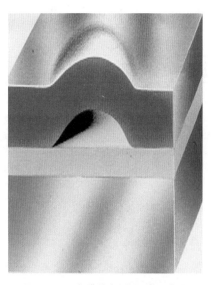

图 5-23　涂膜的起泡剖面示意图

② 涂料在施工之前就存在空气泡沫未能消除，或者油性涂料当中意外混入了部分水，水性涂料当中混入了部分有机溶剂等，施工之后涂膜自身就带有部分的气泡，且涂膜干燥的过程中，破泡能力又不足以将施工之后的泡沫破除，使得气泡就存在于涂膜当中。

③ 涂装基材表面或基体含有水（木器／塑料）或其他溶剂（未完全干燥的底漆），在涂料覆盖基材表面之后，干燥的过程中，基材当中的水分或溶剂

也随之挥发出来，并以气泡的形式留存于涂膜当中。

④ 双组分涂料当中，部分固化剂如异氰酸酯类固化剂，是能够与空气或涂料当中的水分反应生成二氧化碳气体的。当涂料当中需要加入这类固化剂的时候，如果在表干与实干控制不合理或固化剂加入过量的时候，就容易出现反应泡存在于涂膜当中。

⑤ 涂料施工时，一次性的施工过厚，或者干燥过快（烘烤干燥尤为突出）涂料干燥的过程中涂膜表面干燥成膜之后，涂膜内部依旧有大量的溶剂未能挥发出来，但是随着干燥的持续进行，后续挥发出来的溶剂不能逸出涂料表面，所以就以气泡的形式留存于涂膜当中，部分逸出涂膜表面但是涂膜未能流平，由此就会形成火山孔。

（3）解决方案

涂料施工过程中，要解决涂膜当中气泡的问题，需要在涂装的设计上做到完全符合实际要求。

① 基材质量的保证，且做好基材的涂装前处理。如基材不能有明显空隙、不能有沙眼、针孔等（如果有，需要在涂装之前进行原子灰填补工艺）；确保基材自身和表面没有水分或其他溶剂存在，如果是木材，则要将木材的含水率控制在一定的范围之内，塑料粒子不能含有水分、底层涂膜必须干燥达到一定的程度，否则施工之后很容易造成基材当中水分或溶剂的挥发，从而在涂膜当中形成气泡。

② 涂装施工过程中的步骤以及设备条件控制，如涂料喷涂施工的空压机需要安装油水分离器，以防空气当中的水分带入油性涂料当中，形成气泡；涂料配制固化剂必须按照指定的固化剂品类和比例配制，稀释剂的添加也要按质按量，并且在涂料配制结束之后，要等待涂料当中的气泡基本消除，或通过过滤将气泡滤除等处理之后，再进行施工。避免涂料施工操作当中的任何失误造成涂膜起泡。

③ 施工工艺需要按照合理且已经成功实现的工艺来执行，例如一次性涂装施工的厚度必须控制在一定的范围之内，能够确保涂膜不会过厚或避免其他问题。刷涂的过程中尽量按照正规的施工方式，避免施工泡的产生。

5. 表面发黏

涂料经过干燥工艺之后，通常就进入检视和包装或者其他的涂装等环节，虽然也有再度加烤的工艺，但是经历干燥工艺之后都要求涂膜表面已经干燥不能粘手，不会粘灰，以确保涂装产品的良率以及相关基础性能的体现。

（1）问题描述

在涂装施工完成之后，经过了设定的干燥工艺之后，涂膜表面依旧发黏，不能进行涂装的下一道工序，如包装、贴标、印花或进行其他涂膜的涂装等。

（2）原因分析

涂料经历干燥之后仍然发黏，原因有很多种，其中按照原理可分为物理原因和化学原因两大类。

① 物理因素，也是一种最常见的因素，涂料施工干燥之后发黏，是因为涂料当中的溶剂未能完全或大部分地挥发，涂料当中成膜的树脂依旧处于溶解的状态。根本原因在于，干燥工艺与涂料体系当中的溶剂选择和搭配出现了不匹配，如果选择了慢干溶剂体系，而干燥工艺按照快干或常规工艺进行，就容易出现溶剂挥发不彻底，进而出现涂料经过干燥工艺之后依旧发黏的问题。

② 化学因素，涂料当中用于成膜的高分子树脂，在设计和选择的过程中对于分子链的玻璃化温度[①]（T_g）是需要进行权衡评价和设计的，为了综合涂料的性能，在进行树脂设计时，会将树脂的部分链段的玻璃化温度设计成低于常温甚至低于 0℃。当涂料设计中选择这类树脂时，一旦涂装施工和干燥现场的温度高于树脂 T_g，同时树脂没有进行基团反应等降低分子链蠕动的反应时，就会出现表面发黏的状态。实际上将涂料用树脂分子链设计成低 T_g 的结构，是为了在涂料成膜过程中通过活性基团之间的反应形成三维网状结构，当形成三维网状结构的涂膜之后，低 T_g 链段能够为涂膜提供韧性，甚至可以提供弹性和手感。

而在涂料经历涂装和干燥之后，依旧出现发黏的状态，通常是因为活性基团之间的反应没能有效地进行或进行程度较低，使得低 T_g 的链段处于黏流态

---

① 当环境温度高于树脂 T_g 时，树脂呈现出黏流态也就是会发黏甚至具有流动性，当环境温度低于树脂 T_g 时，树脂呈现出玻璃态也就是硬化的状态，具备一定的物理化学性能。

表现就是发黏。

导致活性基团没能有效地进行反应或反应程度不够的因素有干燥的温度不够或时间太短，干燥过程中干燥环境不能提供足够的能量或反应时间，使得涂料当中设计的基团反应不能有效地进行或进行程度较低。

另外对于双组分的涂料，如果固化剂加量太少或者加错固化剂，使得涂料设计的基团反应不能实现，则很容易导致涂料在设定的干燥工艺之后依旧呈现出发黏的状态。

（3）解决方案

面对涂料经过干燥之后，涂膜发黏的问题，需要从以下几个方面进行问题的查找，并进行相应的验证，才能最终得到有效的解决。

① 检查涂料的溶剂体系是否匹配干燥工艺设计，一方面是涂料自身的溶剂体系的设计，另一方面是稀释剂的选择是否匹配。

② 检验干燥工艺设计是否合理，另外检查干燥工艺过程的实际温度和时间设定与设计的是否一致。

③ 检查涂料固化剂的种类和剂量是否加错。

6. 表面有颗粒

在涂装施工的过程中，时常出现涂膜表面的粗糙问题，这有可能是涂装过程中表面呈现出大面积的颗粒造成的。这里面讨论的涂膜表面有颗粒的现象侧重于描述在涂装过程中未出现麻点、明显颗粒、表面粗糙等问题。而经过干燥之后，便出现了表面有颗粒的现象，如图 5-24 所示。

 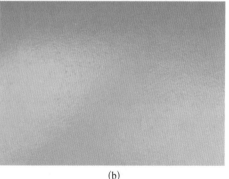

(a)　　　　　　　　　　　　(b)

图 5-24　涂膜表面有颗粒实例图

（1）问题描述

涂装施工之后，涂膜表面凸起物呈颗粒状，如灰尘、飞絮、异物等分布在整个或局部表面上的现象，我们统称为涂膜表面有颗粒或杂质，如图 5-24 所示。

（2）原因分析

涂料在施工之后，湿膜状态时，涂膜表面并没有显著的颗粒问题，但是在干燥之后便出现了大量的颗粒。这个颗粒的来源有几种：① 涂料在干燥过程中，涂料自身出现反粗现象，使得涂膜表面有颗粒，或者涂料过滤的滤网不合格，出现的细小颗粒在涂料干燥之后呈现出来，如图 5-24（a）所示的状态就是因为涂料在干燥的过程中颜填料反粗呈现的颗粒，这类原因形成的颗粒相对均匀，遍布整个涂装面；② 干燥的环境中有灰尘、颗粒等杂质的存在，并在涂料未表干之前便附着于涂料表面，进而随涂料干燥而形成的颗粒状态；③ 在涂料开稀或固化剂的添加过程中，没有选择完全匹配的稀释剂或固化剂，或者固化剂未能完全搅拌均匀，可能造成涂料当中含有微小颗粒，最终导致干燥之后涂膜表面便呈现出微小的颗粒；④ 涂料成膜物质干燥过快，使得在雾化过程中已经出现不溶的细微固体，施工时不易察觉，但是干燥之后便能明显发现诸多细微的颗粒，如快干型有机硅类涂料的喷涂。从宏观角度观察涂膜表面状态，有时并不能清晰地了解颗粒来源。通过放大镜观察便能够清晰地看到涂膜的颗粒或脏污的来源与特点，对于涂膜表面颗粒或脏污的扫描电子显微镜图如图 5-25 所示。

如图 5-25 所示，涂膜表面的脏污可能有焊渣、金属细屑、有机树脂、绒毛以及颗粒几种类型。对任何一种表面呈现的颗粒感，我们都统称为涂膜表面有颗粒。

（3）解决方案

在涂膜干燥之后，出现有颗粒的现象是极为常见的，其主要的解决方案有以下几种。

① 涂装当中对于不同档次的装饰要求我们在涂料施工环节上必须做出合理有效的方案，例如过滤系统必须要与涂装装饰要求进行匹配。

② 涂料的配方设计和生产工艺需要严格控制涂料当中各个材料的粒径，

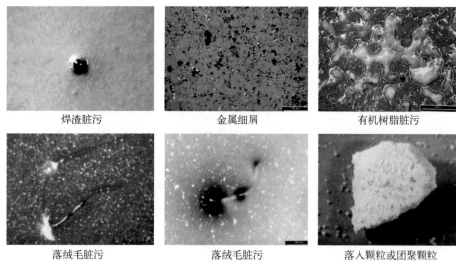

| 焊渣脏污 | 金属细屑 | 有机树脂脏污 |
| 落绒毛脏污 | 落绒毛脏污 | 落入颗粒或团聚颗粒 |

图 5-25 涂膜脏污的 SEM 图片

确保涂料当中成膜物质的粒径完全满足涂装施工的装饰要求。同时施工前，在固化剂和稀释剂的选择上做出明确指示和要求，确保涂料不会因为稀释剂和固化剂的选择和混合出现颗粒，进而导致施工和干燥之后出现颗粒。

③ 涂装和干燥环境也必须根据涂装产品对于表面的要求，确保环境的颗粒等级能够满足施工要求。避免施工和干燥环境导致的涂膜表面颗粒问题。

7. 表面针孔

（1）问题描述

涂膜在经过干燥之后，呈现出一种凹陷透底的针尖细孔现象。这种小孔就像针刺小孔，孔径在几十微米到几百微米，我们将此现象称为针孔。

图 5-26（a）当中既有涂膜的针孔又有缩孔，其中红色方框内部细微的孔为针孔，而缩孔则为较大的凹坑。而图 5-26（b）可以更加清晰地看到针孔的状态和结构。针孔就是从涂膜内部凸起，并且最终开口的气孔结构。

（2）原因分析

涂料施工之后涂膜表面出现针孔现象的根本原因是涂膜底部甚至涂装表面的溶剂或水分从涂膜表面逸出通道，涂膜未能流平，将通道保留到涂膜干燥之后，形成针孔。但是实际上涂膜出现类似缩孔和针孔状的问题可能有很多原因，如图 5-27 所示。

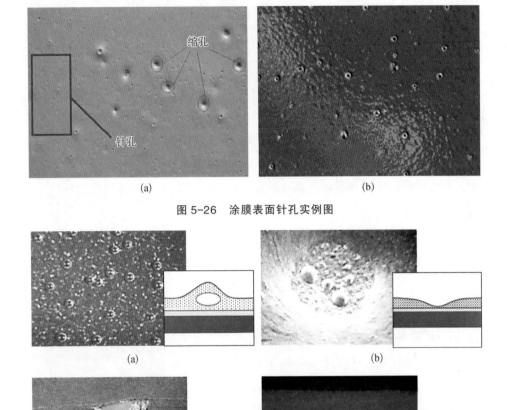

图 5-26　涂膜表面针孔实例图

图 5-27　气泡、火山孔、脏污、针孔现象的涂膜截面的 SEM 图像及示意图

图 5-27（a）的涂膜截面图和示意图展示的是涂膜当中的气泡，图 5-27（b）的涂膜截面图和示意图展示的是火山孔，呈现出火山喷发时岩浆外流的状态，中间的涂膜较周边要薄，也有人称之为缩孔；图 5-27（c）的涂膜表面状态很难判断，但截面图和示意图可以清晰地看到涂膜当中的脏污物质导致了涂膜表面的隆起；图 5-27（d）的截面图和示意图展示了针孔的现象。

因而涂装生产施工过程中具体的原因有以下几种。

① 基材表面处理不好，多毛刺、沙眼空隙等，依靠涂装进行完全填充较

为困难。

② 底层未完全干透，就进行第二遍施工，底层涂料的溶剂缓慢挥发使得涂膜出现针孔。

③ 配好的涂料没有静置一段时间，或出于各种原因在涂料中的气泡没有消除就直接施工，导致涂膜干燥过程中气泡逸出，留下气体通道。

④ 一次性施工过厚，一次性施工最佳的干膜厚度为 30 μm 左右，一次性施工过厚，容易导致涂料底层溶剂难以在涂料依旧具有流动性的时候挥发出来，而出现后续溶剂挥发的通路（涂膜表面形成凸起）不能被周围涂料填充，造成针孔现象。

⑤ 稀释剂配套错误或者添加量出现问题，导致溶剂挥发过快，涂膜表干太快，也容易出现针孔。

⑥ 固化剂配套不合理，或者加入量过多，尤其是含有异氰酸酯基团的固化剂，过量和配套不合理很容易造成针孔或起泡的问题。

⑦ 环境温度湿度高，或基材自身含水或含水率过高，使得涂装施工后基材当中的水分挥发，从而导致涂膜出现针孔。

（3）解决方案

有效地解决涂装施工当中出现的针孔问题，最为直接完备的方案就是要将涂装的设计做到完美。其中具体方案如下。

① 基材的前处理以及基材表面状态的控制，不完美的基材就不可能做出完美的涂装。如基材不能有毛刺、沙眼、表面水汽、自身含水率不能较高，更不能出现工艺上的安排不妥当，不能出现底漆未达到一定干燥程度就进行第二遍施工的情况。

② 涂装施工过程中要严格按照涂料的性质配制合适的固化剂和稀料，并且按照严格的比例进行添加和搅拌，将涂料的黏度施工性以及起泡等问题有效排除的同时，还需要确保涂装过程中一次性施工的膜厚控制，确保一次性施工的膜厚在可控的范围之内。

8. 表面缩孔

涂料在施工过程中出现缩孔是极为常见的，此前在涂装施工后可见问题当中已经描述了一类缩孔现象。本章描述的缩孔是在涂装施工之后并未发现缩孔现象，但是在干燥之后便出现了缩孔的问题。

（1）问题描述

涂料在施工于工件表面之后，并未出现任何问题，但是经过干燥过程之后就出现了局部以圆孔状露出基材的问题，如图 5-28 所示。

(a)　　　　　　　　　　　　　　(b)

图 5-28　涂膜干燥后缩孔实例图

（2）原因分析

涂装过程中出现露底或者缩孔的问题，根本原因依旧是表面张力的不均匀导致涂膜的迁移。在涂装施工时并未表现出来表面张力的差异导致缩孔，而是在涂膜干燥的过程中出现，这说明涂料或基材在干燥的过程中（如高温烘烤的涂料）出现了局部的表面张力差异，或者其他非常规现象导致涂膜出现缩孔。实践当中可能存在的原因有如下两种。

① 基材属于合金料（如铝合金、塑料合金），合金料表面本身就存在一定的表面张力差，在受热之后基材表面的张力差更为明显。尤其是在合金材料当中混入了微量的低表面张力的物质，使得涂料在施工过程中容易将基材全面覆盖，但是在干燥的过程中，尤其是受热之后，基材表面张力差又呈现出来，导致缩孔。

② 涂料当中平衡表面张力的物质或者其他助剂，在高温状态下出现了性质的变化，如与涂膜其他物质、基材、空气成分等发生了化学反应，形成了

新的物质，形成了相容性和表面张力与周边涂膜有显著差异的物质，进而出现表面张力差，最终呈现出缩孔的问题。

（3）解决方案

涂料在干燥的过程中出现缩孔的问题，在涂装施工过程中属于疑难杂症的一种，很多时候涂装企业和涂料企业都未能很好地解决。但是要避免这类问题的发生，可以从以下几个方面着手。

① 在涂料配方的设计过程中，在选择助剂的时候，要根据干燥条件进行性能匹配，同时耐温性也能够有效地匹配相关助剂。在对涂料配方的设计当中，将配方的平衡作为根本，在此基础上进行涂料生产和施工问题的解决，还需要注意涂料产品在涂装过程中的施工适应性问题。

② 在基材的选择上，尽量避免基材内部和表面存在不可控的物质，例如ABS料当中混入PP料，铝合金材料当中混入了其他杂料。虽然涂装企业在很大程度上也是难以有效控制的，但是要将涂装做好，对于涂装基材的了解和有效控制是需要的。

9. 铝粉黑头

含有金属颜料的涂料在施工过程中会呈现出颜色发花等问题，但是有些问题例如干燥之后涂膜有细微黑点的现象，涂装施工过程中是难以界定和发现的。

（1）问题描述

在含有片状金属颜料（以铝粉漆为主）的涂料进行施工、干燥后，正面观察涂膜表面有多处细微的黑点，侧面看有闪点出现，人们称这类黑点为黑头，如图5-29所示。

如图5-29所示的铝粉涂料涂膜当中，铝粉漆呈现出来的颜色较为不均一，表面有局部的星星白点，同时还在多处有暗黑色的黑点，其中黑点部位我们称之为黑头。

（2）原因分析

片状铝粉/金粉等金属颜料在涂料涂膜当中的排布有多种可能，较为理想的便是如图5-30（a）所示，铝粉基本平躺排列，这种排列涂膜正面观察将呈现出表面白、金属感强的表观效果。但更多情况下铝粉并不能均匀平躺排列，人们将该现象统称为排列不佳，其中有一种可能是会造成黑头现象的。那就

(a)　　　　　　　　　　　　　(b)

图 5-29　涂膜干燥后出现黑头实例图

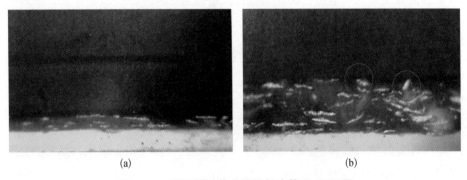

(a)　　　　　　　　　　　　　(b)

图 5-30　不同排列状态的铝粉漆截面 SEM 图

是铝粉在涂料当中部分倾斜分布在涂膜当中，且铝片的另一部分露在涂膜外面，当正对涂料观察时，露出的部分不会反射出金属的白亮也不会展现出金属光泽，而是呈现出微小的黑点，如图 5-30（b）所示，最表面一层亮白的铝片如图中红色线圈区域所示，已经伸出涂膜表面之外，使得肉眼正面观察，该处呈现黑色或发暗，展现出黑头现象。

出现这种情况可能的原因有以下几点。

① 涂料自身铝粉排列不佳，不能在涂装施工后迅速地平躺排列起来，并且形成相互的层叠，而是会混乱交叉地排布在涂膜当中，出现黑头。

② 金属涂料在施工的过程中，通常会选择较大的喷涂出气量来施工，而这种施工对于表干速度较慢的体系，可能因为气压过大将已经施工于工件表面的铝粉吹立起来，形成局部的毛糙和黑头。

③ 涂料挥发梯度与实际干燥过程中的干燥工艺不匹配，造成铝粉在涂料

干燥的过程中出现旋转等现象，也会造成涂膜表面出现黑头。

（3）解决方案

无论是水性涂料还是油性涂料，在涂料配方的选择上面都需要根据客户对铝粉的大小和排列状况的要求进行分析、确定铝粉的种类和排列。只有将铝粉排列做好，同时调节好涂料的溶剂挥发梯度（以快速干燥为主），才可以在很大程度上避免干膜当中出现黑头的问题。

同时在金属颜料体系的涂料施工过程中，需要对于喷涂的手法以及压力的控制提出更高的要求，只有有效地控制施工的方式方法，才能确保施工过程中不会造成例如出气量过大吹立铝粉，出现黑头。

10. 铝粉吐出

铝粉吐出的现象在涂装施工时，虽然可能已经发生，但是是否呈现出吐出的结果并不能在湿膜状态下验证，因而将铝粉吐出的问题放在涂膜干燥之后的问题当中陈述。

（1）问题描述

含有金属颜料的涂料体系经施工、干燥之后，出现铝粉聚集在涂膜表面，形成异于常规铝粉应该呈现出来的排列状况，如呈现出极佳的铝粉致密排列的电镀银或仿电镀银的状态，或者铝粉以自身片状大批呈现出来，形成表面粗糙的状态，如图 5-31 所示，即为铝粉吐出现象，直观的解释就是铝粉在涂

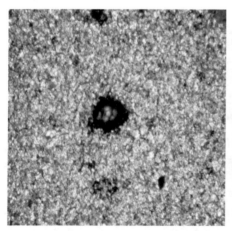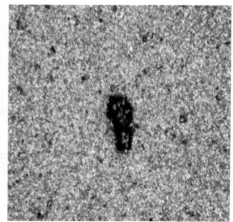

图 5-31　铝粉从漆膜当中吐出／析出显微镜图

膜表面的黏附性不好，会出现掉"银"的现象。

（2）原因分析

铝粉涂料当中的铝粉通常分为沉型铝粉和浮型铝粉，通常情况下，出现铝粉吐出的现象都是特指的沉型铝粉呈现的铝粉上浮与成膜树脂基体出现分离。而铝粉吐出的原因有两个方面。

① 树脂体系自身之间的相互作用太强，经过喷涂施工之后，树脂之间迅速建立相互作用，将铝粉排挤到涂膜的最上层。在水性涂料当中使用相关碱溶胀型的增稠剂很容易导致这类现象的发生。如果树脂选择不佳，也会出现这类情况。

② 铝粉自身与涂料体系相容性不佳，容易漂浮在涂料体系之上，进而呈现出涂装施工之后，铝粉迅速上浮于涂膜表面，进而呈现出铝粉吐出的现象。

（3）解决方案

对于铝粉吐出的现象，只能对涂料体系进行相应的调整才能有效地解决，例如在铝粉涂料体系当中，无论是水性还是油性涂料，首先在树脂的选择上要具有一定的铝粉定向功能，其次在涂料溶剂体系的选择上，尽量使得所选用的铝粉在溶剂体系当中能够均匀地分散，同时需经过一段时间之后才会沉底，在加入树脂之后便能够悬浮于涂料体系之中；然后在进行铝粉排列调节的时候，加入的助剂必须能够对铝粉和树脂都具有一定的调节效用。

11. 铝粉黑白不一

在金属涂料体系中，铝粉排列状态主要取决于涂料自身对于铝粉的定向以及外界静电作用的影响，在喷涂施工的过程中是很难有效地控制的，更难确保涂装的成品效果。因而铝粉漆喷涂之后，黑白不一的现象会经常存在。

（1）问题描述

金属涂料在施工、干燥之后，涂膜表面黑白程度不一，部分地方较周边更黑，且不同的施工方式和手法喷涂出来的涂膜黑白程度有显著差异，这种现象是铝粉排列的差异导致的光感效果问题，我们称之为铝粉黑白不一。

（2）原因分析

铝粉涂料当中的片状铝粉能够根据自身的排列状况，展现出不同的光感效果，而这种光感效果最为常见的便是涂膜正面观察的黑白效果。当铝粉以垂直于工件板面排列时，我们从正面观察时涂膜发黑，侧面观察时发白，且能够看到金属光泽；当铝粉平行于工件板面，平躺排列时，我们正面观察到的涂膜就呈现出显著的金属光泽，展现出银白色。

而当涂料当中的铝粉在施工干燥之后，排列没有规律可循，部分平躺排列，部分垂直排列，那最终呈现出来的效果定然是局部发白、局部发黑的效果，如图 5-32 所示，涂膜当中理论上都是铝粉平行排列，对光呈现出一致

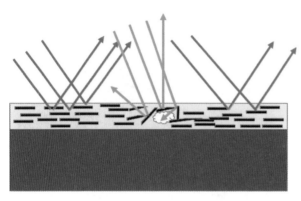

图 5-32　铝粉涂料中铝粉排列示意图

的反射效果，但是当铝粉当中存在球形颗粒或者杂质时，铝粉就会出现无序杂乱的排列，而局部对光的反射效果杂乱，使得光呈现出散射状态，进而出现局部的发黑、发暗。

铝粉排列于涂料体系当中，树脂和助剂对于铝粉的定向效果不能达到所需要求，同时涂料当中存在影响铝粉定向排列的物质存在。

涂装施工对于铝粉涂料当中铝粉的排列也有显著影响，例如小出漆量、相对较高的气压，能够让涂装施工后的涂料迅速地干燥，这有利于铝粉平行排列，而一次性施工较厚则不利于铝粉排列。进而出现施工方式和手法的不同，从而影响铝粉漆的黑白状况。

（3）解决方案

要解决铝粉涂料涂装施工、干燥之后黑白不一的状况，最主要的办法是，对涂料体系进行有效的调节，将树脂换成具有更好铝粉定向能力的树脂，或者加入对铝粉有定向功能的蜡、树脂等助剂辅助铝粉的排列。只有在涂料层面上将铝粉平行排列做到较高的程度，再辅以标准化的施工工艺和干燥工艺，便可以在很大程度上避免金属涂料体系施工、干燥之后，涂膜呈现出黑白不一，难以控制涂膜颜色和光泽的问题。

12. 闪锈

选用油性涂料在裸露的钢铁件表面涂装时，未曾发现在涂膜干燥的过程中因为涂料的问题出现钢铁表面生锈的问题。但是选用水性涂料对钢铁件做防腐处理的时候，水替代了有机溶剂，而水的存在，便会带来完全不同于油性防腐涂料的效应。

（1）问题描述

在对钢铁表面进行水性防腐涂料的施工、干燥后，涂膜已经出现了锈斑和锈点，人们将水性防腐涂料在施工干燥的过程中造成的钢铁件腐蚀生锈的现象称为闪锈，如图5-33所示，用水性涂料对钢铁件施工后涂膜均匀基本没有锈蚀出现，但涂膜干燥一段时间，到表干后，涂膜已经被大面积的锈蚀点侵占。

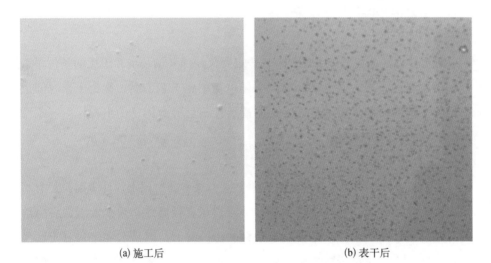

(a) 施工后　　　　　　　　　　　　　　(b) 表干后

图 5-33　水性涂料施工后闪锈现象实例图

（2）原因分析

水性涂料含有水分，而涂装环境暴露在空气（氧气）当中，而这样的环境出现在钢铁表面，聚齐了钢铁氧化生锈的全部要素，也就是水性防腐涂料在接触钢铁表面的那一刻，便在促使钢铁表面生锈，而且这种利于钢铁生锈的条件一直持续到水分完全干燥才结束，因而会出现水性防腐涂料干燥的过程中钢铁表面出现生锈的问题。

虽然干燥工艺和干燥环境当中的温度和湿度的差异会影响闪锈的程度，但是并不能解决必然出现闪锈的问题。即便快速干燥后，钢铁表面的生锈程度较低，没有在涂膜表面上暴露出来，但是将涂膜去除后，就能够发现钢铁表面已经发生锈蚀，或者对钢铁表面的电位进行测试，也能够发现锈蚀的产生。

（3）解决方案

闪锈问题是水性涂料配方设计当中必须面对的问题，因为只有确保水性涂料在干燥的过程中能够阻止闪锈的产生，才能等到涂膜干燥之后，有效隔绝空气和水分，进而才能发挥对钢铁件的防腐功能。

解决水性涂料引起的闪锈问题，需要在涂料配方当中添加足够的防闪锈助剂，以阻止钢铁件在涂膜干燥的过程中生锈。而且闪锈助剂需要根据涂料的干燥环境进行种类和添加量的调整。尤其是在低温高湿环境当中，涂料干燥较慢，需要闪锈助剂持续地保证涂料在缓慢的干燥过程中不会生锈，直到涂料完全干燥为止。

另外在水性涂料的施工过程中，一定要关注涂装的环境和干燥的条件是否有利于涂料的干燥，避免在低温高湿环境当中施工和干燥，避免干燥时间过长，闪锈助剂的添加量不足或者功能持续性不够导致闪锈的出现，影响水性防腐涂料的最终防腐功能。

13. 锈点长出

在用防腐涂料对钢铁件进行防护施工时，通常会出现钢铁件表面已经有不同程度的锈蚀状况。油性涂料在这种材料表面直接施工，基本上不会将锈蚀的问题显著暴露出来，只是会缩短涂料的防护时间。但是水性涂料对于已经出现锈蚀的钢铁件进行防护施工时，由于水的存在，将会呈现出完全不同的防护涂装效果。

（1）问题描述

采用水性涂料对于已经锈蚀的钢铁工件进行防腐施工时，原本锈蚀的地方，锈点迅速生长，直接嵌入防护的涂膜当中，甚至直接出现锈点处长出涂膜的现象，图5-34为施工后覆盖锈点，而后锈点长出对比图。这种现象在浅色、白色的防腐涂料当中较容易被发现，而在深灰色和黑色防腐涂料涂装后，较难发现。

图 5-34　涂装覆盖锈点长出实例图

（2）原因分析

水性涂料当中含有水分，铁锈疏松多孔，自身吸收了大量空气，当遇到水性涂料时，又能够迅速吸水，达成锈蚀的基本条件，进而加速了钢铁的锈蚀，使得锈蚀大量增加，即便涂料中加入闪锈助剂，能够防止水性涂料在未生锈的钢铁表面不会在干燥的过程中生锈，但是依旧不能阻止已经锈蚀的部位锈点的持续增长。进而出现嵌入在涂膜当中的锈点的增长，甚至穿透涂膜。

对于已经锈蚀的基材，很多时候就算是进行打磨除锈等的工艺处理，但是依旧很难完全地将锈蚀的部位清除干净，依旧有一些锈斑难以清除干净，所以钢铁件表面上并没有生锈，依旧会出现水性漆涂装之后锈点的增长。

（3）解决方案

在常规防腐的过程中，水性涂料几乎都需要面对钢铁工件的局部锈蚀问题，最为有效的解决办法是将水性涂料制备成具有带锈防腐功能，也就是该水性涂料不仅能够防闪锈，更能够将已经锈蚀的基材当中的锈点/锈斑反应掉或屏蔽起来，不会因为已经存在的锈点/锈斑产生新的锈蚀。

另外对于有大面积的锈蚀的钢铁件进行防腐处理前，需要进行适当的除锈，或进行转锈涂装，之后再进行水性漆的防腐涂装，这样能够避免水性防腐涂料施工后因为工件已经锈蚀，而出现锈点长出的问题。

同时施工和干燥环境尽量安排有利于水性涂料干燥的条件，如温度恒定处于较高的条件，湿度控制在较低的水平等。

14. 肥边 / 缩边

涂料在施工过程中经常出现肥边和缩边的问题，本书前面针对喷涂施工过程中出现的这类问题已经进行了分析。但是实际上在涂料施工过程中出现这种情况并不一定十分显著，容易被忽视，但是干燥之后能够更为显著地暴露出该问题。

（1）问题描述

涂料施工过程中并没有显著的肥边和缩边的现象，但是待涂料干燥之后出现了较为明显的边缘较其他地方涂膜更厚，呈现出肥边和缩边的现象。

（2）原因分析

涂料施工基材上没有显著的表面张力的差异，在进行涂装施工后，工件边缘较中间部位干燥更快，导致边缘干燥了的涂膜与中间处于湿膜状态下的表面张力有显著的差异，驱动涂料的迁移，进而出现局部涂膜变厚、局部变薄的现象，就形成了肥边或缩边。这一现象产生的具体原因如下。

① 出现干燥涂膜与湿膜之间的表面张力差异，内在的原因是没有合理地控制涂料配方设计当中溶剂的挥发梯度，溶剂存在突变性的挥发干燥过程，容易造成涂膜干燥的突发性，引起涂膜在干燥过程中相互之间的干燥程度和表面张力的差异。

② 涂料施工之后，烘烤干燥过程中闪蒸预热过程不足，在干燥的过程中边缘区域迅速干燥，进而使得边缘涂膜与中间部分的表面张力存在差异。

（3）解决方案

要解决在涂料干燥的过程中出现的肥边或缩边的问题，首先要在涂料的配方设计上将溶剂的挥发梯度调节成较为缓和的曲线状态，以使得涂料具有自主调节挥发速度的能力，能够在各种温度段都能呈现出一定的挥发性，以避免干燥过程中局部的迅速干燥造成涂膜表面张力差异，进而引起涂料迁移的问题。

其次，在干燥工艺的设计上，需要给予涂膜一定的闪蒸和预烘烤时间，确保不会因为干燥过程中涂膜的突然高温，出现局部干燥的问题，造成涂膜表面张力差异，引起涂料的迁移，形成肥边或缩边。

5.4 本章小结

涂膜固化过程是涂料实现对材料表面极性防护和装饰的起点，而该过程涂料经历了由液态转化为固态的相转变，而且在这个涂料状态转变的过程中，伴随着可逆和不可逆的物理化学变化。这个是一个转变的过程，存在一定的变数，也会带来各种可能的问题。本章介绍的相关涂膜固化引起的问题都是实践当中大范围存在的问题，实际还有更多发生在涂膜固化过程中的问题，本章就不一一赘述。通常涂膜固化之后发现问题，只能进行后续重新涂装的再设计。

第六章　涂膜性能与测试

涂装施工之后，再经历干燥固化过程，一次完整的涂装过程就完成了，但这并不意味着涂装设计已经得到了实现。涂膜必须能够满足设计所需的诸多的性能，才是真正地实现了涂装设计的内容。而涂膜的性能依赖于涂膜的厚度与涂膜的结构和状态，如涂膜密度、空隙等。而涂膜的性能具体又可以分为以下几大类：表面性能、机械性能、耐久性能等。

6.1　涂膜厚度

在涂料与涂装行业中，涂膜厚度是涂装呈现出各种颜色和状态的源头。涂装质量与涂膜厚度的控制密不可分，例如涂膜遮盖不够、耐性达不到要求、光泽偏低、硬度偏低，甚至附着力不好等，都与涂膜厚度有关。下面我们来正确地认识一下涂膜的厚度，如下图 6-1 所示。

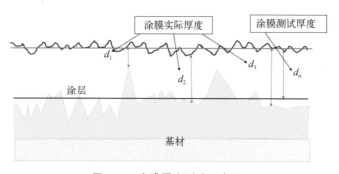

图 6-1　涂膜厚度测试示意图

如图 6-1 所示，图中黄色背景为基材，基材微观状态模型为表面凹凸不平，图中曲线部分为涂膜的部分。涂装行业当中对于涂膜厚度的定义实际上

属于图示的 d_n，也就是测试的涂膜厚度。但是这张示意图清晰地展示给我们的一点是，从微观去认识涂膜与基材时，实际涂膜有 d_1、d_2、d_3，甚至更多的涂膜实际厚度。图示的 d_1 就明显小于 d_n，当对基材表面的该涂膜进行判定时，我们可能可以看到 d_1 处基材的颜色，可能在做耐性测试的时候 d_1 处首先出现耐性测试的失败，在使用过程中通常也是在 d_1 部位首先出现涂膜对基材防护的问题。而测试附着力时，d_1 处的涂膜厚度需要使用的标准可能与 d_2、d_3 处都有所不同。所以这才是涂膜厚度实际的状态，此前我们关注到的实际上仅仅是涂膜平均厚度或者是涂膜测试厚度。

但不论测试涂膜厚度是否能够真实反映涂膜的实际厚度，是否能够代表涂膜的所有性能评价，测试所得的涂膜厚度都是涂料与涂装行业当中极为重要的参数，甚至是其他一些性能测试判定的前提。而涂膜厚度分为施工后瞬间的湿膜厚度与涂膜完全干燥之后的干膜厚度。湿膜厚度与干膜厚度之间，存在一定的函数关系，但是由于涂装过程中溶剂的挥发以及成膜物质的流动、沉降与起伏，两者之间并不能明确计算，只能在理论假设完美的前提下，进行理论估计。如根据涂料施工状态的涂料密度、固体含量、成膜物质密度、涂料使用效率等，以及涂料的用量计算出理论的干膜厚度。

但是施工后的湿膜厚度与干燥后的干膜厚度的实测数据，将在很大程度上决定涂装后溶剂挥发过程中带来的诸多涂膜弊病和问题，如起泡、出痱子、干燥速度不当，以及一定干膜厚度的要求下，一次性涂装造成的湿膜流挂等问题。下面就对干膜和湿膜厚度的简单测试进行阐述。

6.1.1 湿膜厚度

涂装过程中，湿膜厚度是评价涂装是否能够达标，单次涂装是否完成的重要标准，尤其是当涂装设计要求一定的干膜厚度时，湿膜厚度是涂装过程必须有效控制的内容。实际上涂装过程中对于湿膜厚度的控制一方面是施工工艺上的控制，如喷涂的出漆量和出气量、涂装遍数、喷涂距离以及喷涂行进速度等；另一方面是通过涂装施工之后，对于工件表面湿膜状态的评价来控制，如根据湿膜是否能够完全遮盖底材的颜色与缺陷，涂膜是否流平，湿膜

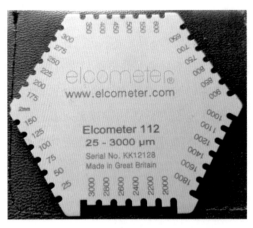

图 6-2　涂膜湿膜检测实例图

是否呈现出了油光,是否具有一定的鲜映性等。

在涂装生产过程中,涂装施工人员主要依靠上述两种方式进行评价和预估湿膜厚度,但是在实验室进行涂装设计和对涂料进行评价的时候,对涂装的湿膜厚度是可以进行检测的,其中检测的方法如图 6-2 所示。

如图 6-2 所示,湿膜厚度以湿膜恰好淹没对应厚度数据为准。图示所用的涂膜是以线棒刮涂制备的湿膜,测试数据与理论数据一致性较高,具有较强的理论测试和评价意义。但是对于喷涂施工来讲,选择不同的涂料产品以及配制不同的稀料,不同的施工方式,施工的环境都将对施工之后的湿膜厚度有极大的影响。因为无论是在涂料雾化还是施工的过程中,都会涉及涂膜当中溶剂在环境中的挥发,对于湿膜厚度都有一定的影响。这种最为直观的表现就是,同类涂料即便是在设计时,将涂膜成膜物质设计到几乎一致,但是油性涂料能够很好地完成施工要求,而水性涂料则非常容易出现流挂的问题。这其中最主要的就是在施工过程中溶剂的挥发造成的,同样的施工固含量和形成相同的干膜厚度,出现施工后湿膜巨大的流动性的差异,根本原因就是施工后湿膜厚度差异巨大。

6.1.2　干膜厚度

涂膜厚度,也就是干膜厚度,是对涂料性能进行讨论的根本因素,涂膜绝大多数的性能讨论都是针对一定的涂膜厚度进行的。甚至涂膜的表面状态和性能都与涂膜的厚度有一定的关系,例如,如果涂膜更厚,涂膜光泽会有一定的提升;涂膜更厚,可以在提升涂膜的遮盖力的同时,也会使涂膜颜色变暗(黑);涂膜更厚,尤其是一次性涂膜厚度更厚,可能造成涂膜当中存在更多的气孔以及其他缺陷等。而涂膜厚度对于涂膜的耐性,例如耐酸碱、耐溶剂、耐腐蚀以及其他耐久性能都会有极大的影响。因而对于涂膜性能的检测，都必须以一定的涂膜厚度为基准。例如，一款环氧富锌底漆，干膜厚度为 60 μm 时，单涂膜的耐中性盐雾性能在 1 000 h 以上。

涂膜干膜厚度的重要性无须多言，因此对于干膜厚度的检测就必须能够做到较为精确和便捷。大体上，对于涂膜干膜厚度的检测有如下几大类检测方法。

1. 破坏式干膜厚度测试方法

对涂膜干膜厚度进行测试时，最为直接的方法就是将涂膜破坏到基材表面，然后对涂膜与基材界限进行确认，测试涂膜厚度。其中直观的测试方法如图 6-3 所示。

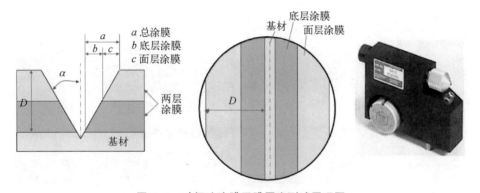

图 6-3　破坏法涂膜干膜厚度测试原理图

图 6-3 所示的涂膜干膜测试原理源于德国标准 DIN 50986 的测试标准，我们可以明确看到多层涂膜的总体膜厚测试方式。图 6-3 中灰色代表基材，绿色代表底涂，黄色代表面涂，其中 α 角是检测设备设定的，实际中我们根据测试产品的不同，能够测定图中的 a、b、c。根据数学计算可知，其中涂膜总厚度 $D=a \times \cot \alpha$，底涂厚度 $D_b=b \times \cot \alpha$；面涂厚度 $D_f=c \times \cot \alpha$。该类测试方法主要针对基材能够被设备准确切割，例如基材为木材或塑料时，该方法有效。

如图 6-4 所示，检测仪器底部与探针下刺到基材表面的深度能够从表中得以显示，刻度便是测试所得的涂膜干膜厚度。图示大圈单位刻度为膜厚的主要厚度值，小圈内的厚度为校准的厚膜数值，两者结合可知膜厚的准确数据。

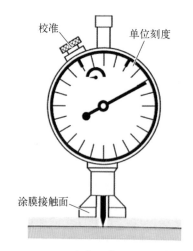

图 6-4　涂膜干膜测试仪（Paint Inspection Gauge, PIG）示意图及实例图

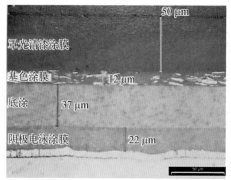

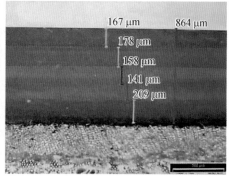

(a) 汽车原厂漆涂膜截面的SEM图　　　　　　(b) 木器表面涂膜截面的SEM图

图 6-5　实际涂膜截面扫描电镜图（SEM）

这个干膜测试方法测试的基材的硬度必须远比涂膜自身的硬度要大，甚至比探针更硬才能够准确测试出干膜厚度。

对于涂膜干膜厚度的测试还可以用电子显微镜对涂膜截面进行观察来准确地测试。其中汽车原厂漆的涂膜截面扫描电镜图（SEM）和木器表面涂膜截面的扫描电镜图（SEM）如图 6-5（a）和（b）所示。

从图 6-5（a）我们可以看出该汽车原厂漆的涂膜剂厚度分别为最底下的阴极电泳涂膜（Cathodic Electrodeposion Coating, CED）22 μm，底涂37 μm，基色涂膜 12 μm 以及罩光清漆涂膜 50 μm。从图 6-5（b）中我们可以看出，木材表面有 209 μm 封闭底涂，以及分别为 141 μm、158 μm 和

178 μm 的基色涂膜以及 167 μm 的罩光涂膜。从 SEM 图像中可以非常清晰地看到涂膜的结构与厚度，不仅能够观察涂膜的厚度，还能够观察到涂膜以及涂膜与基材之间的相互作用状态。

2. 非破坏式干膜厚度测试方法

对于涂膜厚度的测试方法有很多，前面我们介绍了破坏涂膜的测试方法，但是实际当中每一次测试都必须破坏涂膜，这是生产应用当中所不允许的。因而不破坏涂膜的测试方法是应用更为广泛的涂膜干膜测试的方法。其中有根据基材与涂膜对于电磁涡流穿透时的不同表现，而设计出的涂膜干膜测试仪，如图 6-6 所示。

如图 6-6 所示，检测仪器当中设定了一定的电流和电阻，让探头与涂膜直接接

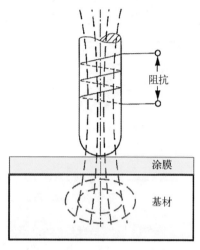

图 6-6　涡电流测试金属表面涂膜厚度的原理图

触，基于金属基材与涂膜有机材料进行电涡流穿透时，涡流强度会呈现出极大的差异，而这种差异产生的距离与理论上涡流扩散的距离之间有一定的函数关系，进而能够精确地计算出涂膜的干膜厚度。实际应用当中所选用金属基材的涂膜厚度测试仪器，大多数都是以该原理为基础设计出来的。

对于涂膜厚度测试的方式方法很多，例如多超声波反射测试法、β/α 射线反射和荧光辐射法以及光测温法等都能够对涂膜干膜厚度进行准确的测试。

6.2　涂膜密度

实际生产和应用当中，人们对于涂膜的密度通常不是通过实际测试得出结论，而更多的是通过涂料设计过程中的理论计算来大致表征。但是实际上涂料施工之后经历干燥过程成为涂膜，该涂膜形成的漆膜通常不是以理论设计的状态存在，涂膜当中可能存在一定的颗粒的排布不均匀的现象，甚至涂膜当中有空气孔洞等都可能造成实际涂膜密度与设计的理论数据存在一定的差

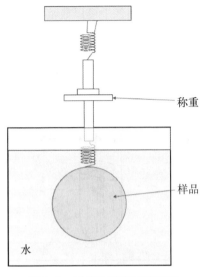

称重

样品

水

图 6-7 干膜密度测试原理图

异。下面我们介绍一种涂膜干膜密度的测试方法，如图 6-7 所示。

如图 6-7 所示，一个圆球是测试样品，样品浸没在盛水的容器当中，上面能够准确地称量样品的重量。要计算涂膜的密度，就必须能够测试和计算出涂膜的质量和体积。为此，对样品涂装前的体积 V_1 和涂装后的体积 V_2，以及涂装前的质量 m_1 和涂装后的质量 m_2 进行测试和计算即可。

鉴于体积测试难以精确，而重量测试较为容易实现，该实验中采用水排开法测试漆膜的体积。并设定 m_3 为涂装前样品浸没于水中的质量，m_4 为涂装后样品浸没于水中的质量。

则我们可以得出 $V_1 = \dfrac{m_1 - m_3}{\rho_水}$

$$V_2 = \dfrac{m_2 - m_4}{\rho_水}$$

则涂膜的密度为 $\rho_{涂膜} = \dfrac{m_2 - m_1}{V_2 - V_1}$

6.3 涂膜空隙

在上一小节当中，我们在介绍涂膜密度的时候，提及了涂膜当中可能存在的空气以及孔洞。在通常的涂膜设计当中，不会专门在涂膜当中设计孔洞。但是涂膜在干燥的过程中，各种因素都可能造成涂膜当中存在这样的孔洞，例如在涂膜干燥过程中，溶剂挥发留下的通路会成为涂膜中的空隙和孔洞。

不管是留存于涂膜内部的孔洞，还是直接由涂膜连接外界的孔洞，都会造成涂膜不能达到设计的涂膜性能要求。因而当涂膜的性能与设计性能之间出现极大差距的时候，可能就是因为涂膜干燥过程中形成了涂膜内部的孔洞或表观可见的孔洞。因而涂膜空隙的测试也是一个问题分析和性能保证的重要手段。其中涂膜空隙检测的原理图如图 6-8 所示。

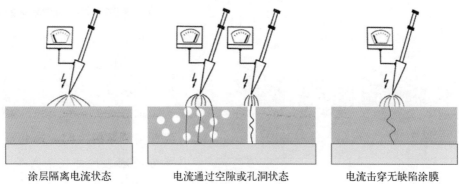

涂层隔离电流状态　　　电流通过空隙或孔洞状态　　　电流击穿无缺陷涂膜

图 6-8　涂膜空隙测试原理图

如图 6-8 所示，探针接近漆膜表面时，绝缘的漆膜对于基材（金属材料 / 其他带电材料）有电隔绝效用，这将使得在一定的电压条件下，电不能通过漆膜而形成通路，检测的电流表表现出来的电流很小，如图 6-8 所示的第一个测试场景，电流表显示没有电流数值。如果漆膜有孔洞或者空隙的时候，电流很容易穿透漆膜直达基材而形成完整的通路，进而呈现出较大的电流，如图 6-8 所示的第二、第三种测试场景，图示电流表指针偏向最大。另外当检测时，提供的电压足够高，足以击穿涂膜，也会形成一定的电流通路，这种状态呈现出来的电流通常也不会太大，因为涂膜的电阻通常较大，如图 6-8 所示的第四种测试场景，电流表依旧几乎没有明确的电流数值。

6.4　涂膜表面性能

涂装就是为材料做表面装饰和防护，而表面装饰性能是评价涂装是否做好的最直观的指标。而涂膜表面性能一方面是涂膜的光泽和鲜映度，另一方面就是涂膜的颜色和光学效果。

6.4.1　光泽

1. 光泽原理

涂膜的光泽也就是涂膜对于光反射能力的强弱，通常凭借人肉眼的感觉对

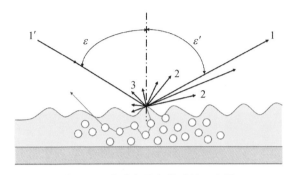

图 6-9　涂膜表面光的反射示意图

（1′—入射光；1—镜面反射光；2—偏差反射光；3—散射光）

涂膜对于环境当中光的反射强弱做出评价。而光照射到涂膜表面的走向示意图如图 6-9 所示。

如图 6-9 所示，当一束光照射到漆膜上时，这束光将分散成为镜面发射部分、偏差反射和散射部分，还有图中并未标明的经过涂膜吸收后，才透射出来的光的部分。很显然涂膜要展现出更强的反射光的能力，需要有更加平整且光滑的表面。另外在涂膜不含有光效应颜料时，涂膜表面光的入射角 ε 的大小对于光的反射强弱有极大的影响，如图 6-10 所示。

由图 6-10 所示，当入射角较小时，尤其是当入射角小于 60° 时，表面

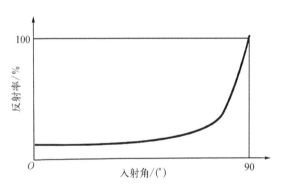

图 6-10　入射角与反射率的关系曲线图

对于光的反射率都很低，但是当入射角在 60° 以后继续增大时，表面对于光的反射率迅速增大，当入射角达到 90° 时，可达到理论的 100% 的反射率。表面对于光的反射强弱，可以通过反射计进行直接的测量。其测试原理图如图 6-11 所示。

如图 6-11 所示，当对没有光学效应的颜料存在的涂膜进行光反射能力测试时，入射角与反射角相等，即 $\varepsilon_1=\varepsilon_2$，当入射光强度一定时，通过测试接收到的反射光强度的大小将可以直接计

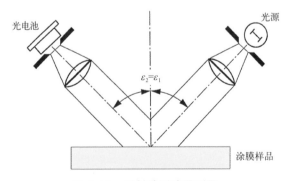

图 6-11　反射计测试原理图

算出某一涂膜表面对于光的反射能力，也就是可以表征出我们定义的涂膜光泽。在实际应用过程中对于涂膜反射光的能力测试，用反射计测试是极为少见的，因为反射计对于光泽的测试相对片面，尤其是当漆膜表面光滑但不平整时，用一个入射角测试反射强度的反射计测试涂膜光泽会带有一定的片面性。因而在实际涂膜光泽测试当中，最经常使用的测试方法是使用光泽度仪，对涂膜的光泽进行测试，其测试原理与反射计类似，如图 6-12 所示，但是光泽度仪可以选择入射角度，进而可以测试出不同入射角的光泽，因此能够更全面地呈现出涂膜的表面状态。

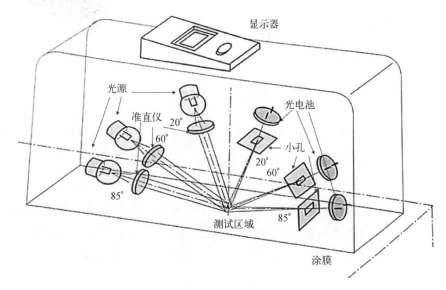

图 6-12　涂膜光泽仪测试原理

如图 6-12 所示，采用涂膜光泽测试仪对于待测试表面进行光泽测试时，是使用平行的入射光以 20°、60°、85° 的入射角，照射到待测试表面，在对应的反射角距离入射点相同的地方设定检测反射光的强度，进行入射与反射光的强度对比，可以得出不同入射角下测试表面的光泽。

根据上述的光泽测试原理，我们可以确定，涂膜的光滑平整是能够实现高光泽的基础。而且这所谓的光滑和平整是以光的波长为单位计量的，即要求涂膜表面微观形态是光滑平整的才能呈现出高光。对于不同的涂膜形态呈现出不同的光泽的，示意图如图 6-13 所示。

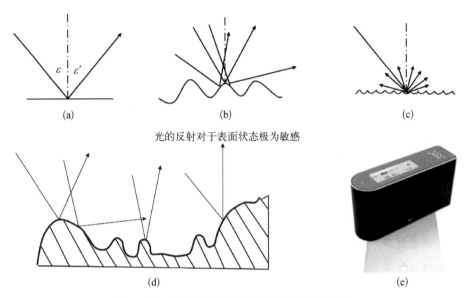

图 6-13　涂膜表面不同微观形态的光泽示意图

如图 6-13 所示，不同的表面形态，光泽测试仪出来的光泽将呈现出不同的测试数据。图 6-13（a）代表理论上的全反射也就是光泽度达到 100°。而图 6-13（b）代表涂膜微观光滑但不平整，进行光泽测试时，涂膜对于光的反射并不能全然被接收器收集，并给出准确的数据，因而目视涂膜的光反射较强，但测试的光泽不会太高，尤其是亮光的橘纹与锤纹漆，目视涂膜对于光泽反射明显，但测试所得光泽通常与目视感觉不一致。而图 6-13（c）属于涂膜表面平整，但微观形态不光滑，如使用哑光涂料时表面聚集了哑粉，使得涂膜表面微观结构不光滑，但宏观状态平整，涂膜对于光的反射极为分散，测试所得光泽和实际目视光泽都较低。图 6-13（e）为现实涂膜的微观形态，也就是在不同的区域会有不同的微观结构，这将会造成在进行涂膜光泽测试时，测试所得的同一样件上的涂膜光泽也会有一定差异，这也是对于涂膜进行光泽测试时，误差相对较大的根本原因。

实际涂膜表面微观形态的形成是由涂装基材和涂膜共同决定的，因而最终涂装形成的光泽高低也将由基材与涂膜共同决定。涂膜表面形态的影响因素如图 6-14 所示。

由图 6-14 我们可以看到，最上面的示意图呈现的是，基材较为粗糙时，

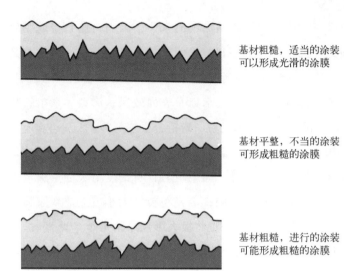

基材粗糙，适当的涂装
可以形成光滑的涂膜

基材平整，不当的涂装
可形成粗糙的涂膜

基材粗糙，进行的涂装
可能形成粗糙的涂膜

图 6-14　涂膜表面的微观形态形成的示意图

适当的涂装可以形成表面较为平整光滑的涂膜；中间的示意图呈现的是，基材较为平整但涂膜自身形成了较为粗糙的表面形态；最下面的示意图呈现的是，基材较为粗糙，形成的涂膜的表面形态也较为粗糙。

由上述对涂膜的光泽形成以及测试原理的阐述和涂膜光泽影响因素的阐述，我们可以得出，要实现设定的涂膜光泽，需要综合考虑涂装基材的表面状态和涂装材料的特性，并在涂装实施过程中进行有效的控制才能实现对于涂装光泽的设计。

2. 光泽问题

在涂装施工过程中，是很难鉴别涂料的光泽的，但涂料干燥之后，光泽就很容易由肉眼分辨出来，而当前市场当中已经有了相应的涂膜光泽检测的仪器，更是能够准确地测试光泽的具体度数。

（1）问题描述

工件经涂料的涂装施工和干燥之后，在工件表面形成的涂膜的光泽与设计要求不一致。实际涂膜光泽，可能偏高，也可能偏低，但是光泽偏低更为常见。

（2）原因分析

涂料光泽与涂料当中的成膜物质性能与配比有关，还与形成涂膜后各成分的分布有关。

涂料的成膜物质当中树脂是涂膜的基体，因而树脂自身成膜后，涂膜光泽决定涂料光泽的上限；颜填料是涂膜展示色彩、遮瑕、防护及其他装饰功能的基础，颜填料的性能与在涂膜当中的分布状态也会极大地影响涂膜光泽；为了达到涂膜装饰效果、光泽要求以及表面效果，涂料体系中的其他功能物质也会影响涂膜的光泽，如消光粉、蜡粉、手感剂等。

涂膜当中颜填料和助剂的结构、性能、分散程度及在涂膜当中的分布状态将在很大程度上影响涂膜光泽。如颜填料自身细度与吸油量决定涂料当中相同含量的颜填料涂膜光泽的上限；消光粉粒径大小、上浮到涂膜表面的能力以及最终在涂膜当中的分布状态也将极大影响涂膜光泽。

因而假定涂料配方基本确定的情况下，涂膜的光泽存在问题，主要有两个方面可以导致涂膜光泽的不一致。

① 涂料生产过程中，配方确定后，树脂和颜填料的性质都已经确定，但对于颜填料的分散程度未能达到颜填料的上限，例如细度达到了生产需求，但是并未达到颜填料的分散上限。进而在涂料施工成膜后，光泽也始终有一定的变化。

② 涂料施工工艺与干燥工艺不同，会使得涂料施工后流平状态不同，且各种成膜的物质成分在涂膜当中的分布状态不同，进而出现光泽不一。如涂料喷涂施工时，喷涂的厚度越高，涂膜的光泽也会随之升高；又如同样的双组分聚氨酯涂料施工后，干燥得过快会引起涂膜光泽下降。

（3）解决方案

要有效地解决涂膜光泽的问题，必须要从涂料的生产过程和涂料的施工干燥过程来进行控制。

① 在配方确定之后，我们必须要在涂料的生产过程中，确保涂料当中的颜填料的分散程度能够达到颜填料本身的分散上限（或生产设备能够分散的上限），主要以对颜填料浆料和成品涂料光泽是否达到上限为标准，也就是当将颜填料分散到光泽不能持续提高为止。

② 在涂料施工过程中，确保涂装施工的厚度和手法的一致性，以避免施工厚度不一，导致涂膜干燥后光泽的差异；另外涂料施工后，干燥过程也需要进行合理控制，尤其是不能出现大的干燥速度的差异，以能够在相对恒定

的温湿度当中进行干燥为最佳，从而确保不会因为干燥速度的不同，使得涂膜的光泽存在一定的差异。

6.4.2　鲜映性

1. 鲜映度原理

前面讲述的是光泽的形成和测试的基本原理和测试方法，但是现实当中我们经常看到一种现象，两种涂膜表面光泽通过仪器检测得到的数据非常接近，也就是所谓的光泽相近，但是给我们的视觉效果是，一种涂膜明显要比另外一种涂膜更加亮丽，显得更加"亮"，更加刺眼，我们将这一效果称为饱满度。但是饱满度很难界定，并不容易描述，为了描述这种特点，涂膜的性能指标当中界定了涂膜表面反映影像（或投影）的清晰程度的概念，叫作涂膜鲜映性（Distinctness of Image, DOI），DOI值综合反映了涂膜的光泽、平滑度、丰满度等视觉可感知参数。其中涂膜鲜映性值的表征原理如图6-15所示。

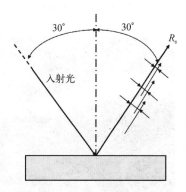

图6-15　涂膜鲜映性（DOI）原理图

（ε—入射角；R_s—最大光泽；$DOI = \dfrac{R_s - R_{0.3}}{R_s} \cdot 100$；$R_{0.3}$—反射角度为 $\varepsilon + 0.3°$ 处的光泽）

如图6-15所示原理以及计算公式，再根据前面对于光泽测试原理的介绍，我们可以预计 $R_{0.3}$ 越接近 R_s 时，涂膜表面的光滑度（平整度）则越低，涂膜的 DOI 值越小，涂膜表面的平整度和清晰度越差。因而 DOI 值越大，表征涂膜的表面状态越好。也有用 $2° \sim 5°$ 小角雾度 H_β 来表示涂膜的表面综合性能的，其中 $H_\beta = \dfrac{R_\beta}{R_s}$，$\beta = \varepsilon + 5°$。

2. 鲜映度不达标

涂装对于涂膜的光泽和饱满度要求始终是较为苛刻的，因为亮光和饱满度可以提升基材的亮丽程度，让人看上去耳目一新。饱满度和光泽在汽车涂膜当中一直都是备受关注的一点，但是汽车涂膜还必须要求具有极高的平滑度，因为橘皮涂膜的光泽和饱满度也可以很好。

（1）问题描述

在汽车领域当中，汽车完成涂装之后，是需要对汽车表面进行抛光打蜡处理的，而抛光打蜡出来的汽车涂膜一定是光鲜亮丽，如同镜子一般。但是在汽车修补的时候，无论是在4S店还是修车店，修补漆都很难达到汽车原厂涂膜的装饰效果。而我们最为直观的感受就是，修补漆不如原厂漆的镜面效果好。我们将这种笼统的效果称为鲜映度不够。如图6-16所示，图6-16（a）为奥迪的原厂车的照片，可以看出来，镜面效果、光泽和饱满度都非常好。而图6-16（b）当中所示的两块板，可以明显地看出左侧板较右侧板的鲜映度更好，我们就称图6-16（b）中右侧板的鲜映度不够。

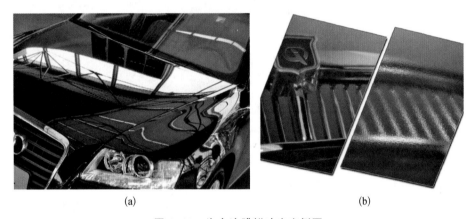

(a)   (b)

图 6-16　汽车涂膜鲜映度实例图

（2）原因分析

鲜映度是综合了光泽、饱满度、平滑度等多种性质于一体的物理量，因而鲜映度不够，有可能是涂膜的光泽、饱满度以及平滑度等任何一种或多种参数不达标造成的。

其中光泽不够的问题，如前已经进行了陈述，这与涂膜树脂和涂装底涂的光泽以及状态具有一定关系，更与涂膜自身的性质有极大的关系。

如果是涂膜的饱满度不够，那么一方面是因为涂膜树脂的丰满度不足，需要进行调整改善，还有可能是涂膜的厚度不达标，导致涂膜呈现出的饱满度不够。

而涂膜的平滑度，则与树脂自身的流平性以及溶剂对于树脂的溶解性有关，尤其是在干燥过程中溶剂的挥发梯度对于树脂溶解能力的变化有极大的关系。只有对树脂、助剂以及溶剂进行优化选择，最终才能将涂膜的平滑度做到最佳，其中任何一项没能做好，都可能直接导致涂膜的流平性不好，导致涂膜的平滑度不够。直接导致涂膜的鲜映度不能达标。

另外涂装过程对于涂膜最终呈现的鲜映度也有极大的关系，尤其是施工黏度、施工设备、一次性涂装的涂膜厚度，甚至是否进行抛光打蜡等因素。

（3）解决方案

解决涂膜鲜映度不足的问题，必须从涂料与涂装的系统层面进行解决。

① 涂膜设计过程中，基材需要具有较好的平整度，或做好前处理，确保基材的平整；

② 底涂除了能够提供基材的平整度以外，还能开始提升涂膜的平滑度；

③ 中涂色漆必须具有极佳的流平性，能够形成具有一定光泽的平滑的表面；

④ 罩光光油必须具有极佳的流平性、光泽以及丰满度；

⑤ 在施工过程中，必须有效控制涂装的施工步骤和节奏，确保涂料施工涂膜的流平性和厚度，确保最终涂膜达成最佳的鲜映度。

6.4.3　颜色

颜色在人们的生活当中有着极为重要的作用，从原始社会我们人类就对颜色赋予了一定的意义。如红色代表警示和危险，绿色和蓝色代表安全与和谐，黄色和粉色代表暖，青色和绿色代表冷。人类发展至今，千变万化的颜色已经呈现在我们的生活当中。所有被讨论的颜色，都是以人可见的光为依据的，也就是波长在 $380\sim780$ nm（一般人眼睛可感知波长在 $400\sim760$ nm），即我们讨论的颜色光波的范围。而现实生活当中，绝大多数人都知道，太阳光是由七色光复合而成的，但对于所见的颜色产生的原理并不一定清楚。这里也不过多阐述这方面的内容，仅从涂膜颜色产生的原理开始阐述。其中涂膜产生颜色的原理示意图如图 6-17 所示。

如图 6-17 所示，太阳光照射到涂膜表面，一部分反射出去，呈现出涂膜的光泽（此前已经详细阐述），另外一部分进涂膜内部，阳光被部分吸收后，再从漆膜当中发射出来被我们人眼识别和感知，由于涂膜当中颜料、填料、

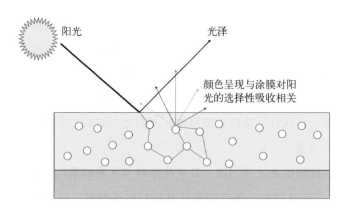

图 6-17　涂膜颜色原理示意图

树脂，尤其是颜料对于光的吸收是选择性的，因而当阳光照射进入涂膜之后，再散射出来的光就是被涂膜吸收的互补色的光。而这个互补色的光的颜色也就是我们认知的涂膜的颜色。最典型的就是红光被吸收，则呈现出来的颜色就是绿色；黄光被吸收，则呈现出来的颜色就是蓝色；光全部被吸收，呈现出来就是黑色；完全不吸收，全部反射和折射出来，就呈现出白色。

1. 比色

每一种单色光都对应一定的波长，而确定这些波长的光的颜色是以人的眼睛来区分的，而我们人眼能够感知的光对应的分光感应曲线如图 6-18 所示。

如图 6-18 所示，我们人眼在可见光的波长范围之内，能够被眼睛感知到每一个确定的波长都是一个三维光波复合之后的颜色强度。而且我们人眼感知不同波长的光的能力也不一样，由图对感知强度的叠加，我们可以确定，人眼对波长在 555 nm 左右的光波的感知能力最强，对于小于 400 nm 和大于 700 nm 波长的光波的感知能力很弱。人感知的波长范围主要为 450 nm 左右的紫光和 550 nm

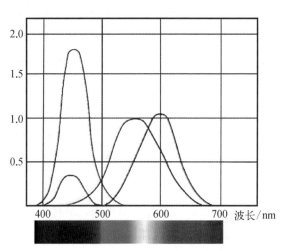

图 6-18　视角为 2° 时眼睛的分光感应曲线

左右的黄绿等颜色的光，对于常见的蓝色光感知能力就相对较弱。

不同的人对于颜色识别的敏感性会有一定的差异，甚至个体之间的差异，可能超出我们对个体的认知而出现一定的争议和矛盾。因而基于人的肉眼对于颜色的识别情况，人们设定了三维颜色空间图，进而可以通过数学的算法以及科学的检测仪器对颜色进行准确的数学界定，进而排除个体

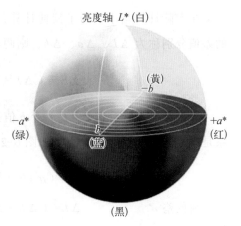

图 6-19 $L*$，$a*$，$b*$ 色彩三维空间图

之间的差异而造成的矛盾。人们设定的三维颜色空间立体图如图 6-19 所示。

如图 6-19 所示，在颜色的三维空间当中，L 值代表颜色的黑白，也叫明暗；a 值代表红绿两种互补色的偏向；b 值代表黄蓝两种互补色的偏向。在这个三维空间当中，任何一个我们能够分辨的颜色就是该空间的一个点，如果要以某一点为基准对比其他的颜色与该颜色的色差，则只需要找到对比颜色在该空间的位置，再对两点之间进行空间直线距离求解，便能够得到两点之间的距离，也就是两个颜色之间的色差。

2. 色差的计算

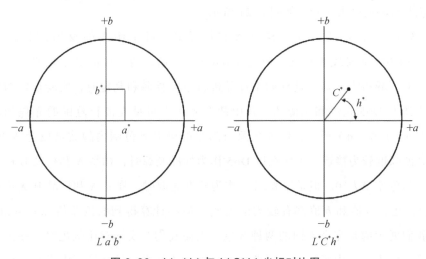

图 6-20 $L*a*b*$ 与 $L*C*h*$ 坐标对比图

在实际计算当中，为了简便计算，我们将基准与对比点 L、a、b 值之间的差值分别称为 ΔL、Δa、Δb，则两者之间的色差值为

$$\Delta E = (\Delta L^2 + \Delta a^2 + \Delta b^2)^{1/2}$$

但是在色差体系当中，L、a、b 值是最常见的体系，但是也有很多色差体系是以 L、C、h 体系来计算。如图 6-20 所示，其中

$$C = (a^2 + b^2)^{1/2}, \quad \tan h = \frac{b}{a}$$

则色差 $$\Delta E = (\Delta L^2 + \Delta C^2 + \Delta h^2)^{1/2}$$

由图 6-20 和上述公式都可以得出，无论是 $L*a*b*$ 体系，还是 $L*C*h*$ 体系都能很好地反映空间两点之间的色差数据。但是很明显，$\Delta E_{(Lab)}$ 要小于 $\Delta E_{(LCh)}$，但是实际应用当中两者互有优劣。其中对于单一颜色的色差，$\Delta E_{(Lab)}$ 要比 $\Delta E_{(LCh)}$ 更能反映两个颜色之间的色差，而对于多种颜色尤其是设计光学效应颜料的颜色，$\Delta E_{(Lab)}$ 则不如 $\Delta E_{(LCh)}$ 适用。

3. 同色异谱

在了解色差鉴定和测试方法之后，由于颜色是由光照射到检测区域之后经物体选择性吸收后反映出来的颜色，不难理解不同的光源会影响人们对于检测区域颜色的认定，下面我们来实际介绍一下，不同光源下，两个颜色之间的色差检测的极大区别，如图 6-21 所示。

如图 6-21（a）所示，样品 A 和样品 B，对于阳光的反射波谱图在 400～640 nm 时较为相近，但是在 640 nm 之后，两个样品对于光波的反射强度的差异极大。对于这样两个样品进行色差检测和判定时，实验选定的标准光源有 D65 光源和光源 A，其中两个光源在可见光波长范围的光强如图 6-21（b）和（d）所示，D65 光源与阳光的可见光范围内的波谱较为接近，且光波强度较为接近，进而在以 D65 作为标准光源时，样品 A 和样品 B 检测出来的色差 $\Delta E = 0$。但是以光源 A 作为标准光源时，样品 A 和样品 B 无论是 L 值，还是 a 值和 b 值都有较大的差别，最终计算得到的色差值 $\Delta E = 6.56$，向我们展示的是完全不同的两种颜色。因而我们在实际对比颜色时，一定要在确定的光源当中进行对比，例如在自然光（日光）的环境当中进行颜色对

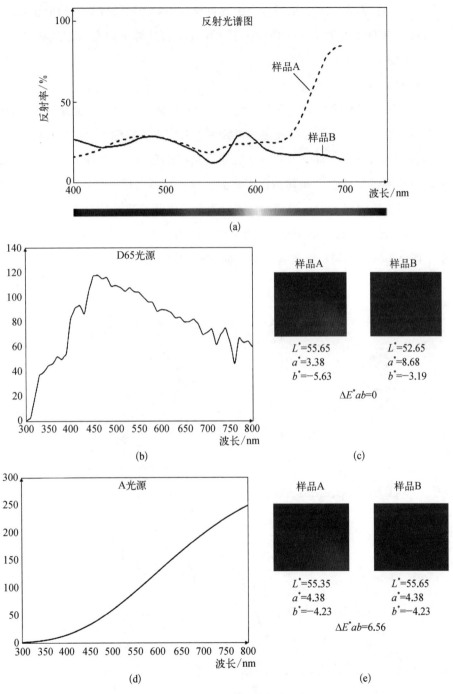

图 6-21　不同光源检测的色变示例图

比，也就是我们常说的常规环境当中的目视对比。一定需要进行检测色差时，通常都是以 D65 光源为主，即以接近太阳光（自然光）的光谱作为基准来进行色差检测。

4. 检测设备

因为人眼观察涂膜时，眼睛一定会接收到涂膜的反射光（光泽），同时也会接收到进入涂膜被部分吸收之后再散射出来的光（颜色），所以人眼对于涂膜表面的感官既有光泽又有颜色，而且在进行颜色判定的时候，光泽会干扰人眼对于颜色的认定，尤其是在不同的视角下光泽有极大的差异，而光泽的差异会造成眼睛对于颜色识别的偏差。为此，国际照明委员会（International Commission on Illumination，采用法语简称为 CIE）对于多样化涂膜测定设定了四个不同的几何角度测量探头，如图 6-22 所示。

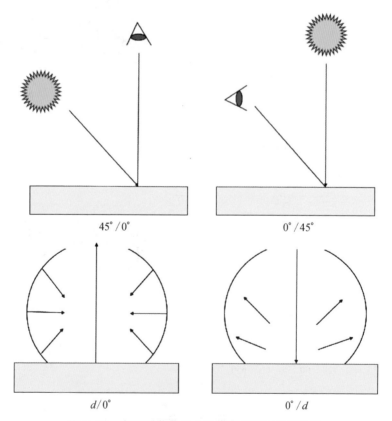

图 6-22　色测试装置中 CIE 推荐的不同几何数据

如图 6-22 所示，CIE 设定的几何测试角度分别为光的入射角为 45°/测试角度为 0°（45°/0°）；光入射角为 0°，测试角度为 45°（0°/45°）；散射照射 /0° 测试（d/0°）；光入射角为 0°，检测散射（0°/d）。

实际当中能够同时测定光泽和颜色的设备原理图如图 6-23 所示，其中测试的几何角度为 d/8°。正如上述 CIE 设定的几何测试类似，通过散色

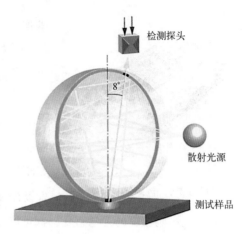

检测探头

散射光源

测试样品

图 6-23 d/8° 测试头原理图

光源对检测样板进行照射，在 8° 的几何角度位置，放置检测探头（分光光度计），进而能够同时得到样品的光泽和颜色数据。因为分光光度计接收到的有反射光谱 $R(\lambda)$ 和标准颜色数值，以及 X，Y，Z 的整体光谱数据；再通过分光光度计对于入射光源的标定，便可以校准反射光谱 $R(\lambda)$ 的数据。因而对反射光谱进行校准之后，再对检测光谱进行反射光谱标定，便可以计算出颜色光谱的 X，Y，Z 值。

5. 光效应（干涉）颜料颜色的测定

通过 d/8° 可以检测出接近人眼视觉感官的表面数据，但是上述的检测相对局限于实色涂膜（不含干涉颜料的涂膜）。而现实当中，含有干涉颜料的涂料在涂料市场当中，占据极为重要的地位，已经在国民生活和工作当中不可或缺。例如铝颜料、珠光粉、金葱粉、铜金粉以及其他层片状的颜料，都具有一定的光效应。

如果涂料当中含有片状颜料，例如珠光粉、铝粉、铜金粉以及金葱粉等颜料，通过不同的视角对涂膜进行观察，涂膜会展示处不同的视觉颜色，尤其是这些颜料在涂膜当中的排列、排布和空间相对位置，都会使涂膜颜色产生极大的变化，因而在对干涉型颜料调配的涂膜进行颜色检测时，通常用智能色差仪进行评定。其实物图如图 6-24 所示。

图 6-24 所示的色差仪是市场当中较为常见的色差仪，大部分的色差仪的原理都类似，通过不同入射角度的光，以及不同角度检测涂膜反馈的数据，

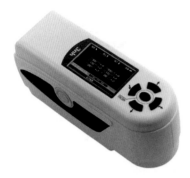

图 6-24 色差仪实例图

进而分析涂膜的 L，a，b 值，再通过标样的 L，a，b 值，进行两种色板的色差计算，并给予颜色色差的评定。

综上所述，从涂膜颜色的来源、评定和测定方法及原理，我们可以知道，要确保涂膜表面颜色的一致性，需要在诸多方面进行控制，如涂料配色、涂料施工、涂料干燥以及涂料配方设计过程中光泽与颜基比的搭配等，都会一定程度上影响涂膜的视觉感受，都可能直接带来颜色的差异。

6. 颜色差异

涂装施工过程中能够发现，涂料在湿膜状态下颜色存在一定的差异，在涂料干燥之后，干燥的涂膜的颜色通常也会呈现出明显的差异。在此我们不讨论施工过程中涂膜颜色差异的原因，而仅仅分析涂料干燥过程中引起颜色差异的因素。

（1）问题描述

涂料施工后，未发现涂膜有任何颜色问题，但涂膜干燥之后，发现涂膜的颜色与标准样板有差异，甚至出现同一批涂料施工的同一批工件，颜色也有一定差异的现象，如图 6-25 所示。

图 6-25 颜色不一致实例图

（2）原因分析

涂料施工后，在干燥的过程中（尤其是在具有烘烤条件的干燥过程）造成了颜色的变化，其中可能的原因有：① 涂料施工后，在干燥的过程中颜料发生了明显的迁移；② 涂料在干燥的过程中，颜料稳定性不够发生了颜色的变化（尤其在烘烤型涂料当中，有一些颜料的耐温等级有限，烘干过程中容易出现褪色，导致颜色变化的问题）。

（3）解决方案

对于干燥之后涂膜颜色差异的问题，基本上都得从涂料的配方上进行调整才能有效地解决。也就是在涂料配方设计的时候，必须要将颜料在受热之后的迁移性能合理地控制在一定的范围之内，尤其是有机、无机颜料共同调色得到的颜色体系；另外在颜料的选择上需要根据干燥过程中的工艺情况，选择具有适应性、耐温性的颜料。例如烘烤型的涂料在颜料设计上，要考虑干燥工艺当中设定的干燥温度与实际炉温的区别，甚至炉内温度不均一的现象都需要全面考虑到，并选择合适的颜料进行调色。

6.5　机械性能

对材料进行涂装，一方面要实现对材料的装饰作用，如前面所介绍的光泽和颜色；另一方面就是需要为材料提供一定时间内的防护作用。而涂膜要能够满足对于材料的防护，使涂膜与基材很好地结合是必要条件。因为只有这样，接触基材表面的侵害物质，如水、大气、氧气、化学物质等才能被涂膜所抵御，从而使得基材受到防护。同时，涂膜在受到外界如受热膨胀、冷却收缩、扭曲等物理压力之后，涂膜与基材的结合以及结合强度不能下降，至少不能显著下降。另外涂膜还必须能够经受一定时间的磨损和冲击。而涂膜的这些性能的直观表现是，涂膜的附着力、弹性（在缓慢或瞬时受力时）、物理硬度、耐磨和耐划伤等物理性能，这些性能在一定的温度变化环境和不同的气候条件下都有一个常规的最低水平的要求。

对于涂膜物理性能指标的检测，通常可分为两大类，一类是涂膜暴露在实际应用当中的强度多变的应力作用下，然后利用特定的工具对涂膜进行破坏或剥离。这种测试能够直观地判断涂膜物理性能是否达到规定的质量等级的要求。另一类则是，现代化涂膜性能研究致力于涂膜物理指标测试表现的描述，例如弹性模量、附着强度、松弛时间、滞后时间等。这些测试方法的优势是能够展示实时检测结果，更为客观。

下面本节就针对涂膜附着力、弹性、硬度以及耐磨和耐划伤性能的形成原理、检测方法以及实践过程中的相关问题进行阐述。

6.5.1 附着力

1. 涂膜附着原理

涂膜对于基材的装饰和防护作用要基于涂膜能够有效地附着于基材表面才能实现，一旦涂膜脱离了基材，便不能再为基材提供有效的防护作用。涂膜对于基材的附着不仅要求在涂装完成之后能有效地附着，在涂膜经历了实际应用环境中的湿气、大气、光、盐雾、水以及其他化学物质的侵蚀之后，依旧能够保持对于基材的牢固附着，才能确保涂膜对于基材的长效防护功能。通常涂膜对于金属基材的防腐蚀性的要求较高，甚至要求涂膜被物理破坏之后，依旧能够对基材发挥有效的防腐蚀作用。

但是涂膜的附着力不仅取决于涂料的性能和状态，还与基材的表面状态、表面处理情况、涂膜与基材的匹配性、涂装、干燥过程的合理设计和控制等因素相关。其中涂膜与基材的附着情况示意图如图 6-26 所示。

从图 6-26 中可以看到，基材实际面积并非涂膜外表面的面积，基材的实际表面积是涂膜与基材产生附着的有效界面面积的上限，但通常如图 6-26 所示，$A_3 < A_2$，也就是有效界面面积达不到基材实际表面积。而如何提高有效界面面积是涂料设计与涂装设计当中必须考虑的因素，涂料对于基材的润湿性和排出毛细管中空气的能力将直接影响涂膜与基材的附着力。这从物理层面上阐述了附着力的影响因素之一。另外，在相同的有效界面面积下，涂膜与基材之间的黏结强度也会有较大的差别，而涂膜与基材之间的黏结强度受多种物理化学作用的共同影响。其中影

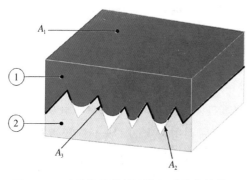

图 6-26　涂膜润湿基材面积与附着力的关系
（①为涂膜；②为基材；
A_1 为外部可测表面积；A_2 为基材实际表面积；
A_3 为有效界面面积）

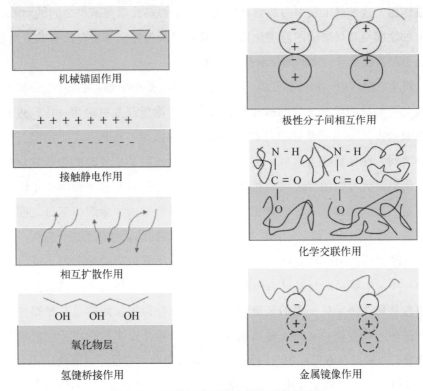

机械锚固作用

极性分子间相互作用

接触静电作用

化学交联作用

相互扩散作用

氢键桥接作用

氧化物层

金属镜像作用

图 6-27　涂膜与基材附着的物理化学原理

响涂膜与基材之间黏结强度的相互作用示意图如图 6-27 所示。

　　如图 6-27 所示，在假定基材表面被涂料完全润湿，基材与涂膜之间的距离达到了能够形成一定的物理化学作用的分子级别的距离时，可能产生的各种相互作用的原理示意图。每一种相互作用都能使得涂膜与基材之间形成一定的黏结强度，具体对应图 6-27 所示的相互作用有以下几种。

　　机械锚固作用：机械锚固作用是指基材表面较为粗糙或疏松多孔，使得涂膜在形成的过程中，能够渗透到基材内部，通过形成的涂膜镶嵌到基材表面的空隙当中，而形成的基材对于涂膜的物理锚固，进而使得涂膜附着于基材表面。这种作用存在于涂膜直接附着于原始基材表面时的大部分情景当中。例如金属基材、塑料基材、水泥基材、木制基材等都在一定程度上存在机械锚固作用。

　　接触静电作用：当涂膜与基材表面带有相反电荷时，能够形成显著的接触静电作用，这种静电吸引力能够在很大程度上提高涂膜与基材之间的附着力。而这种涂膜与基材之间的静电作用多数是通过人为控制基材与涂料的带电性，进而引起涂膜与基材之间的接触静电作用。

相互扩散作用：相互扩散顾名思义，就是在涂膜形成的过程中，涂膜当中的成分与基材的成分之间能够相互扩散，使得涂膜与基材融为一体，进而极为有效地提高涂膜对基材的附着力。相互扩散作用，经常存在于涂膜与塑胶基材之间，在涂装施工之后，由于溶剂的作用使得基材表面的分子软化和疏松，使得涂膜当中的分子可以扩散到基材当中，同时基材表面的分子链也具有一定的运动能力，可以渗透到涂膜当中，最终形成了涂膜与基材之间的相互扩散。形成相互扩散结构的涂膜与基材之间的黏结强度通常都比较大。

氢键桥接作用：氢键桥接作用是指涂膜当中有机成膜物质分子链当中的 N、O、F、H 等元素与基材表面的 H、F、O、N 之间形成氢键的桥接，使得涂膜与基材之间形成一定的氢键作用力，进而使得涂膜能够与基材很好地结合，提高涂膜与基材之间的黏结强度。氢键桥接作用多数存在于有机涂膜与极性塑料材料以及有机涂膜与特殊处理过的金属和非极性基材表面。

极性分子间的相互作用：极性分子间的相互作用在 3.3.1 小节当中的第三部分所讲的分子间作用力部分进行了详细的介绍。在涂膜与基材都存在极性基团时，涂膜与基材之间就能够形成极性分子间的相互作用。

化学交联作用：化学交联就是涂膜当中的基团与基材表面的基团在涂膜形成的过程中发生了化学反应，进而使得涂膜与基材表面形成了化学键，使得涂膜与基材之间产生化学交联。涂膜与基材之间的化学交联作用，会迅速提高涂膜与基材之间的附着力，但实际应用当中，大多数情况下基材表面呈现出明显的惰性，而涂膜内部进行化学交联的较多，当基材表面含有少量的可反应基团时，能够局部形成涂膜与基材表面的化学交联，从而大大提高涂膜与基材之间的黏结强度。

金属镜像作用：金属镜像作用是指涂膜当中带有正电荷时，金属基材的游离电子就会迅速地形成负电，与涂膜所带的正电匹配，并且电荷数量以及距离与涂膜当中的电荷分布呈镜像状态分布，这种涂膜当中的电荷与金属表面的电荷之间形成的相互吸引的库仑力，能够提高涂膜与金属基材之间的黏结强度。

　　涂膜能够与基材之间形成各种相互作用的前提是涂膜与基材之间能够在物理距离上进入能够产生相互作用的范围之内。要确保涂膜对于基材的附着力，一方面是提高涂膜与基材之间的黏结强度，另一方面就是尽量地提高相互作用的面积，也就是提高图 6-26 当中的 A_3。而提高 A_3 就需要确保涂料施工过程中，涂料对于基材的润湿性足够好，使得涂料在施工之后，能够在基材表面形成很好的铺展，进而使得湿膜能够完全铺展到基材实际的表面积，也就是使得 $A_3=A_2$。对涂料的表面张力（涉及静态和动态表面张力）直接测试较为困难，但是我们可以通过涂料设定在基材的表面接触角进行测试，再根据相应的固定参数，按照物理化学原理进行计算，可以得出涂料的表面张力。表面接触角的测试仪器及测试结果数据如图 6-28 所示。

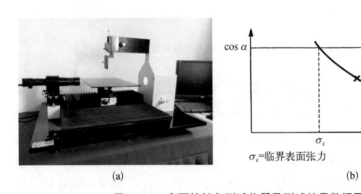

(a)　　　　　　　　　　　　　　(b)

图 6-28　表面接触角测试仪器及测试结果数据图

　　由图 6-28（a）所示的检测设备能够测试液体与固体表面的接触角，以液体与固体表面接触角的余弦值 $\cos \alpha$ 对液体表面张力作图，可以得到图 6-28（b）所示的曲线。其中点 a、b、c 所在曲线的延长线与 $\cos \alpha=1$ 的直线有一个交点，我们将该交点对应的液体表面张力值称为该固体表面的临界表面张力值 σ_c。而当液体的表面张力小于 σ_c 时，液体可以在该固体表面任意铺展，也就是涂料液体能够完全润湿基材表面，可以达到 $A_3=A_2$，当涂膜干燥之后干膜与基材之间能够形成最大的有效界面面积也就是 $A_3=A_2$，能够达到涂膜与基材之间最大限度的结合，提高涂膜与基材的附着力。下面我们就以醇酸和丙烯酸涂料对于一些基材的黏结强度与润湿性为例（液体表面张力与基材表面张力比值）作图，如图 6-29 所示。

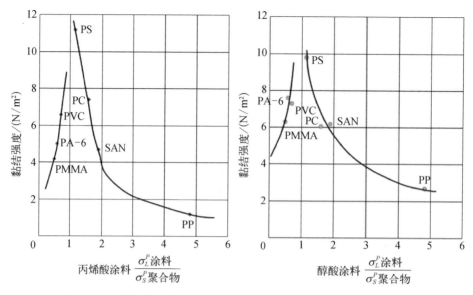

图 6-29 丙烯酸和醇酸涂料对不同基材的黏结强度和润湿性对比图

如图 6-29 所示，无论是醇酸还是丙烯酸涂料对于聚氯乙烯（PVC）、聚己内酰胺（Polyamide-6, PA-6）、聚甲基丙烯酸甲酯（Polymethyl Methacrylate, PMMA）都有较好的润湿性，醇酸和丙烯酸涂料的表面张力都小于聚合物塑料的表面张力，能够在聚合物表面任意铺展。两种涂料对于 PMMA 基材的黏结强度一般。而且醇酸涂料对于 PVC、PA-6 和 PMMA 的黏结强度较丙烯酸的更大一些。因而相对于丙烯酸涂料来讲，醇酸涂料更容易满足涂膜对于 PMMA 基材的附着力要求。醇酸和丙烯酸涂料对聚苯乙烯（Polystyrene, PS）塑料的黏结强度都高，而涂料表面张力都略大于 PS 塑料，则两种涂料在 PS 基材上不能完全润湿但较为接近，要达到最理想的效果，需要在涂料当中添加润湿流平剂，降低涂料的表面张力就能够使得涂料完全润湿 PS 基材。醇酸和丙烯酸涂料对于苯乙烯-丙烯腈共聚物（Styrene-Acrylonitrile Copolymer, SAN）的黏结强度一般，同时两种涂料的表面张力大于 SAN 基材的表面张力，难以润湿 SAN 基材，对涂料进行表面张力的适当调整可以润湿 SAN 基材，同时还需适当提高对于基材的黏结强度，才能最终做好涂膜对 SAN 基材的附着，通常需要对树脂进行改性或添加其他能够提高树脂与 SAN 基材黏结强度的材料才能做好 SAN 表面的涂膜。而两种涂料对于 PP 基材黏结强度较低，润湿性也极差，因而这两种涂料并不适合做 PP 基材上的涂料。

实际当中测试理论上的黏结强度和润湿性是较为困难的，通常以涂膜对于基材的附着力测试为基准来判断涂膜是否能够有效地保护基材。而宏观上对涂膜与基材之间的附着力进行常规检测的测试方法如图 6-30 所示。

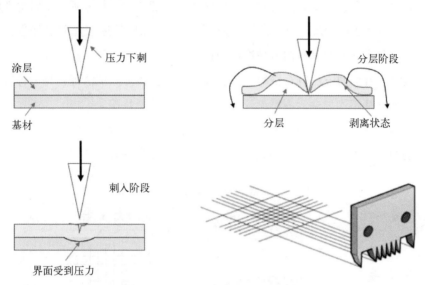

图 6-30　百格法测试附着力原理图

此前已经介绍了涂膜对于基材的附着原理，实际涂膜与基材的附着都是两种因素结合最终呈现出来的涂膜对于基材的附着，也就是人们常规能够测试的附着力。对于附着力的测试，最为常见的方法是百格法测试涂膜与基材的附着力，其原理图如图 6-30 所示。首先刀片刺穿涂膜，将涂膜向刀片两侧挤开，形成破口，这一方面是涂膜部分被刀片划破暴露基材，另一方面是划格的过程对刀片两侧的涂膜的挤压会造成一定程度上涂膜与基材的分离。最终划出正方形的多个小方块。然后再用特定黏结力的胶带对划格的小方块进行黏结，随后迅速撕下，观察划出的小方块的涂膜对于基材的附着情况，进而评价涂膜与基材之间的附着力等级。

百格法对于涂膜附着力的测试，通常局限在总体涂膜并不是太厚的前提下进行测试，如涂膜总体厚度不超过 200 μm。当涂膜的厚度较高时，对于涂膜附着力的测试通常就会选择拉拔力测试的方式来评价涂膜的附着力。拉拔法测试附着力分为旋转拉拔法和垂直拉拔法两种测试方法。拉拔力测试会有直接的拉拔力强度数据，可以直接反馈涂膜与基材之间的附着力强度。

2. 涂膜附着相关问题

1）附着不良

涂膜对于基材有足够的附着力才能保证涂膜能够对基材起到一定时效性的保护和装饰作用。附着不良只是一种现象，更为深层的原理此前已经进行了介绍，揭示了涂膜与基材附着情况的缘由。

检测附着力的方法有百格测试法、画圈法、拉拔力测试法等，每一种检测方法都能够从不同的侧面测试涂膜在工件表面的附着情况。

虽然附着力测试方法种类有多种，但是最为常见的附着力测试方法依旧是百格法测试附着力。百格法测试附着力的评定等级如表 6-1 所示。

表 6-1　百格法测试附着力等级评定标准

附着力评级	剥落程度	图　样
5B/0 级	0%（无剥落）	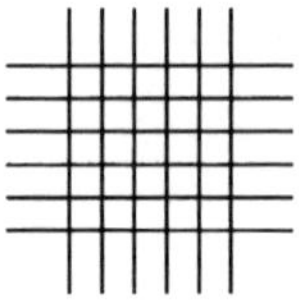
4B/1 级	少于 5%	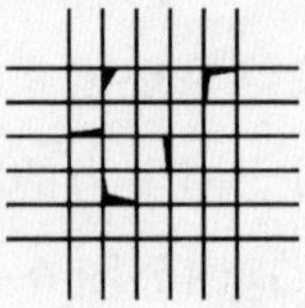
3B/2 级	5%～15%	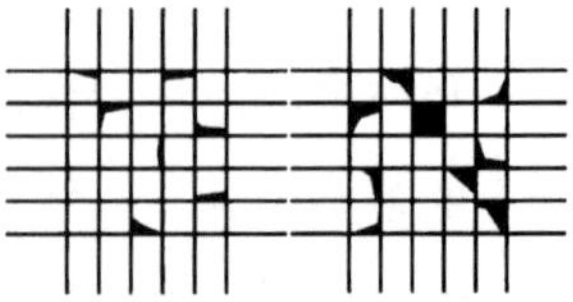
2B/3 级	15%～35%	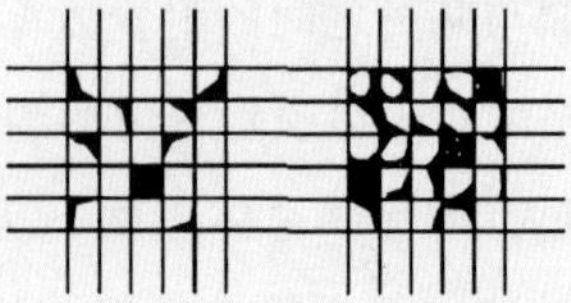

（续表）

附着力评级	剥落程度	图　样
1B/4 级	35%～65%	
0B/5 级	大于 65%	

（1）问题描述

涂膜完全干燥之后，在工件上经过附着力测试，表现出涂膜容易部分甚至全部脱落。例如测试要求百格测试法，附着力要求 ≤ 0 级（ ≥ 5B），也就是划百格之后，黏上胶带，迅速拉开涂膜掉落的面积占百格面积比例在 5% 以内。而实际测试出现了涂膜脱落的面积大于 5% 的现象。附着力不佳在涂料当中是极为常见的现象，如图 6-31（a）图中红色圈内所示以及图 6-31（b）所示。

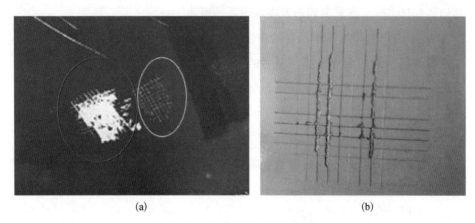

(a)　　　　　　　　　　　　　(b)

图 6-31　涂膜附着力不佳实例图

另外对于同一基材、同一涂料一次性施工形成的涂膜，测试不同区域所得到的附着力等级也会有极大差别。如图 6-31（a）所示，红色圈内的附着力测试为 0B/5 级，而黄色圈内部的附着力为 5B/0 级。

（2）原因分析

涂膜能够在基材上附着，必须要在涂膜干燥之后能够与基材表面形成某种相互作用力，如化学键、氢键、离子键、其他分子间作用力。因而涂膜在基材上的附着是因为基材表面与涂膜之间存在相互作用，如果出现附着不良问题就说明涂膜与基材表面的相互作用出现了问题。具体原因有以下几点。

① 基材表面过于光滑、致密，当基材过于光滑或致密时，涂膜能够与基材表面形成相互作用的触点就少，同时在作用点形成的相互作用也较弱，很难实现牢固的附着。如不锈钢、镀锌板、高交联密度的底漆等基材就较难在其表面形成牢固附着的涂膜。

② 基材表面或局部表面张力太低，涂膜难以在基材表面形成铺展和渗透，进而难以与基材表面结构形成紧密的作用力，最终形成附着不良的涂膜。如基材表面存在或本身就是有机硅材料、高含氟材料、双疏材料，其表面张力极低，因此难以进行涂料涂装。

③ 基材表面结构没有活性基团，例如 PP/PE 材料表面除了甲基和亚甲基等结构以外，几乎没有其他基团存在。而甲基和亚甲基与其他几乎所有基团都不能形成强的相互作用。因而当基材是 PP、PE 或者表面覆盖有 PE 材料或结构的基材都难以在其表面形成良好附着的涂膜。

④ 市场当中经过长年累月的积累，针对不同的基材选择不同的物质或工艺进行涂装，能够实现涂膜与基材的附着。但是如果涂料成膜基料的选择上没有针对基材的性质进行选择或做出有效的调整，就会使得涂膜与基材之间难以形成强的相互作用，以致涂膜与基材的附着力不良。

（3）解决方案

实际生产当中并非所有的基材都能够通过涂装来解决基材防护和装饰要求。有一些材料表面是不需要或者难以实现涂装的，如双疏结构的材料、高氟含量表面、有机硅表面等。

基材在可实现涂装的条件下，要解决涂膜对于基材的附着力问题，需要从两个方面着手。

① 基材的分析和前处理

钢铁基材前处理是否经过酸洗磷化／皮膜将会影响涂膜的附着力。做了磷化和皮膜的钢铁基材就不仅仅针对钢铁表面进行涂料配方设计了，更多地需要对磷化膜和皮膜的结构和性质做分析，并针对该表面进行涂料设计。

镁合金、铝合金、锌合金等除油之后是做皮膜钝化，还是直接进行喷涂，都将会影响涂膜的附着力。如果是铝合金直接进行涂装需要考虑铝合金表面的氧化膜对于涂料附着力的影响。

PP/PE 材料在涂装前需要喷 PP 水或进行火焰处理，以使得 PP/PE 材料表面具有相应的极性或活性基团，进而让 PP/PE 材料表面能够与常规涂料形成的涂层之间产生相互作用，使得涂膜对材料具有足够的附着力，否则常规涂层在 PP/PE 材料表面很难形成有效的附着。

ABS、PP、PET、PVC 等塑料材料，在注塑出来时表面黏附的脱模剂是否有效的清除也会影响涂膜的附着力。

② 对处理好的基材做出明确的涂料设计

如前面基材分析和处理所述，在进行涂料设计时需要根据基材自身的性质做出分析和判断，另外基材的前处理也是极为重要的考虑因素。例如在金属材料表面不做磷化、皮膜处理，例如镀锌板和不锈钢基材，可以在涂料配方当中添加酸性物质，使得涂膜能够在金属表面形成一定的离子键等强相互作用。

对于玻璃表面，需要在涂料当中加入有机硅 / 无机硅类材料成膜，能够与玻璃表面形成强的氢键相互作用。

对于各种塑料基材，可以选择能够与塑料基材表面含有的基团形成氢键作用或极性相互作用的材料，也可以根据相似相溶原理在溶剂和成膜的基料上做出调整，来实现涂膜与基材的附着。

2）层间附着不良

在涂装设计当中许多产品需要进行多层涂装，而且大批量涂装时，还会涉及工件返工的问题，无论是多层涂装还是返工涂装，都需要在涂料上进行重涂，而重涂当中最重要的便是层间附着力必须要好。而很多时候，涂料并不一定能够在自身的涂膜上重涂，如图 6-32 所示。

（1）问题描述

在涂装过程中基于涂装设计或者返工施工重涂要求需要在工件上进行多层

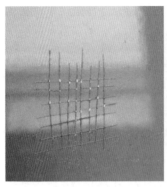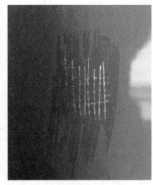

图 6-32　层间附着力不良图示

涂装，在多层涂装之后，进行涂膜的附着力测试，出现面层涂膜在底层涂膜上的附着力达不到要求的等级。这类要求重涂设计，在塑料材料的涂装上极为常见，因为塑料材料通常不能退漆、返工，便只能将基材报废，对于良率不高的涂装来讲成本极高。

（2）原因分析

涂装设计当中，主要是针对基材防护和装饰性能进行设计，首先需要确保底漆与基材之间有良好的附着力，同时面漆具有良好的耐侵蚀和破坏性能。涂料之间的附着力设计，多数是依赖于分子间的氢键等强分子间作用力，才能保证涂膜之间的良好附着，但是如果底层涂膜的交联密度较高，表面光滑、没有活泼基团与上层涂膜形成强分子间作用力，面层涂膜就很难有效地附着。具体原因如下。

① 如果在涂料配方设计时，没有考虑面漆与底漆之间的附着力，或者实际操作当中存在操作不当，可能导致面漆在底漆上没有附着力。

② 另外当需要进行重涂时，可能涉及面漆之间的重涂性，甚至底漆与面漆之间的附着力的问题。尤其是底漆在面漆上的附着，通常这样的设计要求是超过常规涂装设计要求的，因为常规的底漆设计是能够在基材上有良好的附着力，面漆能够在底漆表面附着，如果反过来要求底漆能够在面漆上进行附着，则这样的设计要求并不符合常规涂装涂料配方设计的要求，因而这类重涂问题会较为常见。同样面漆在面漆上的重涂性也并不会作为常规配方设计的要求，但是这类现象已经在批量化的涂装行业当中成为基本要求。

（3）解决方案

对于涂装出现层间附着力不良的现象，需要针对不同的涂装设计，提出不同的解决方案。

① 对于设计多层涂装，如果存在一定的层间附着力的问题，可以从涂装工艺上做出适当的调整来改善这个问题。例如，在涂装工艺上，当底层涂料没有完全实干时，便进行面层涂装，最终底涂与面涂一同干燥，这样能够提高施工效率，更能够提升层间附着力。

② 在涂料配方设计上，需要合理设计底层涂料的表面性能，尤其是不能将涂料的表面张力做得很低，尽量少用表面爽滑的有机硅、有机氟助剂；而在面层的配方设计上需要针对底层进行设计，确保面层能够在底层涂膜上有较好的附着力。

3）掉银

（1）问题描述

在铝粉涂料涂膜干燥之后，对其进行附着力测试或者其他表面性能测试的时候，出现附着力没有问题或其他表面性能没有显著问题，而发现胶带在涂膜表面粘黏时，涂膜表面的铝粉会被粘掉，我们称之为掉银，如图 6-33 所示。

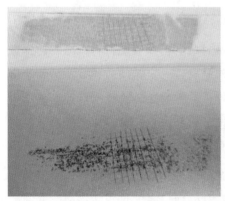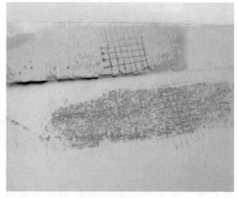

图 6-33　涂膜掉银测试实例图

（2）原因分析

铝粉涂料干燥之后出现掉银，而附着力和其他表面性能没有问题，其中的原因就是铝粉上浮，与成膜基料树脂分离。基料树脂能够与基材形成相互作用而不影响附着力，自身的理化性能也得到了体现，但是由于与铝粉的分离，树脂对铝粉的黏结作用不强，因此铝粉在涂膜表面容易被外力粘黏掉。

3）解决方案

铝粉与树脂之间的分离导致掉银，那么要解决掉银问题就需要解决铝粉与体系树脂的相容性。

① 铝粉自身在涂料体系当中需要具有一定的悬浮和沉降功能，因而不会在涂料体系当中呈现明显的上浮趋势。这需要对铝粉的表面处理做出一定的调整，使得铝粉具有悬浮和下沉的功能。

② 成膜树脂需要对铝粉以及其他颜填料具有较好的包容性，能够让铝粉无论是在湿料状态还是在干燥的过程中都能处于树脂的包裹当中，而不是呈现出分离的状态。例如水性的乳胶体系当中，尽量不用碱溶胀体系的增稠剂，使得涂料体系的微观状态呈现出明显的分离状态，而使用能够将铝粉与乳胶之间形成缔合作用的缔合型增稠剂来增加涂料黏度。

6.5.2　涂膜弹性

1. 涂膜弹性原理

弹性是材料的基础机械性能之一，是反映材料受外力作用时的形变与受力情况之间的关系的重要性能。涂膜作为基材的防护和装饰材料，涂膜的弹性能否匹配基材以及应用时涂膜能否实现对基材在一定时间内具有防护和装饰作用的基础指标。为此，对于涂膜的弹性，一方面涂膜自身弹性数据是涂料设计当中必须侧重考虑的内容；另一方面，也是更重要的方面，就是要对涂膜附着于基材之后，能否表现出能够满足材料在使用过程中的弹性需求。因为涂膜将随着基材的受力情况而出现自身形变的同时，还需要确保涂膜与基材之间的黏结状态的保持。另外，基材自身的内应力变化和受热遇冷等问题会导致基材的形变，从而带来对涂膜弹性的更高要求。

涂膜（有机涂膜）从本质上讲，是有机聚合物将其他有机、无机物质黏结在一起形成的复合材料。对涂膜进行单独分析时，涂膜的相关性能与塑料的性能基本类似。其中涂膜的常规弹性变形如图 6-34 所示。

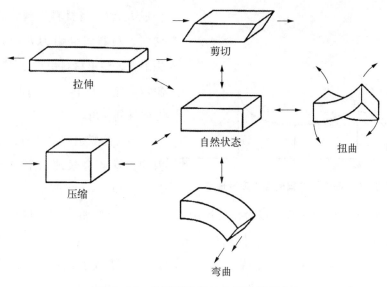

图 6-34　涂膜可进行的各种机械形变

如图 6-34 所示，从理论上设计涂膜材料在自然状态下是一个长方体，当该涂膜长方体受到剪切、扭曲、弯曲、压缩、拉伸等应力时，会呈现出常规材料将会呈现的各种形变。

实际当中材料最为典型的受力是拉伸和剪切。涂膜作为基材表面的防护材料，也必将受到剪切和拉伸。涂膜在被拉伸和剪切时的表现，如图 6-35 所示，当材料受到力 F 的拉伸时，材料发生了伸长，材料的长度将会沿力的方向由 l

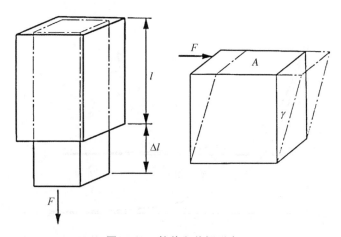

图 6-35　拉伸和剪切形变

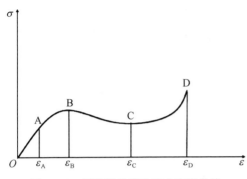

图6-36　黏弹性涂膜的应力应变曲线

变成 $l+\Delta l$。当材料受到力 F 的剪切时，材料将会沿力 F 的方向发生形变，整个材料由长方体变成了斜六面体，其中受力截面将沿力 F 方向倾斜 γ 角。

当对涂膜进行剪切时，不同的剪切力涂膜会呈现出不同的应变状态，如图 6-36 所示。从黏弹性的涂膜的应力应变曲线可以看出，涂膜发生较小的应变如 ε_A 时，应力 σ 与应变 ε 的关系呈正比曲线变化；随后应变增大，应力的增长速度变缓，当涂膜应变达到一定数值 ε_B 时，应变持续增大而应力不变；甚至在随后的阶段当中随着应变的增大，应力有所减小；在应变达到 ε_C 时，应力降到最低值；而随着应变的持续增大，应力也将再次回升，如当应变达到 ε_D 时，对应的应力数值也达到了整条曲线的最高点。

另外在材料使用过程中，维持一定的应变是不可避免的情况，因而对于材料进行保护的涂膜就必须能够与材料一起维持一定时间的应变，且保持一定的性能。而当涂膜维持一定应变 ε 时，涂膜性质不同将呈现出不同的应力时间曲线，如图 6-37 所示。热固性涂膜在维持一定应变 ε 时，随着时间的推移，

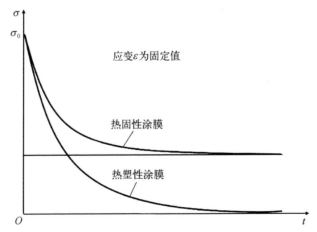

图6-37　固定应变下热塑性和热固性涂膜应力随时间变化图

涂膜展示的应力前期随时间推移而减小，最终趋近于一个固定应力，并具有一定的回弹性。而热塑性涂膜在维持一定应变 ε 时，涂膜展示的应力随时间的推移持续减小，最终趋近于完全失去应力，涂膜完全屈服于应变，不再具有回弹性。

2. 涂膜弹性相关问题

1）抗冲击测试失败

涂料对于基材的防护，有一个很重要的要求就是当基材遭受冲击的时候，涂膜不能有爆裂、掉漆的现象。以使得涂膜能够在实际使用当中遭受撞击等破坏时依旧能够保持防护性能。常见的检测仪器是落球式涂膜冲击器，常规要求是该仪器测试的冲击高度为 50 cm，正面冲击涂膜不会出现开裂、掉漆等现象。

（1）问题描述

涂料在成膜后，在指定基材上进行抗冲击试验，按照要求进行冲击试验，如果涂膜出现了开裂、局部掉漆等现象，或者冲击的高度达不到要求的高度，都属于抗冲击测试失败。如图 6-38（a）、（b）、（d）所示的试验样板，都出现了裂纹甚至脱落。

（2）原因分析

抗冲击不能通过的原因多数是涂膜的韧性不够和附着力欠缺，其中涂膜韧性不够但附着力很好时，涂膜经冲击之后会呈现涂膜开裂，但不掉漆，甚至冲击之后用胶带粘黏都不能将涂膜粘掉的现象；而涂膜附着力不够时，经冲击试验后，通常会出现涂膜爆裂、掉漆，冲击部位涂膜脱落；有时冲击结果介于两者之间，属于综合性能上的耐冲击存在欠缺。而具体原因有如下两种。

① 涂料配方设计上存在一定缺陷，使得成膜之后，涂膜在韧性和附着力上存在一定的不足，如交联固化剂过量，所选择的树脂自身属于刚性脆性结构。

② 涂装的干燥工艺不匹配，例如对于烘烤型涂料，烘烤过度时，涂膜会出现过交联，进而呈现出涂膜脆性以及综合性能下降的问题。

（3）解决方案

解决涂膜抗冲击性能不过关的问题，最根本的是在进行涂料配方设计时对

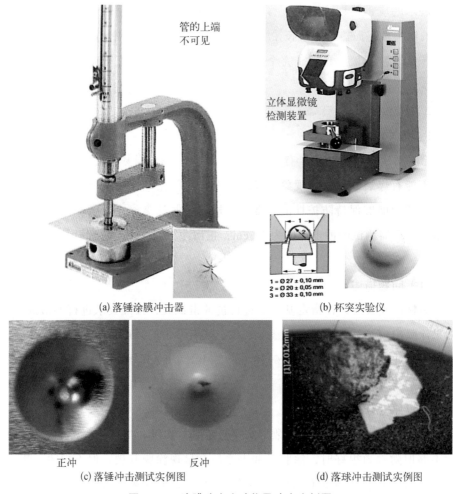

(a) 落锤涂膜冲击器

管的上端
不可见

立体显微镜
检测装置

1 = Ø 27 ± 0,10 mm
2 = Ø 20 ± 0,05 mm
3 = Ø 33 ± 0,10 mm

(b) 杯突实验仪

正冲   反冲

(c) 落锤冲击测试实例图

(d) 落球冲击测试实例图

图 6-38   涂膜冲击实验仪及冲击实例图

于涂膜结构和成分的正确选择，同时对于干燥工艺上配合最佳的干燥温度和时间。

① 涂料配方当中的颜基比要控制在适当的范围之内，以确保树脂具有足够的包裹颜填料的能力，确保涂膜的韧性。

② 成膜基料树脂选择兼具韧性和硬度的树脂，同时固化剂的种类配比要合理，以确保成膜基料树脂的结构能够适应抗冲击性能。

③ 在合理设计树脂选型和配比以及颜基比的基础上，加入适量的增韧性树脂，提高涂膜的韧性，从而提高涂膜的抗冲击性能。

④ 对于后添加固化剂的涂料，施工时尽量避免固化剂的过量，干燥过程中要控制干燥的温度和时间，避免因为烘烤温度过高和时间过长出现过交联以及其他的老化现象，导致涂膜脆化，引起抗冲击问题。

2）弯曲测试失败

在通过涂装对材料进行防护的情况下，在材料的加工工艺甚至是进行涂装之后，需要对材料进行弯曲加工。如卷钢、卷铝都是在涂料涂装之后，再对材料进行弯曲加工成型，而这些应用尤为注重涂膜的弯曲性能，甚至在卷钢行业当中会涉及 0T ～ 5T 等几个 T 弯等级的标准。

（1）问题描述

涂膜在指定的实验样板上，在干燥工艺条件下干燥养护之后，进行弯曲试验，发现涂膜在弯曲部位用胶带能够粘掉涂膜，则判定为涂膜的弯曲试验失败。弯曲试验测试仪器及测试样板如图 6-39 所示。

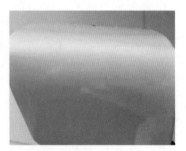

图 6-39　涂膜弯曲测试仪及涂膜弯曲测试实例图

（2）原因分析

弯曲试验失败，涉及的原因有两个方面，一是涂料配方设计的韧性不足，涂膜的形变能力不够，在进行弯曲试验的时候，出现涂膜的开裂；另一方面的原因是涂料对于基材的附着力不够好，在涂膜随金属层一同弯曲时，由于形变拉伸使得涂膜脱离基材。

（3）解决方案

解决涂膜弯曲测试失败问题，常用的方法是在涂料配方当中添加中等分子量的能够增韧并同时提高涂膜与基材附着力的物质。例如对于钢铁或铝合金材料，可选择添加环氧磷酸酯类中等分子量的物质改善涂膜韧性和提升对于金属基材的附着力。

3）拉伸测试失败

涂膜拉伸测试是指对涂膜的耐形变能力的测试，也称为弹性的测试，主要是针对弹性涂料以及皮革涂料领域提出一些要求。但是涂料当中对于拉伸的测试侧重于测试涂膜的断裂伸长率。例如弹性涂料会要求涂膜的断裂伸长率达到100%等，如汽车皮革涂料当中就有明确的涂膜断裂伸长率的要求，甚至要求高达200%。

（1）问题描述

通常涂膜在指定基材上，按照指定要求养护干燥之后，进行断裂拉伸测试时，未能达到要求，已经出现了涂膜开裂和断裂的情况，我们称之为拉伸测试失败。

（2）原因分析

涂膜的抗拉伸性能，与涂膜当中的成膜物质的柔性有极大的关系，如果涂膜成膜物质当中的链段在测试温度下呈现出高弹态，就具有很好的拉伸性能；另外涂膜当中颜料与填料的添加量对于成膜物质的弹性有降低作用。因而涂膜的拉伸性能测试失败，原因是所选的成膜基料树脂及交联后的结构不具备足够的弹性，或者涂料配方当中颜填料含量过高，大大降低了成膜基料的弹性，使得涂膜容易出现拉伸断裂。

（3）解决方案

要提升涂膜的断裂伸长率，通常的办法是调整涂料配方当中的树脂成分，将弹性更好的树脂的含量提升（如 T_g 更低的弹性树脂含量提升），同时降低涂料当中的颜基比，尽量少用甚至不用填料成分，避免因为粉料的加入影响涂膜弹性。另外对于加入固化剂的弹性涂料，则需选择适当的添加比例以及选择耐性和韧性较好的固化剂，才能在保证涂膜弹性的同时，还能保证弹性涂料的其他耐性。

4）爆边

（1）问题描述

涂料在工件表面进行涂装施工和干燥之后，在划格或划线的时候，发现涂膜在划口处涂膜爆开，我们称之为爆边现象，如图6-40所示。例如轮毂色漆需

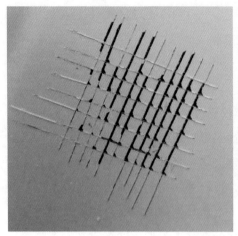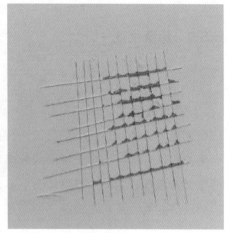

图 6-40　涂膜进行附着力测试时出现爆边实例图

要在涂膜干燥之后，对轮毂进行精加工，而精加工时会出现涂膜爆裂的情况。

涂膜在某一基材上薄涂附着力很好，但是随着膜厚的增加或者重涂次数的增加，对于厚度较高的涂膜进行附着测试时，容易出现涂膜爆边现象，如图 6-40 所示，如果再对图示涂膜进行重涂或厚度增加，这种爆边现象还将加剧。

（2）原因分析

涂膜在划口处有爆开的现象，一方面是涂膜自身较脆，当刀口对涂膜进行划格的时候，如果刀口不是极为锋利，则会将涂膜划拉成爆裂状；另一方面，涂膜对于基材的附着力有限，当涂膜具有一定硬度的时候，划格就会出现涂膜从基材上脱落的情况，进而形成爆边。

（3）解决方案

爆边是由涂膜太脆或者附着力不佳的问题造成的，那么解决方案就可以从这两个方面着手。

①　在涂料配方设计的时候，增加涂料韧性，解决涂料过脆的问题，选择韧性更好的树脂，适当降低涂料的交联密度以及添加增韧性树脂都能够有效地解决涂膜太脆的问题。

②　如果涂膜对于基材的附着力不佳，那么需要通过涂料的配方设计或者基材前处理的调整，使得涂膜能够在基材上良好地附着，从而解决涂膜爆边的问题。

6.5.3 涂膜硬度

1. 涂膜硬度原理

涂膜要能够满足实际应用需求，不仅要有很好的附着力和弹性，具有一定的硬度也是必要的。在涂料与涂装行业当中，硬度这项指标几乎是所有人都会关注的内容，但是对于硬度的准确定义却一直都是较为困难的。因为硬度的定义涉及材料的微小延展能力、高弹性模量、高耐性和内聚性以及对于磨损的耐受能力。开创硬度定义的是瑞士人，其将硬度定义为材料自身在某一点或者一段线上遭受力的作用而被破坏的准静态耐性。这个定义也意味着硬度与弹性有一定的兼容性，具有高弹性模量的涂膜一定具有较高的硬度，但弹性模量仅仅阐述了硬度的常规概念当中的一部分内容。

1822年腓特烈·莫斯（Frederick Mohs）公开发表了硬度的定义，并将硬度划分为10个等级，为此硬度被大众认知，人们称之为莫氏硬度。莫氏硬度的等级都可以对应适当的坚硬的材料。莫氏硬度对应表如表6-2所示。

表6-2　莫氏硬度与材料对应表

硬度等级	对应材料	硬度等级	对应材料
1	滑　石	6	长　石
2	石　膏	7	石　英
3	方解石	8	黄　玉
4	萤　石	9	刚　玉
5	磷灰石	10	金刚石

莫氏硬度很明确地展示了硬度是以对比参照为依据的，两个材料之间有机械应力作用时，更硬的材料不会受到破坏。但是莫氏硬度作为对比参照的材料当中，没有一项是有机聚合物材料，所以莫氏硬度在涂膜材料当中并不适用。因而国际标准化组织（International Organization for Standardization, ISO）为涂膜的硬度做了定义，其描述的涂膜硬度主要衡量涂膜在遭受机械破坏时的耐性，该标准更加适合涂膜硬度表征，但其中涉及压力、摩擦、划伤

的影响因素。测试的结果会随着应力的增加而变化，而应力的增加不仅增加了破坏力，还带来了可能的破坏因素，例如破裂。

2. 涂膜硬度相关问题

1）硬度测试不良

对一些工件进行涂装的目的是通过涂膜来防护工件和基材，而能够防护基材不被破坏的重要指标就是涂膜的硬度。在对工件进行涂装设计的时候，基于工件上的使用需求，通常对涂膜的硬度设定限值，要求硬度能够达到一个指定标准，例如涂料当中常见的硬度指标是铅笔硬度，而最常规的硬度要求便是涂膜硬度在2H、H以上或者不划伤等。

（1）问题描述

在涂膜完全干燥之后，通过设定的标准要求，对涂膜进行硬度检测，例如用2H的铅笔，按照75 N的力推车对涂膜硬度进行检测，发现涂膜被划破，而涂膜指标要求是2H，也就是只允许涂膜在2H的硬度上被划伤，甚至不能划伤，如图6-41所示，在指定的压力和硬度下，漆膜被划伤判定为硬度不良。

图6-41　铅笔硬度测试图与测试样板图

（2）原因分析

涂膜的硬度决定于涂膜内部结构，第一涂膜当中成膜物质自身链段的硬度，以及分子链之间的交联密度，还有颜填料以及其他功能材料在成膜基料当中对于涂膜的支撑作用，都会影响涂膜的硬度。其中具体的原因以下几点。

① 合成树脂的单体软链段过量，而硬链段不足，使得成膜大分子自身硬度不够。

② 固化剂添加量不足，或者干燥烘烤温度和时间不足，使得涂料在成膜的过程中，形成的交联网状结构的密度不够，造成硬度不足。

③ 颜料、填料的选择和使用上存在不足，不能构成对成膜大分子基料的填充和支撑，提升基料的硬度。

④ 硬度测试结果还与涂膜附着的基材有直接的关系，例如涂膜在玻璃上的硬度较涂膜在塑料板上的硬度会有极大差异，所以进行硬度测试的时候，需要明确测试基材与样板的一致性。

（3）解决方案

要综合解决涂膜硬度不良的问题，需要在涂料的配方合理设计的基础上，配合有效的施工和干燥工艺才能确保涂料的硬度符合要求。

① 在树脂的选择上，选择软硬适宜、交联基团含量合适的树脂，并且加入适量的交联树脂，以从涂料的基料角度确保涂膜最终能够达到的硬度。

② 合理配置颜填料以及功能材料的加入，以填补树脂自身存在的硬度不足和其他性能不足的问题。

③ 在固化剂的配制上需要选择合适的固化剂，同时稍许过量的固化剂有利于提升涂膜的硬度。

④ 涂料施工之后，干燥工艺中尤其是烘烤温度和时间需要能够达到树脂中物质间的反应所需。对于自干涂料，需要给予足够的养护时间，再进行硬度测试，才能真正地反映涂膜硬度是否存在不良。

⑤ 对涂料进行涂膜硬度测试的时候，需要根据指定的标准进行样板的明确选定，避免随意选用基材导致硬度测试不能符合实际应用需求，否则更容易造成硬度不良的误解和失误。

6.5.4　耐磨和耐划伤

1. 耐磨耐划伤测试原理

对材料进行涂装时，装饰作用固然很重要，但是更多的涂装为了对材料进行表面的防护，在对材料的防护功能当中，非常重要的一个防护便是抵御外界的摩擦和划伤。因为一旦涂膜被磨损或者划伤，一方面涂膜对于材料的防护作用被削弱，另一方面涂膜对于材料的装饰作用被破坏。因而涂膜的耐磨和耐划伤性能是涂料设计和涂装追求当中的重要指标，也是涂膜机械性能当中的重要项目。其中涂膜的耐磨和耐溶剂擦拭性能测试原理图如图 6-42 所示。

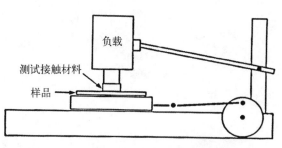

图 6-42　涂膜耐磨和耐溶剂擦拭测试原理图

如图 6-42 所示，其中测试样板随着设备的传动，在一定的长度范围内来回运动，而在样品涂膜固定面积上承载一定重量的压力，通常在涂膜的受压接触面如无尘布、纸带（有时浸润设定溶剂），或其他材料上进行耐磨测试。

2. 耐磨 / 耐划伤相关性能问题

1）耐磨测试失败

涂膜通常处于材料的最表层，当材料需要经常与其他物体接触时，都会对涂膜提出耐磨的要求。例如手机外壳、电脑键盘等表面涂料，尤其需要耐磨性能。这些耐磨测试都将对应相应的测试仪器和测试条件，其中常见的耐磨测试仪器如图 6-43 所示。

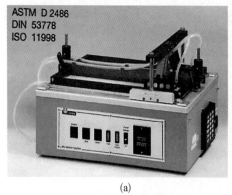

(a)　　　　　　　　　　　　(b)

图 6-43　涂膜耐磨测试仪器实例图

（1）问题描述

对涂膜进行耐磨测试的时候，如 RCA 纸带耐磨测试 [如图 6-43（a）]，

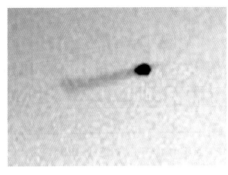

图 6-44　涂膜 RCA 纸带耐磨测试失败图

在指定的压力和摩擦次数下，未能达到涂膜不透底的检测要求，判定为耐磨测试失败，如图 6-44 所示。或选用旋转摩擦橡胶轮法对涂膜耐磨次数进行测试，[如图 6-43（b）]测试结果未能达到指定测试次数涂膜就完全破坏。

图 6-44 中，测试涂膜部位的右顶点处出现了明显的露底，我们评价该涂膜的 RCA 纸带耐磨测试不合格。

（2）原因分析

涂膜进行耐磨测试时，有两个过程，一是涂膜表面被摩擦牺牲，然后是涂膜内层逐步被磨掉的过程。因而涂膜耐磨测试不能通过的直接原因有两个方面。

① 涂膜表面爽滑，耐磨性不够，通常为了提高涂膜的耐磨性，会在涂料中加入一些表面爽滑和抗划伤助剂。而如果这些助剂没有达成涂膜表面的耐磨抗刮效果，则很容易造成测试要求的耐磨性不够的问题。

② 当测试过程已经通过了表层，涂膜自身结构呈现的耐磨性就将决定这一阶段涂膜的耐磨性能。如果涂膜自身结构并不具备所需的耐磨等级，最终必将造成涂膜的耐磨测试的失败。

（3）解决方案

要彻底解决涂膜的耐磨性能问题，使之能够达到要求，最根本最有效的方法是选用耐磨性较好的树脂，例如将丙烯酸类涂料换成聚氨酯类产品，其他性能相似的情况下，聚氨酯结构更为耐磨。或者通过添加一些功能材料，如纳米增强材料，以提升涂膜内部的结构致密性，进而提升涂膜的耐磨性。

而迅速有效的解决涂膜耐磨性的方式是通过添加表面助剂，提升涂膜表面的爽滑，降低涂膜与检测磨料之间的摩擦系数来降低磨损程度和效率，进而提升涂膜的耐磨性。其中可选择加入爽滑的 PE 蜡，PTFE 抗划伤蜡以及其他爽滑、抗刮的有机硅材料。

2）耐划伤测试失败

耐划伤是涂膜保持装饰性的重要指标，因而对于高光或其他装饰的涂膜通常会提出明确的耐划伤要求。例如汽车内饰件通常都会要求涂料具有一定的耐划伤的性能。

（1）问题描述

涂膜对于高装饰要求的材料进行涂装时，涂膜的耐划伤性能会被提出来，例如要求划环的负荷在 50 g～500 kg 内的某一负荷，以 10 mm/s 的速度，划过 5～10 mm，根据划伤程度（无变化、塑性变形、表面瑕疵、表面划痕、内聚裂痕等）判定 1～10 的涂膜划伤等级，涂膜划伤测试示意图如图 6-45

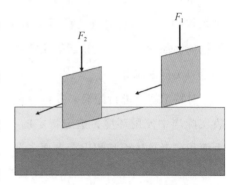

图 6-45　耐划伤测试原理示意图

所示。无论是负荷大小，还是划伤等级有没有达到标准要求，都呈现为耐划伤测试失败。

（2）原因分析

用于耐划伤测试的划环是硬度较高的金属材料，测试划伤性能主要是依靠负荷大小以及划伤等级来确定。而出现划伤显然主要与涂膜表面摩擦系数以及表面材料结构与性能相关。如果材料表面未能形成致密且光滑的涂膜，通常划伤是极为容易的。但是如果涂膜自身的结构不能支撑一定负荷的压力，则即便涂膜表面能够足够爽滑，也容易引起涂膜被划伤甚至容易出现跨级别的表面划伤现象。

（3）解决方案

涂膜表面耐划伤的性能，最为根本的是涂膜表面硬度与韧性兼具，而且表面足够爽滑才能有较好的耐划伤性能。

而提高耐划伤性能的途径通常有两种。

① 提高涂料自身的交联密度，提高涂膜硬度，同时使得涂膜表面致密，表面更为爽滑，同时我们还可以在涂料配方当中加入改善表面耐划伤性能的助剂，例如有机硅和 PTFE 蜡等物质，提高涂膜表面耐划伤和修复能力。

② 选用自身具有较高耐磨性能的树脂作为成膜物质，例如同样硬度时，有机硅材料就远比聚氨酯材料有更好的耐划伤性，丙烯酸材料则比聚氨酯材料的耐划伤性更差。

3）抗石击测试失败

当涂料用于接触石击部件的材料的防护时，涂膜在指定基材上进行涂装，干燥养护之后，需要进行抗石击测试，以明确涂膜在模拟自然石击当中的抗性如何。如汽车底盘、轮毂等用漆就需要进行抗石击测试。

（1）问题描述

对特定基材进行涂装，并按照标准要求进行涂膜的干燥和养护后，根据涂膜实际当中使用环境，选定特定的石击测试，最终呈现出来的石击脱落的最大面积或者总体面积超出标准要求范围，这种状况称为抗石击测试失败。

如图 6-46 所示，抗石击测试仪当中，选用的石屑种类以及石击速率的调节是抗石击测试内容的关键指标。

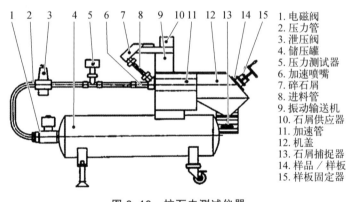

1. 电磁阀
2. 压力管
3. 泄压阀
4. 储压罐
5. 压力测试器
6. 加速喷嘴
7. 碎石屑
8. 进料管
9. 振动输送机
10. 石屑供应器
11. 加速管
12. 机盖
13. 石屑捕捉器
14. 样品／样板
15. 样板固定器

图 6-46　抗石击测试仪器

（2）原因分析

抗石击测试是一个模拟自然砂石撞击的测试，砂石有圆角、尖角，有大小冲击力，通常按照基材使用过程中的情况进行模拟相对速度冲击。涂膜在这方面不能通过的原因有以下几项。

① 涂膜韧性不够，使得涂膜在遭受石击时容易出现爆裂的现象，在石击当中破落面积与涂膜韧性的关系最大。

② 涂膜的耐磨或爽滑性不足，石击一方面是力量冲击，另一方面是对涂膜表面的摩擦，当涂膜的耐磨和爽滑不足时，容易造成涂膜诸多部位出现划伤和剥落的现象。

③ 涂膜的基材或者涂膜之间的附着力不足，理论上当涂膜附着力足够强时，遭受石击会出现涂膜开裂的现象，但不一定会出现剥落现象。

（3）解决方案

涂膜的抗石击性能测试的失败，意味着涂膜综合性能不能达到模拟测试的要求，要改善抗石击的性能，不但需要从涂料配方设计上做出调整，更是需要对每一层涂膜以及施工工艺做出调整，以确保最终涂膜抗石击性能能够满足测试及实际需求。其中可进行的调整方案有以下两种。

① 通过涂料的配方设计，在保证涂料的硬度的同时，提升涂料的韧性，另外增加涂料表面的爽滑和耐磨性能。

② 在多层涂料配合涂膜的设计上，要注意每一层涂料之间的附着力，更要针对多层涂料涂装施工以及干燥工艺做出有效的工艺设计，确保每一层涂料的设计性能都能完整地实现的同时，还能通过各涂膜之间的协同作用，提升涂膜的综合性能，以提高综合涂膜的抗石击性能。

6.6　其他性能

6.6.1　特殊应用性能

涂膜完全干燥之后，涂膜当中的溶剂挥发完全，化学反应基团完成了相应的反应之后，相关的涂膜性能都能够得到体现。此前讲述了五大类常规的涂膜性能，也是几乎所有涂装设计都会考虑的性能。但是还有一些涂装设计要求涂膜具有其他的性能，例如生活当中很多应用领域要求涂膜具有抗菌、抗藻、抗微生物等功能，还有与人体接触的涂膜，如手机、电脑、笔、门把手等物品的涂膜，在进行涂装设计的时候，就会要求涂膜具有良好的手感，如爽滑、柔感、绒毛感等。

而在特殊应用领域当中，涂装设计也会要求其他的性能呈现，如螺丝螺栓的涂膜要求明确的摩擦系数,防静电涂膜要求涂膜必须具备一定的电阻数据,绝缘涂膜就要求涂膜必须具有较高的绝缘等级等。

生活当中有局部领域需要材料具有耐脏污、易清洁、智能反应等性能,涂装设计都很好地完成了相应的设计和性能的实现,满足了特殊性能的要求。

6.6.2 相关测试问题

抗菌测试失败

虽然我们肉眼并不能看到细菌和霉菌等微生物,但是它们确实存在于我们的世界的几乎任何地方。其中一些细菌和霉菌是具有致病能力的,因而在一些材料表面进行涂装时,会要求涂膜具有抗菌性能,以确保涂膜的安全性。而且在特殊的环境领域当中,对于抗菌和抗霉这方面具有极为严格的要求,例如船底涂料、地下室的墙体涂料等。

(1)问题描述

材料表面进行涂料涂装,并经过实际所需的干燥之后,对涂膜按照要求进行使用环境当中常见菌种的移植,如果涂膜上面的细菌或真菌依旧大面积存在,如图 6-47 所示,图 6-47(a)中细菌侵蚀涂膜的面积较图 6-47(b)细菌侵蚀面积更大,或者存在的面积达不到所需的抗菌等级,都被评价为涂膜的抗菌测试失败。

(a)   (b)

图 6-47 皮革涂膜抗菌测试失败实例图

（2）原因分析

大部分的涂料施工、干燥之后形成的涂膜，并不能给细菌和真菌提供生存和生长必要的养分，小部分的涂膜成分能够为细菌或真菌提供有机养分。但是如果不做特殊处理和加入特殊成分，涂膜也很难避免细菌和真菌在其表面附着且维持长时间的生存。

因而当特殊要求涂膜具有抗菌性能时，如果不能针对使用环境和测试需求进行涂膜成分的适应性调整，涂膜是很难具有所需的抗菌性能的。

（3）解决方案

要解决涂膜的抗菌性能测试失败的问题，只能根据实际需要和测试需求加入相关抗菌、抗霉助剂到涂料体系当中。使得涂料在干燥之后具有抗菌和抗霉功能的助剂能够给涂膜提供持续的抗菌和抗霉的功能。

6.7　本章小结

涂膜性能测试是验证涂装企业设定的涂装方案是否能够满足材料涂装处理要求的方法。对于涂装企业和材料表面处理具有重要意义，有关涂膜的其他性能原理以及测试内容，本章介绍的仅仅是本书作者在工作和生活中能够接触到的，且进行了研究和验证的相关应用问题，在涂料与涂装的市场当中，还有非常多的应用领域会具有上述未能提及的性能要求，本书就不做过多的介绍。随着世界经济的发展，新的领域和新的材料的不断革新也将为涂料与涂装领域带来新的产品和工艺，也会对涂料与涂装提出新的性能与装饰要求。

第七章　涂膜耐久性

将涂料涂覆于材料表面，是为了能够对材料提供一定时间范围内的持续防护和装饰作用。涂膜对于基材的防护时间取决于涂膜在特定的使用环境当中的耐久性，而耐久性可能是几个月、几年甚至几十年。现实应用的防护效果不能提前预知，更不能到实践当中去测试得到了完整的结果之后，再进行涂装处理。为了填补实际应用与设计之间的差距，涂料行业根据涂膜老化的各种原理，并结合实验数据对应长时间的实践测试数据，总结经验并提出了诸多的实验检测内容，并形成了用一系列的实验数据来评价涂膜对于材料防护耐久性的优劣。为此对于涂膜耐久性的预判，涂料行业形成了一套人工设计加速老化的实验方法，通过人工加速实验测试来预判涂膜对于材料防护的耐久性。

但是实际应用当中依旧可能出现一些难以预料的问题，虽然通过人工加速老化实验得到的数据能够预判涂膜防护能力的耐久性，但是实际应用中的状况依旧可能超出实验预计。

7.1　漆膜耐久性原理

关于涂膜对于材料起到的防护和装饰功能，本书前面讲述了涂膜干燥后即刻可以测试和评价的相关性能。而涂膜对于基材的防护不仅仅是即时有效便可以满足实际需求的，涂膜必须能够在一定的时间内满足对材料的防护和装饰的各种性能，甚至此前陈述的干燥即可测试的性能也都要求具有耐久性，而这些都是需要经历耐久性的测试之后再进行测试，以考证涂膜相关性能的耐久性。涂覆于材料表面的涂膜，一定会经受自然环境中各种物质的侵袭，

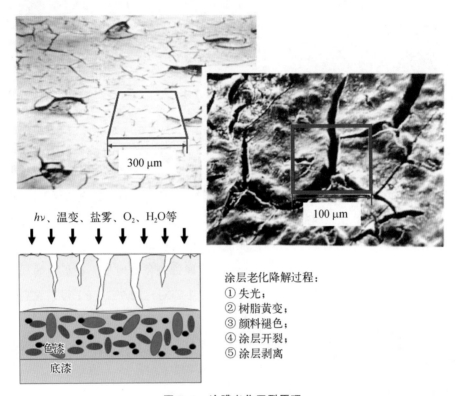

涂层老化降解过程：
① 失光；
② 树脂黄变；
③ 颜料褪色；
④ 涂层开裂；
⑤ 涂层剥离

图 7-1　涂膜老化开裂原理

有些特殊领域还需要经受使用环境的特殊物质的侵袭。通常情况下，涂膜在长期经历外界环境和物质侵袭时，会发生逐步的老化，最终逐步地失去相应的性能。其原理示意图如图 7-1 所示。

如图 7-1 所示，涂膜在经历超过涂膜承受极限的时候，会出现涂膜的瓦解，出现裂纹，涂膜对于基材的防护性开始大幅下降，涂膜表面的相关性能更是出现了极大的变化。如涂膜会失光、变色，表面平整完整的状态变成了千疮百孔，甚至局部涂膜出现了剥离的状态。而涂膜由最初状态变成这种沧桑老化的状态的原因是，自然环境当中的阳光（UV）、昼夜以及随时间变化的温差和水蒸气浓度的变化，大气当中的氧气以及盐雾等，这些对涂膜都具有侵蚀作用。随着时间的推移，涂膜这种人为设计而成的有序的物质，必将在环境的侵蚀之下，慢慢地老化，回归到无序的自然状态（变成更基本的材料和元素）。

7.2 耐久性分类

7.2.1 耐腐蚀性能

1. 耐腐蚀原理

为了明确涂膜对于基材防护能力随时间变化的衰减，外界环境对基材的腐蚀程度必然逐渐严重，我们以现实生活当中最典型的钢铁件的防腐为研究目标，使模拟测试的样板在涂膜的防护下，对其进行中性盐雾环境当中的腐蚀变化研究。并通过光学显微镜照片展示了涂膜的阶段性防腐蚀效果，如图 7-2 所示。

图 7-2（a）展示的是涂膜最初开始具有腐蚀迹象的时候，在板面的局部地方出现了细小的腐蚀点，到了图 7-2（b）中，对比图 7-2（a）可以看到腐蚀的点明显增大，并且明显腐蚀的点开始增多，再到图 7-2（c）和（d），腐蚀的点向板面周边扩散，腐蚀的面积逐渐增大，最终到图 7-2（e）时，板面大部分被腐蚀物占领。按照腐蚀等级分，图 7-2（a）～（e）也基本上对应不同的防腐等级。

实际上图 7-2 是以腐蚀起点开始拍摄的，在未出现腐蚀之前，样板已经在环境当中被侵蚀了较长的时间。为了模拟现实当中涂膜受到破坏之后，涂膜对于基材的防腐原理，防腐性能测试中还增加了对涂膜进行划叉或划线破坏的人工腐蚀测试，示意和实例图如图 7-3 所示。

当涂膜被破坏直接暴露基材时，在外界环境腐蚀作用下，基材很快便出现了腐蚀物，进而形成了微小的原电池。如图 7-3 左侧示意图所示，基材便是阳极区，只能随着电化学反应不断地腐蚀。但是假如涂膜能够与基材极佳地附着，并且能够抵御侵蚀环境的破坏，那么如图 7-3 左侧示意图所示的阳极区域范围小，同时扩张缓慢。最终达到设定的防腐蚀的测试时间后，样板被腐蚀的宽度就较小。该测试由腐蚀宽度大小来界定涂膜对于基材的防护的好坏，尤其是使用过程中，涂膜遭受了外力的破坏，或局部涂膜率先被侵蚀穿透，这种现实意外很难避免，但是依旧要求涂膜能够防护大部分的基材不被腐蚀。

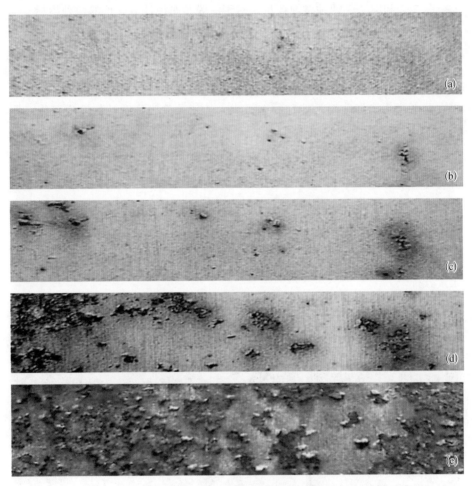

图 7-2 防腐涂膜老化过程实例图

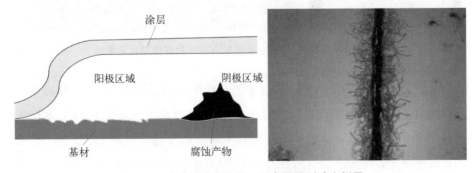

图 7-3 涂膜划破腐蚀原理示意图及测试实例图

图 7-2 和图 7-3 两种腐蚀评价是对于涂膜防腐蚀性能评价的两种指标，都是重要的涂膜防腐能力评价标准，部分领域以前面的评价标准为基准，部分领域以后面的评价标准为基准。通常两种评测具有共同的指向，图 7-2 评价出防腐性能较好时，通常图 7-3 评价出的防腐性能也会不错，但是有一些涂膜在两者表现出的防腐性能却相差极大。如依赖涂膜致密性的涂膜可能在图 7-2 的防腐评价表现当中很好，但是在图 7-3 当中的防腐评价表现就很差。而主要以防锈颜料实现的防腐功能的涂膜，两种防腐能力测试得到的评价一致的可能性较高。

为了明确材料盐雾测试腐蚀原理，本章以生产实践当中的实际测试现象及分析进行该原理的验证陈述。如电脑用 AZ31B 镁铝合金进行了如图 7-4 涂装处理后，进行了盐雾测试，并对因腐蚀后出现的起泡部位和裸露部位进行了元素分析。

图 7-4　AZ31B 镁铝合金涂装盐雾测试后腐蚀部位分析图

如图 7-4 所示，AZ31B 镁铝合金进行涂装之后正面在点 1、2 处出现的肉眼可见的起泡类腐蚀现象。再对点 1、2 处进行放大可见点 1、2 处实际上已经出现了镁铝合金裸露的现象。我们在对点 1、2 处分别取了 A、B、C、D 四个点进行元素分析，得到的数据对比 AZ31B 镁铝合金材料元素组成表如表 7-1 所示。

表 7-1　涂装腐蚀表面元素分析对比表

元素含量 /%（质量分数）	AZ31B	点 1（A）	点 1（B）	点 2（C）	点 2（D）
Al	3.19	/	/	/	/
Zn	0.81	/	· /	/	/
Mn	0.334	/	/	/	/
Si	0.02	9.87	4.91	2.49	8.02
Fe	0.005	/	/	/	/
Cu	0.05	/	/	/	/
Ca	0.04	/	/	/	/
Be	0.1	/	/	/	/
Mg	95.451	3.55	28.19	10.95	25.78
C	/	26.54	/	34.08	/
O	/	26.87	43.82	28.17	45.43
Na	/	15.77	2.77		5.90
Cl	/	17.49	12.71	24.32	1.98
P	/		7.60	/	/

　　将图 7-4 和表 7-1 对应分析可以看出，所有测试点都测试到了新的元素成分如 Na、Cl，甚至还有 P，同时全部出现了 Mg 和 Al 元素，说明测试部位的盐雾已经腐蚀到基材（AZ31B 镁铝合金）。但每个测试点的元素成分并不具有统一规律，说明盐雾测试对于涂膜和基材的腐蚀程度不一。其中测试点 A、C 处含有 C 元素，表明该处有有机涂膜的残留，表面的涂膜并未完全消失。属于距离涂膜剥离处较近的位置，也是腐蚀程度相对较低的部位，其中 Mg 和 O 的含量较低，也就是该处对于基材 Mg 的腐蚀程度较少。而测试点 B、D 处则不含 C，而 O 含量大幅提升，这是因为盐雾腐蚀过程中，镁铝合金出现被氧化的程度较高。其中测试点 B 出现了 P 元素，是因为在底涂的涂料当中使用了磷酸酯类助剂用于提升涂膜与镁铝合金的附着力，因而出现了 P 元素，这也证明了该助剂的确能够与基材发生化学反应提升涂膜与基材的附着力。

　　另外从表 7-1 的数据中，可以看到 NaCl 在腐蚀物表面并没有得到特别的呈现，其含量没有明显规律，甚至出现 C 点处没能检测出 Na。因而这验证了盐雾腐蚀试验实际上是通过 NaCl 来加速对涂膜的穿透以及替代涂膜与基材之间的相互作用，并非 NaCl 当中的钠离子或氯离子能够直接腐蚀基材。当涂膜被穿透，涂膜与基材之间相互作用被替代之后，基材能够接触到空气，能够很快地被空气当中的氧气氧化进而出现腐蚀。而且一旦腐蚀开始涂膜全然褪去之后，后续的腐蚀速度将大大提高。

以上仅仅是以盐雾腐蚀的分析为例，实际上酸、碱、湿热等腐蚀原理很大程度上也破坏了涂膜与基材之间的相互作用，使得基材能够直接接触空气造成腐蚀。只是酸、碱腐蚀还会出现一些酸碱与金属反应的腐蚀。

2. 耐腐蚀相关问题

1）耐酸测试失败

酸性环境在我们日常生活当中也是较为常见的，特殊酸性使用环境外，生活当中的食用醋、酸雨以及二氧化碳水溶液等都是酸性物质。涂膜作为材料的表面保护层，尤其是户外防护，耐酸是常规要求。

（1）问题描述

在涂装完毕后，对涂膜在工件上进行耐酸浸泡测试（酸的种类及浓度根据不同的实际要求调整），在设定耐性的温度和时间内，涂膜出现了起泡、褪色、脱落以及基材遭受腐蚀的问题，都判定为耐酸测试失败。

（2）原因分析

耐酸测试，最主要是测试涂膜能否经受氢离子（也就是 H^+，经典化学当中最小的离子）的侵蚀。氢离子具有极微小的粒径，甚至能够与 O、N 等原子结合，除非涂膜的表面足够致密或者排斥氢离子，否则其完全可以轻易地透过涂膜进入涂膜内部，替换掉涂膜与基材之间的相互作用，造成基材的破坏。

在涂料未成膜之前，如果成膜物质带有一定的酸性，那么涂膜耐酸性会相对薄弱。涂膜当中如果含有能够与酸进行反应的物质必然会使得涂膜的耐酸性减弱，例如铝粉漆、锌粉漆，或者涂膜当中含有重钙/轻钙（$CaCO_3$）等。

（3）解决方案

当涂膜的耐酸测试失败时，调整和解决方案通常是在成膜物质的结构和性能上做出调整，最常规的方式是选择具有更多交联反应基团的物质作为成膜物质，使得涂膜的内部交联密度更高，提高涂膜的耐酸性；第二，如果必须要使用铝粉、锌粉等能够与酸性物质反应的金属颜料，可以选择对铝粉表面进行包膜处理，使得涂膜更具耐酸性。

如果对成膜物质耐酸程度的调整依旧不能满足设计的耐酸性能要求，则需要在涂料的配方设计上做出全新的方案思路。例如在酸性条件下，选择涂膜结构极为稳定的物质作为成膜物质，加入硅烷偶联剂或者选择无机硅酸盐、有机硅类成膜物质，都将极大地提升涂膜的耐酸性。

2）耐碱测试失败

碱在人们的生活和生产中也几乎是无处不在，厨房当中有时会用的苛性碱、纯碱、氧化钙（生石灰）、氢氧化钙（熟石灰）、胺类物质、水泥等都是常见的碱性物质。因而涂膜要应用到生活和生产领域当中，就必须具有足够的耐碱性能，才能真正实现涂膜对于材料的防护。

（1）问题描述

在涂料进行涂装之后，基于应用环境提出的耐碱性能检测（一定浓度的氢氧化钠、饱和石灰水等浸泡），当不能达到测试需要的耐性时间，出现了涂膜起泡、褪色（图 7-5）、脱离以及基材被腐蚀的现象，都评价为耐碱测试失败。

图 7-5　耐碱测试失败实例图

（2）原因分析

耐碱性能测试，核心测试就是涂膜在含有一定浓度的氢氧根（OH^-）的溶液中，能否在设定的温度内，防护基材不受侵蚀。虽然 OH^- 远比 H^+ 的粒径大，但是由于 OH^- 能够与 O—H、N—H 中的 H 结合，对于丙烯酸、环氧树脂、聚氨酯、醇酸等常规品类的涂料涂膜，具有较强的渗透能力。

而涂料体系当中成膜树脂很多时候需要在碱性条件下才能稳定存在，尤其是在水性涂料当中，绝大多数的品类都需要将涂料的 pH 调到 8.0～9.0，才能确保产品的稳定性。通常这类产品最终成膜之后的耐碱性能定然会因为涂膜自身具有与碱反应的特征而有所下降。同时，含有具有碱反应活性的颜料或填料也会造成涂膜耐碱性的下降。

（3）解决方案

对于涂膜耐碱性能的提高，绝大多数的办法与提高涂膜耐酸性一样，就是通过增加涂膜的交联密度，避免能与碱性物质反应的材料的使用，这在一定程度上提高了涂膜的耐碱性能。

另外在成膜物质体系上选择具有较强耐碱性的结构，例如氟碳树脂、有机硅树脂作为成膜物质。

3）耐盐雾测试失败

耐盐雾性能是一种我们用来衡量涂膜户外耐环境腐蚀的重要指标之一，尤其是海边、海洋以及受海洋气候影响的相关地区的金属防腐。

（1）问题描述

涂料对工件材料进行涂装之后，通过足够的养护干燥，按照国标将样板放置于盐雾试验机当中，进行盐雾测试。盐雾测试通常评价的指标是，规定的盐雾时间内，涂膜不出现起泡［图 7-6（b）］，划叉／划线处腐蚀宽度在固定

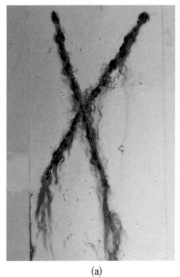
(a)

(b)

图 7-6　盐雾测试锈蚀
与起泡实例图

宽度范围之内［图7-6（a）］，涂膜表面是否出现锈蚀或起泡等，出现了以上相关状况都属于盐雾测试失败。

（2）原因分析

盐雾是含有5%氯化钠的盐水，通过压缩空气雾化成为带有盐分的雾气，持续地喷洒在涂膜表面，由于氯化钠自身带有侵蚀功能，而氯化钠的水溶液经过雾化之后，就很容易侵入涂膜内部造成对涂膜的侵蚀，尤其是对钢铁基材造成锈蚀。

涂膜不能防止盐雾的侵蚀原因有三种：一是涂膜表面不够致密，使得盐雾能够渗透到涂膜内部，进而造成基材的腐蚀，如图7-7中红色双向箭头所示；二是涂膜内部没有缓蚀和防锈颜料的存在，不能阻止盐雾进入涂膜内部后对涂膜的腐蚀，如图7-7黄色方框内所示；三是涂膜与基材的附着力不够，使得盐雾容易通过涂膜表层之后，能够迅速地替换涂膜与基材的相互作用，如图7-7红色圆圈所示，进而使得涂膜起泡，盐雾直接侵蚀基材。

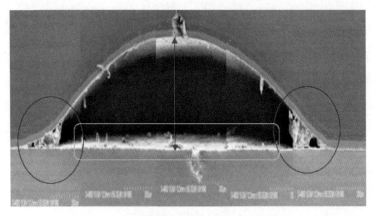

图7-7　涂膜腐蚀测试后截面的SEM图

（3）解决方案

要提升涂膜的盐雾性能也是通过三个方面进行配方的调整，进而解决涂膜的耐盐雾性能测试失败的问题。

① 提高涂膜表面的致密程度和憎水程度，例如选择羟值更好的丙烯酸或聚氨酯树脂与固化剂反应，提升涂膜的交联密度。另外在涂料配方当中加入一些提高涂膜憎水和耐水性的助剂，使得盐雾不容易在涂膜表面凝结，降低

侵入涂膜的可能。

② 加入一些能提高涂膜与基材附着力的助剂，例如硅烷偶联剂等物质，一方面提高涂膜与基材的附着力，另一方面还能够提升一定的涂膜的交联密度，使得涂膜与基材之间的作用力不易替换，涂膜不容易起泡，降低盐雾对于基材的腐蚀速度。

③ 在涂料配方当中针对性地加入一些防腐蚀的颜料和降低腐蚀速度的助剂来提升涂膜内部物质的防腐性能，综合提高涂膜的耐盐雾性能。

4）耐溶剂擦拭试验失败

涂料对材料进行防护，就必须要考虑到材料使用过程中需要清洁，而很多时候清洁需要使用到溶剂，这就对涂膜的耐溶剂擦拭性提出了明确的要求。如需要通过酒精擦拭来清洁，就会要求涂膜具有耐酒精擦拭的性能。

（1）问题描述

在涂膜完全干燥和养护完毕之后，对涂膜按照要求进行耐溶剂擦拭的性能测试，如要求用 50 N 的力，耐酒精／丁酮擦拭 100 次。如果出现擦拭次数不到 100 次便透底，那么被认为是耐溶剂擦拭测试不过关。如图 7-8 当中红色方框所示，涂膜被擦拭露底，即评价为涂膜耐溶剂擦拭测试失败。

图 7-8 所示左侧方框与右侧方框当中测试的结果完全相反，左侧方框区域判定耐溶剂擦拭失败，而右侧方框区域测试判定耐溶剂擦拭合格。实际当中，两种结果综合评价，依旧是涂膜的耐溶剂擦拭测试失败，因为测试标准是针

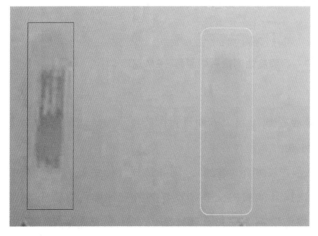

图 7-8　涂膜耐溶剂擦拭试验结果图

对整块涂膜的要求，而不是局部涂膜的要求。这种局部不能达成耐溶剂擦拭性能的要求，其原因可以查阅 5.2 节涂膜固化部分。

（2）原因分析

耐溶剂擦拭是检验涂膜受到溶剂浸润之后，变得结构松软、性能降低的情况下，受力摩擦后，遭到破坏的抵抗能力。涂膜形成的结构不够致密，未能形成显著的交联网状结构，使得涂膜抵御溶剂侵蚀的能力较弱，受到溶剂浸润之后出现涂膜软化，各项性能降低时，在受力棉布擦拭后很容易透底。

另外涂膜表面状态不佳，例如不够光滑时，一方面溶剂与涂膜整体接触面积更大，溶剂容易被吸入涂膜当中，进而使得溶剂容易渗透；另一方面涂膜表面摩擦系数较大，固定压力摩擦，使得涂膜承受的摩擦力更大，容易导致涂膜损坏，进而在耐溶剂擦拭测试时出现透底。

（3）解决方案

当涂膜的耐溶剂擦拭测试失败时，如果涂膜的耐性距离要求差得并不多时，选择提高涂膜成膜的表面光滑程度，可能就能够使得涂膜的耐溶剂擦拭性能达到所需的要求。

但是如果涂膜的耐溶剂擦拭距离要求差得比较多的时候，主要需要考虑的就是将涂膜自身结构设计成交联结构，提升交联密度，来提高涂膜对于溶剂的耐性，最终提高涂膜的耐溶剂擦拭性能。

5）泛碱（发花）

在建筑涂料当中，最初的基材是水泥，而水泥呈现的是强碱性材料，很多时候在对水泥基材进行涂装时，都要进行泛碱和抗碱性的测试。

（1）问题描述

色漆在上墙之后，经过干燥，涂膜颜色没有明显的区别，但是随着时间推移，涂膜局部出现颜色变浅或发白，如图 7-9 所示，使得整个墙面的颜色出现局部不一致，随后便出现泛碱部位涂膜的脱落，对此人们称为涂膜泛碱。

（2）原因分析

水泥施工时间不久时，表面具有极强的碱性，如果在水泥干燥之后，不经过一段时间的养护，水泥就会吸收空气中的水分和二氧化碳，逐步降低自身碱性。而直接在水泥基材上进行色漆的涂装，尤其是选择的颜料在强碱性条

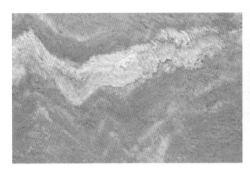

图 7-9 涂膜泛碱实例图

件下不稳定时，就可能会出现因为水泥中碱的渗出，涂膜颜色发生变化。具体的原因有以下几点。

① 水泥未能经过足够的时间养护，就进行了色漆的涂装。

② 水泥表面没有进行抗碱封闭底的处理，使得水泥当中的碱性物质会随着墙体的呼吸渗透出来。

③ 涂装使用的颜色不仅仅是白色涂料，而是有其他耐碱性并不突出的颜料，更容易出现泛碱和颜色的发花现象。

（3）解决方案

解决泛碱发花的问题，常规的步骤如下所示。

① 墙体进行水泥施工之后，合理安排养护时间，将水泥当中的碱经过长时间与空气当中二氧化碳的反应，碱性反应逐步降低，避免强碱性物质过多后引发后续的问题。

② 在对水泥表面进行有色涂料的涂装施工时，首先进行抗碱封闭底的涂装施工之后，再进行其他装饰和防护性涂料的施工。

③ 在涂料配方的设计当中选择稳定较好的颜料进行调色，避免因为前道工序未能完全解决碱性物质的渗出而出现局部的花点。

7.2.2 耐环境老化性能

涂膜涂覆于材料表面作为材料直接与环境接触的防护层，而环境当中的光、温度变化以及氧气等都将对涂膜造成破坏，我们俗称为老化。其中对于涂膜破坏最为显著的因素有：紫外线破坏、湿热降解以及氧气（空气）氧化。而涂膜对于环境当中的老化因素的敏感性与涂膜成膜物质（主体树脂）的物理分布和化学结构相关，本小节着重分析树脂对外界环境当中紫外线（Ultraviolet, UV）、湿热以及氧气三种因素造成的老化原理。

1. 聚合物的老化

聚合物在使用过程中都会被环境当中的相应物质侵蚀，进而逐渐出现老化。为了跟后面丙烯酸类树脂区分开，在此我们以聚氯乙烯（PVC）老化为例进行聚合物常规老化原理的介绍。由于 PVC 当中几乎没有亲水基团，因而湿热对于这类材料几乎没有影响。PVC 在环境当中的老化主要是 UV 老化和氧化老化，现实当中的老化反应甚至前后几乎同时发生，其老化反应过程如图 7-10 所示。

如图 7-10 所示，PVC 在高能 UV 光的作用下，分子链上的 Cl 原子和 α 位的 H 原子脱离分子链，变成具有极高反应活性的自由基，使得分子链上变成了带有自由基的活性大分子，这样的两个带有自由基的活性大分子可以相互交联，当 PVC 分子之间形成交联结构（分子量翻倍），分子链之间的蠕动作用降低，涂膜脆化，在受到外力或内部应力作用下容易出现裂纹甚至开裂。当活性大分子遇到氧气的时候，便会发生右边的氧化反应，分子链出现断裂的降解反应，后续还会出现其他的自由基之间的相互反应，形成不可控的分子，最终涂膜的局部性能之间的差异极大，使得涂膜总体的机械性能下降。

2. 基团的降解反应

在涂料当中最为常用的树脂为丙烯酸酯类单体为主的分子链的树脂，其中包括热塑性丙烯酸树脂、羟基丙烯酸树脂、聚氨酯改性丙烯酸树脂。其次聚酯用于烤漆当中也会常用于面涂，因而需要考虑涂膜的环境耐久性。由于丙烯酸酯类单体形成的分子链和聚酯分子链当中，都存在醚基团、酯基团，因而我们针对醚基团和酯基团的老化分析如下所示。

其中醚基团在氧气环境和紫外线双重作用下可以发生如图 7-11 所示的老化反应。

如图 7-11 所示，醚基团当中的 α—H 具有较高的活性，在氧气的作用下，容易形成过氧羟基，而过氧羟基在 UV 光的作用下，很快分解成 ·OH 自由基

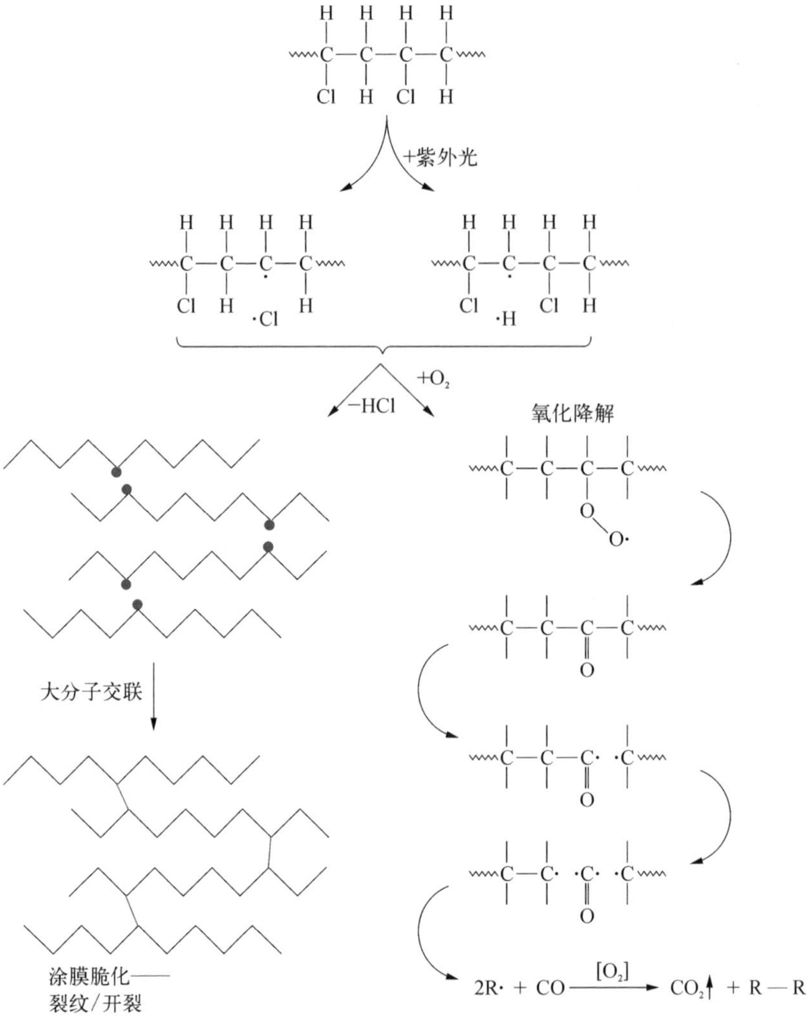

图 7-10 PVC 材料 UV 老化和氧化老化反应原理

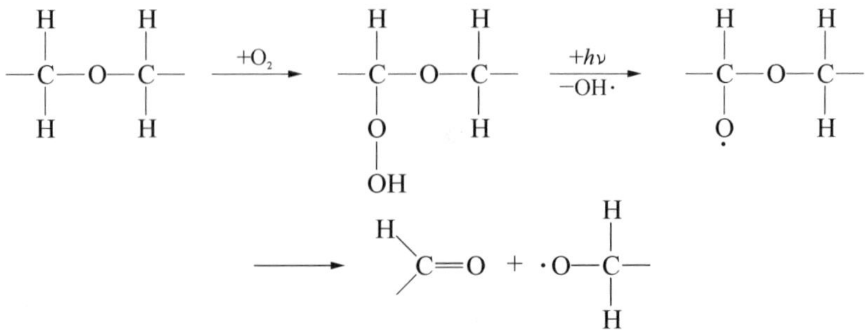

图 7-11 醚基团老化反应过程

和分子链上的 R—O·，而 R—O· 不稳定会自异构，形成羰基（R—C＝O）和 R'·。醚键的老化反应是直接使得分子链从醚键部位断裂的降解反应。

　　无论是分子链的醚键降解还是分子链的酯键降解，最终都会使得漆膜失光，涂膜当中的粉料不能完全被包裹，涂膜的致密性以及其他耐性逐渐下降。

　　如图 7-12 所示，酯键在碱性条件下，在羰基部位碳原子上接入 OH⁻，再异构化使得分子链断裂形成羧酸和醇。由于酯键的形成便是羧酸和醇的酯化反应得到的，该水解反应恰好是酯分解成羧酸和醇的酯化逆反应过程。

$$R-\overset{\overset{\displaystyle O}{\|}}{C}-OR' \xrightarrow{+OH^{\ominus}} R-\overset{\overset{\displaystyle O^{\ominus}}{|}}{\underset{\underset{\displaystyle OH}{|}}{C}}-OR' \longrightarrow R-\overset{\overset{\displaystyle O}{\|}}{C}-O^{\ominus} + R'-OH$$

图 7-12　酯键水解反应

1）耐水浸泡测试失败

水是我们生活当中的必不可少的物质，因而涂膜作为材料表面的防护产品，必须具有一定的耐水性能。而水对于聚酯具有一定的降解作用，尤其是含有一定浓度的酸、碱的水溶液。而最为常见的耐水测试便是耐水浸泡测试。

（1）问题描述

在对工件进行涂装施工，涂膜经过干燥养护之后，进行耐水浸泡测试时，在规定的温度、时间内，出现了起泡，如图 7-13（a）所示，涂膜明显变色如

(a)
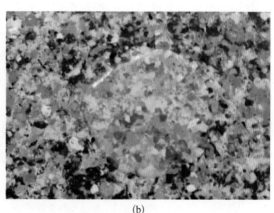
(b)

图 7-13　涂膜耐水测试失败实例图

图 7-13（b）所示，甚至出现铁板生锈等不良情况，都称为耐水浸泡测试失败。

（2）原因分析

水作为常规的溶剂，分子量极小，能够渗透到诸多材料内部，在涂膜进行耐水浸泡试验时，水分子首先会渗透到涂膜当中，然后穿透涂膜，到达基材与涂膜的界面，由于很多时候涂膜与基材之间的作用力是氢键作用，那么水渗透到涂膜与基材界面就会替代涂膜与基材之间的相互作用形成氢键，导致涂膜与基材脱离，水逐步渗透进来，形成涂膜的鼓泡，或者出现水对于基材的腐蚀和破坏。

而出现这类不良的原因是由涂膜与基材之间的相互作用，以及涂膜自身的性能所决定的。

① 涂膜自身的憎水性不够强，当涂膜设计成强憎水性时，水在涂膜表面不能浸润，自然不能渗透进去。如果涂膜的憎水性不强就可能导致涂膜的耐水性不足的问题。

② 涂膜的交联密度不够，或涂膜结构的亲水性太强。当涂膜结构亲水性强时，涂膜就容易被水浸润并渗透，而当涂膜的交联密度不够时，水渗透进入涂膜的能力就更强，最终体现为涂膜的耐水性不好。

③ 涂膜与基材之间的结合力局限于分子间作用力，如氢键。如果涂膜与基材之间的作用力仅限于分子间作用力的弱相互作用（氢键包含在内），当水渗透到涂膜内部，水与涂膜、水与基材之间也会形成分子间相互作用力，最终替代了涂膜与基材之间的相互作用力，使得涂膜从基材表面脱离，最终呈现出起泡等问题。如果涂膜与基材之间还存在其他作用力，如离子键、化学键这种强相互作用，水就很难替代涂膜与基材之间的相互作用，而不会出现起泡，以及由水造成对基材的腐蚀等现象。

（3）解决方案

要解决涂膜耐水浸泡测试失败的问题，需要从涂膜自身性能设计上做调整，也需要从涂膜与基材表面处理做调整。两个方面综合调整便能有效解决涂膜耐水浸泡失败的问题。

① 对于有较高耐水浸泡要求的涂装产品，在涂料配方设计上需要设计涂膜能够形成交联网状结构，并且适当提高交联密度；同时在配方当中加入具

有强憎水功能的材料，使得涂膜表面具有较强憎水功能，不易被水润湿和浸润，则水就难以渗透到涂膜内部。

② 对基材进行表面处理，让基材表面具有一些活性基团和结构，涂装之后，涂膜上相关基团能够与基材上的活性基团进行反应，进而使得基材与涂膜之间形成化学键或离子键等强相互作用，提高涂膜附着力和耐水性。

2）耐湿热测试失败

材料在实际生活当中，需要面对环境温度与湿度的考验，涂膜作为材料表面防护物质，就必须能够适应环境的温度与湿度，并且依旧能够保持涂膜的防护性能。而对此性能检测是在人工设计的高温高湿环境下进行的老化测试。

（1）问题描述

对于材料表面进行涂装干燥、养护完全的涂膜，在进行湿热老化测试时，未能在要求的老化时间内保持涂膜表面没有明显变化，而是出现了起泡、开裂（图7-14）、脱落等不良情况，称为涂膜耐湿热测试失败。

（2）原因分析

高温高湿环境对于涂膜的侵蚀主

图7-14　涂膜湿热测试粉化实例图

要还是在40℃的温度条件下，湿气对于涂膜的渗透，最终水分子进入涂膜当中，替换涂膜与材料之间的相互作用，使得涂膜出现起泡、脱落等现象。

另外涂膜能够与水发生一定化学反应时，涂膜的耐水性自然不佳，因而在高温高湿的环境当中容易出现涂膜开裂、脱落的现象。

（3）解决方案

涂膜的耐湿热测试失败，需要提升涂膜的憎水能力和耐水能力，一方面可以增加涂膜与材料之间的附着力，提升涂膜与材料之间分子间作用力的强度，使得水分子不易替换涂膜与材料之间的相互作用；另外增加涂膜内部结构的交联密度，使得涂膜耐水渗透能力大大提升，提升涂膜的耐水能力；还可以在涂料配方当中加入憎水剂，使得涂膜表面不易被水浸润，让水没有机会进入涂膜，造成对涂膜的破坏。

如果涂膜能够与水发生相关的化学反应，定然不能拥有足够的耐湿热性能，要解决漆涂膜耐湿热的性能，就需要让涂膜与水反应的能力消失或活性降低。

3）冷凝水测试失败

基于现实环境当中物质的传热导热系数的不同，尤其是大多数生活使用的固体物件的导热系数都比空气要高，而且空气具有流动性，能够保持相对的温度均一性，同时空气中含有微量的水分。因而当环境温度下降的时候，我们生活中接触到的固体物件的温度下降速度要比空气温度下降得更快，当物体温度比空气温度低时，热空气遇冷就会凝结水到物体表面。而这样的一个冷凝水的过程在生活当中几乎是无处不在的，这对于涂覆于物体表面的涂膜来说必须能够承担这样的环境变化带来的冲击和考验，因而有了涂膜在被涂覆物件上的冷凝水测试。

（1）问题描述

涂膜涂覆在样板上经过养护之后，进行冷凝水测试时，涂膜出现气泡，附着力下降，甚至出现了涂膜脱落（图7-15）和腐蚀现象，我们称之为冷凝水测试失败。

图7-15　涂膜冷凝水测试后附着力测试失败实例图

（2）原因分析

冷凝水测试一方面是考验涂膜与基材之间的附着力，另一方面还考验涂膜在温变的过程中存在不同收缩率时，是否依旧能够保持对于基材的附着和保护，还有冷凝水对于涂膜在温变状态下的耐水性也是一种考验。

① 测试后涂膜附着力不佳，出现掉漆的现象。假设冷凝水测试前附着力良好，但在冷凝水测试过程中，涂膜在遇冷收缩和受热膨胀的过程中，涂膜与基材的收缩率不同造成的应力使得涂膜与基材之间的作用力减弱，甚至在冷凝水的作用下，涂膜与基材之间的作用力被替代，使得附着力下降。

这其中更为深层的原因是涂膜自身的韧性较差，不能随着基材的收缩和膨胀自由变化自身的形态，而减少涂膜与基材之间的应力，另外涂膜与基材之间的相互作用不够强也是其中的重要因素。

② 如果涂膜的自身耐水性不够，在涂膜与基材之间出现内部应力的时候，冷凝水就很容易渗透到涂膜内部，进而取代涂膜与基材之间的相互作用，出现涂膜起泡和脱落的情况。

这其中更为深层次的原因是涂膜表面的疏水性以及涂膜自身内部结构的疏水性和致密程度将会在很大程度上决定涂膜的耐水性。如果涂膜的耐水性做得较高，那么即便涂膜与基材之间出现内部应力，只要相互作用减弱程度在可接受范围，依旧能够通过冷凝水测试。

（3）解决方案

当涂膜出现冷凝水测试失败时，除了在施工和干燥工艺当中出现了涂料的过度交联导致涂膜脆性提高，使得冷凝水测试失败以外。其他的原因都需要从涂料的配方设计上进行调整，例如提高涂膜与基材之间的作用力，增强涂膜的韧性尤其是低温韧性，或者增强涂膜的表面疏水和内部致密性，都能够有效地解决涂膜的冷凝水测试失败的问题。

4）耐高低温测试失败

我们生活的环境当中存在昼夜温差，甚至在太阳直射时，温度极高，而夜晚时，温度又变得很低。所以材料要能够满足实际应用所需，就必须能够经受高低温的冲击，而涂料用于防护材料，也必须能够随着材料的使用环境的变化经受高低温的冲击。因而涂膜测试当中较为常见，也是必须能够通过的项目之一，便是耐高低温冲击测试。

（1）问题描述

涂料对材料进行涂装之后，经过完全干燥和养护之后，将做好了涂装的

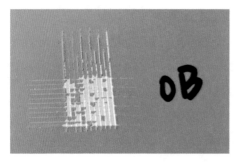

图 7-16 涂膜高低温测试后附着力 0B 级实例图

材料按照要求置于高温和低温环境当中，经受规定高温与低温环境的冲击，在指定要求的循环次数后，涂膜出现了开裂、表面失光、脱落、附着力下降（图 7-16）等问题，都属于耐高低温测试失败。

（2）原因分析

热胀冷缩是几乎所有材料都存在的自然现象，但是材料结构与性能的不同呈现出来的热胀冷缩的收缩率是不同的。例如金属热胀冷缩的收缩率较有机高分子的材料更大。当遭受高低温冲击的时候，涂膜与材料相互之间的收缩率的差异，一定会带来涂膜与材料之间的相互作用，造成涂膜与材料脱离，涂膜开裂、涂膜表面连续性降低出现失光等现象。

出现涂膜耐高低温冲击失败，最主要的原因是涂膜在高低温环境当中的韧性存在不足，尤其是在低温环境下，涂膜的韧性较常温韧性更差，很容易导致涂膜在低温收缩时，材料上收缩比例更大，挤压涂膜造成涂膜的开裂、失光、脱落等问题。

（3）解决方案

涂膜耐高低温冲击测试失败，只能在涂料的配方设计上做出调整，改善涂膜的低温韧性，例如在涂料配方当中，加入韧性结构的树脂，小分子的树脂等，来改善涂膜的韧性。

选择具有更好韧性的树脂材料作为成膜基料，颜料和填料的吸油量要低，少加颜料尤其是少加甚至不加填料，进而提高涂膜的韧性。

3. 涂料树脂的老化

涂料当中常用于面涂的树脂，以丙烯酸酯、甲基丙烯酸酯为主要单体的聚合物树脂作为主体成膜物质。我们就以聚丙烯酸酯树脂和聚甲基丙烯酸树脂分子链的老化为例，进行树脂老化的陈述。

1）UV 老化

（1）树脂 UV 老化原理

如图 7-17 所示，聚丙烯酸酯分子链的支链（酯键部位）在 UV 的作用下，

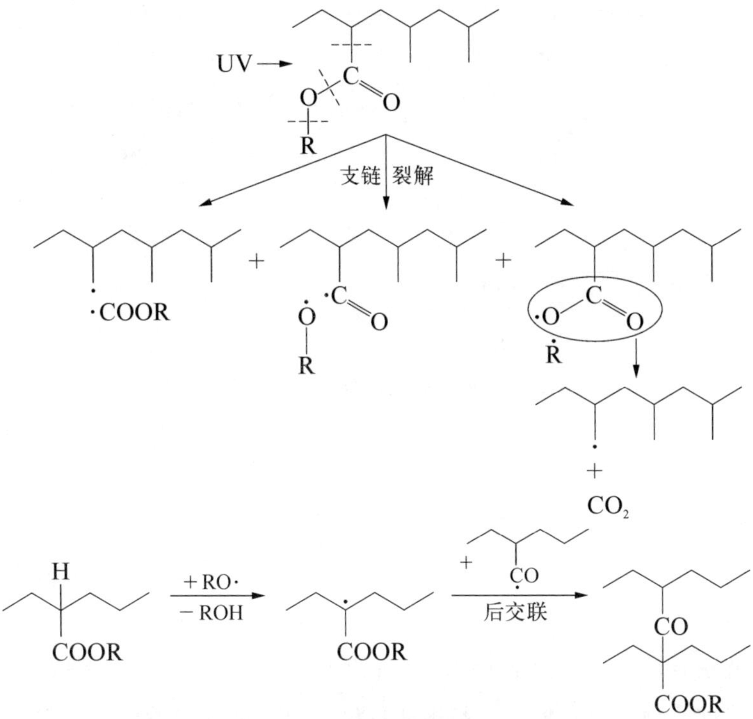

图 7-17　UV 对聚丙烯酸酯树脂老化的影响

会出现图示的三种裂解情况，而且实际当中这三种断裂情况可能同时发生，甚至可能在同一分子链上发生，或者在同一分子链不同位置多次发生。随后形成的自由基之间可以发生多种组合的反应。其中一种可能便是，发生图示的后交联反应，使得分子链相互之间交联，最终形成更大分子链，使得树脂在常规环境当中的蠕动和转动能力下降，进而发脆，容易在内部应力和外力的作用下出现裂纹和开裂。

　　而聚甲基丙烯酸酯中与酯键相连的碳原子上带有甲基，使得酯键在 UV 作用下的裂解主要是整个酯键的脱离，如图 7-18 所示，最终使得分子链在该碳原子处断裂，形成双键以及甲基丙烯酸酯自由基。该反应一方面出现了双键，另一方面分子链出现了断裂和降解，双键会使得漆膜的颜色变深（发黄），分子链断裂使得分子量降低，树脂的各项耐性下降，而产生的自由基又会继续老化其他部位，使得整个涂膜的老化加剧，最终自由基之间的相互反应形成完全不可控的结构，使得涂膜的性能瓦解。

图 7-18 UV 对聚甲基丙烯酸酯树脂老化的影响

（2）涂膜 UV 老化测试

我们生活当中有很多的材料需要在户外使用，而户外是必然遭受风吹日晒的，涂膜作为材料保护层附着于材料最表层，必将经受户外环境的考验。其中自然环境当中光老化能力最强的便是紫外线，因而涂膜耐自然光线的老化加速测试就是通过人工 UV 老化测试来进行衡量。人工 UV 老化测试无论 UVa、UVb、氙灯的测试时间多久，都不能直接对应实际涂膜的使用年限，但是能够对比出涂膜相对的耐紫外老化性能。

a. 问题描述

对涂装干燥好的涂膜，按照性能要求进行 UV 老化性能测试，如果涂膜在规定的 UV 暴露时间内出现了黄变、变色或者失光超过规定范围，如图 7-19所示，便评价为涂膜的耐人工 UV 老化测试失败。

b. 原因分析

涂膜的耐紫外老化测试失败的原因，基本上都归结于涂膜自身结构在紫外

图 7-19 涂膜 UV 老化试验褪色实例图

线的持续辐射下出现老化的速度比要求的耐紫外老化的速度更快。涂膜当中任何一个成分耐紫外老化的性能不够，都会引起涂膜紫外老化测试失败，其中具体分析如下。

① 基体成膜树脂问题，常见的涂料的基体成膜物质的耐紫外老化性能大致分为几个档次：醇酸 / 环氧＜丙烯酸 / 聚酯＜聚氨酯＜氟碳 / 有机硅＜无机成膜物质。当然以上的基体成膜物质之间还可以通过共混、共聚来实现成膜基体树脂的耐候性的调整。因而基体成膜树脂体系的选择是涂膜能否达到实际要求的紫外老化测试的基准。

② 颜填料问题，涂膜当中另外一大成分便是颜填料，颜料当中尤其是有机颜料耐紫外老化的时间都是有限的，更是在同质颜色当中不同颜料之间的耐紫外老化时间有极大差异。因而在颜填料的选择当中，要注意颜填料尤其是有机颜料给涂膜整体的耐紫外老化的性能带来极大的影响，选择了并不耐紫外老化或者耐紫外老化性能不足的颜料和填料，都会造成涂膜耐紫外老化性能测试失败。

③ 助剂问题，除了基体成膜树脂和颜填料以外，涂膜当中对耐紫外老化性能有显著影响的还有相关的助剂，尤其是紫外吸收剂会极大影响涂膜耐紫外老化的性能。如果实际要求涂膜有较高的耐紫外老化性能，紫外吸收剂的选择或者加量不足都会造成涂膜的耐紫外老化性能达不到实际要求。

c. 解决方案

要解决涂膜耐紫外老化性能测试失败的问题，就需要在进行涂料配方设计的时候，根据客户和实际使用所需的年限来合理有效地选择成膜的基料树脂、颜填料，然后根据基体树脂以及颜填料的耐紫外老化的性能确保达成测试所需，酌情选择合适紫外吸收剂，并按需添加适量的紫外吸收剂以提高涂膜整体的耐紫外老化性能，确保涂膜的耐紫外老化的性能能够满足客户的实际需求。

2）热降解

（1）热降解原理

前面讲到的树脂的老化主要是讲 UV 和氧化降解，实际上树脂降解的原因还有受热降解，尤其是当树脂遇到高温（180℃以上）时，热降解将会是较

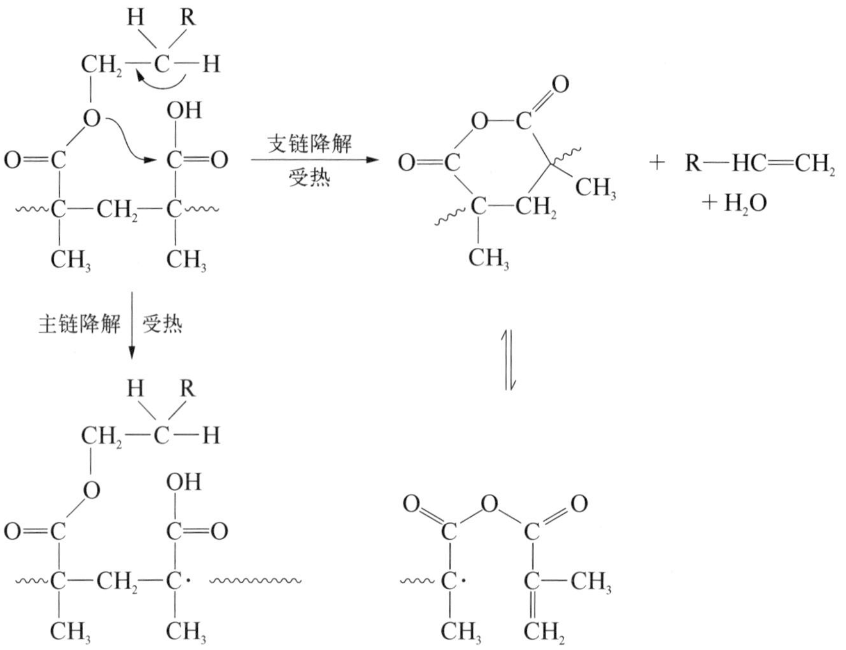

图 7-20　聚甲基丙烯酸酯的热降解过程

为剧烈的一种反应，此处以聚丙烯酸酯类树脂的热降解为例进行分析，如图 7-20 所示。

　　如图 7-20 所示，聚甲基丙烯酸甲酯聚合物在受热时，一方面是主分子链出现碳原子处的断裂，形成自由基，而自由基将可能与任何自由基反应，同时还会继续催化分子链的其他部位的老化。另一方面，聚甲基丙烯酸酯的支链出现异构化裂解，出现析出烯烃和酸酐的环状结构及其动态平衡的异构化合物。无论是主链结构的降解还是支链的降解，都将使得树脂分子链结构发生巨大的变化，使得树脂产生烯烃结构进而出现黄变以及脆化等现象。

　　（2）热降解相关问题

　　a. 受热褪色

　　Ⅰ　问题描述

　　涂料施工干燥之后，受热后出现的颜色较施工时的颜色，有褪去、变浅的现象，如图 7-21 所示，涂膜经受高温之后，涂膜状态便由图 7-21（a）变成图 7-21（b）所示的状态，涂膜出现了失光和黑色变浅的现象。较为常见的受

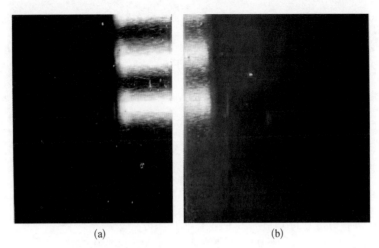

(a)　　　　　　　　　　　　(b)

图 7-21　涂膜受热褪色实例图

热变色现象还有大红色的涂料，经过受热之后变成橙红色，深红色 / 深蓝色，干燥之后颜色变成浅红色 / 浅蓝色。

Ⅱ　原因分析

涂料经过干燥之后颜色褪去，根本的原因有颜料结构在干燥的过程中发生了变化，使得原本的颜料的颜色发生了变化，最常见的变化就是颜色变浅。或者在复合颜料调节出颜色后，如果颜色颜料或铝颜料在干燥过程中上浮，也会冲淡其他颜料的颜色，造成干燥之后的颜色较施工时的颜色更浅。具体实践当中的原因有以下两种。

① 干燥过程中烘烤温度过高，而所选用的颜料的耐温性不足。

② 涂料在干燥的过程中浮白 / 浮银。

Ⅲ　解决方案

要解决涂料在干燥过程中因干燥工艺造成的颜色褪色，需要从涂料与涂装的设计共同努力。

① 在涂料的配方设计过程中，必须有效地解决白浆 / 铝粉干燥上浮的问题，主要是通过分散剂、润湿剂以及铝粉表面处理方式的改变来调节白浆 / 铝粉与涂料体系之间的相容性和悬浮性。

② 在涂料的配方设计当中必须选择与干燥条件和使用条件综合起来能够耐温、耐候的颜料。

b. 涂膜受热软化（发黏、黄变等）

现实生活生产当中，很多产品在使用的过程中会受热（例如大部分的电器材料，以及生活用火和汽车配件等相关材料），同时要求涂膜能够在受热的状态下依旧保持涂膜应该保持的各项性能，如保持适当的硬度（不发黏）、保持附着力以及颜色不变等，同时能够在持续的受热过程中保持涂膜对基材的防护作用。如汽车发动机罩壳漆，汽车排气管防护漆，冶金设备用漆，不粘锅用漆以及灶台、电饭锅/压力锅、工业锅炉、变压器等电器设备用漆等。

Ⅰ 问题描述

经过涂装的工件，在使用过程中由于使用环境的温度较高，或有持续发热的物体加热工件时，工件温度持续升高直到加热与散热平衡，而此时工件表面的温度较常规环境温度会高出，甚至超出涂膜的耐热温度，当工件表面的温度超过涂膜的耐热温度时，常见的问题就有涂膜发软、黄变甚至发黑、发出刺激性气味等不良现象。例如汽车排气管，在汽车长途行驶的过程中，排气管的温度可能上升到400℃，甚至更高。而如果选用的涂料在耐温等级上达不到实际使用过程中的温度时，涂膜就会发生变软（易粘连脏污物质）、黄变（甚至逐渐变黑、脆化）等问题。

Ⅱ 原因分析

涂膜的耐温性能与涂膜的组成结构有极大的关系。而涂膜当中主要承载性能的是成膜树脂。而涂料当中树脂在耐温性的处理和设计上主要分为两类方案。

一是树脂的玻璃化温度的设计，也就是当使用环境温度超过树脂的玻璃化温度时，涂膜便出现发软的现象。这种主要针对热塑性的涂膜，设计的涂膜内部不存在化学交联等结构，最为常见的涂料类型便是单组分丙烯酸涂料。该类涂料中树脂的玻璃化温度即为涂料使用过程中受热不发软的温度，但是涂膜受热发软并不一定会带来涂料的发黄和变色，但涂膜发软之后会在很大程度上影响涂膜的防护和装饰性能。

二是涂膜内部通过化学反应，形成了交联网状结构的热固性的涂膜，该类涂膜在受热时，树脂结构当中的链段也会变得更加容易蠕动，也就是涂膜的硬度会降低，但是只要涂膜承受的温度未能达到涂膜分子结构化学键断裂所需能量时，涂膜就不会发黏，能保持比较好的防护和装饰性能。涂膜所承受的温度达到甚至超过一定限制，涂膜当中树脂分子之间的化学键开始断裂，有机的树脂开始碳化时，涂膜便呈现出发黄，甚至发黑、发脆等问题。

因而直接造成涂膜在使用过程中出现受热发黏、发黄以及其他问题有以下几种可能的原因。

① 涂装配漆过程中固化剂未加入、未能足量加入或超过限定量的加入，最终导致形成的涂膜并没能达到涂料设计的涂膜结构，使得涂膜的耐热性能出现了变化，最终导致了工件在使用过程中出现耐热性的问题。

② 涂装选择用漆时，并没有周全考虑涂装对象的使用环境，选择了不能达到使用耐温等级的涂料，使得涂装之后形成的涂膜在使用过程中出现耐热性的问题。例如，汽车排气管就必须选择耐温在 600℃以上的有机硅甚至是无机涂膜才能满足实际需求。

Ⅲ　解决方案

对于涂膜使用过程中出现受热发黏、发黄甚至变黑、发脆等问题的解决方案，就必须得根据导致相应问题发生的原因进行对应方案的调整。

① 涂膜的耐热问题如果是因为涂装过程中的操作问题，如固化剂的加入量导致的问题，需要严格要求固化剂的加量和标准，在涂装阶段就能解决。

② 如果涂膜的耐热问题是因为涂料选择或者涂料生产厂家在配方设计上的问题，则需要选择合适的涂料厂家的相应耐热等级的涂料，才能有效地解决问题。

③ 每一种使用环境，通常来讲对于涂料都会有相应的性能要求，而通常来讲性能要求的提出需要一定的经验和摸索才能最终建立成套的涂料相应性能的检测指标。为此要彻底地解决涂膜受热出现的各种问题，就要求对工件性能进行最终确认的客户能够明确地提出受热检测的相应指标、参数和检测方法。这通常需要对涂装工件进行最终性能确认的客户能够有效地与涂料生产厂家的专业人士进行沟通，确定满足涂料使用环境的性能指标和检测手段，以确保涂料选择的准确性和安全性之后，再将相应的涂料厂家推荐给使用涂料的涂装企业来进行涂装。

上述介绍的仅仅是以我们生活和工作能够接触到的相关的应用问题，在涂料与涂装的社会当中，还有非常多的应用领域会提出完全不同的性能要求。随着世界经济的发展，新的领域和新的材料不断革新，也将在涂料与涂装领域带来新的产品和工艺，也会对涂料与涂装提出新的性能与装饰要求。

7.3　本章小结

涂膜的耐久性是备受关注的性能，涂膜的老化不可避免，也是对涂膜性能评价的重要指标。无论何种设计方案，都需要根据涂膜所需的防护时间进行适当的设计。其实最佳的设计是，当到了涂膜使用期限，涂膜能够迅速地老化回到自然当中。如果设计的涂膜在极长的时间内都不能老化，那这种涂膜带来的危害可能也会随着使用范围的增大造成其他的负面影响。

因而涂装的产品都具有一定的寿命，在使用过程当中，必须清醒地认识到，并不是涂膜不老化或老化慢就更好。而是应该等涂膜的使用寿命到了之后，对涂膜进行适当的修缮和翻新，使涂膜进入全新的使用周期。

第八章　涂装成品

8.1　运输引起的问题

在涂料与涂装领域当中，最终将产品交给客户，客户确认产品是合格产品，才是涂装成功地完成任务的标志。因而既要有效地控制涂料选择、涂装施工、涂料干燥等过程，也要确保工件和材料经过运输，到达客户端依旧能够保证产品的合格率。实际上，运输过程也会造成涂装之后的诸多弊病，也会造成涂装的失败。

运输前，通常要求涂装物件能够按照运输的常用规格进行包装，然后才能对涂装成品进行装载、运输、卸载。而对于进行了涂装处理的材料，包装、装载、运输、卸载等过程都可能造成对涂膜的破坏，影响最终产品的成品率。

包装过程，本是出于对工件和涂膜的保护而设定的工序，也在很多实践当中起到了运输过程中的防护作用，而这一工序要求涂膜不会出现包装物与涂膜接触造成的涂膜破坏，并要求涂膜能够避免包装过程中造成的涂膜接触破坏等。

装载、运输和卸载的过程中，会出现包装物之间的碰撞、涂装产品之间的碰撞、相关工具与涂装产品之间接触等现象。而这些接触与碰撞以及受力都可能造成涂膜的破坏。

运输过程中，实际上涂膜还将直接面对运输环境的侵蚀，尤其是运输过程中的极端条件。如海运涉及的盐雾和湿热都会造成运输过程中涂膜遭受破坏的问题。

8.1.1 涂膜掉落

1. 问题描述

在涂装完毕之后，将工件包装、运输到客户端，开包对工件进行检视的时候，发现涂膜存在局部甚至大面积掉漆的情况，如图8-1所示，螺丝运输导致局部磕碰掉漆。这种现象很显然不能称为是成功的涂装或运输。

2. 原因分析

运输之后，开包发现涂膜有掉落的情况，唯一能够解释的就是在运输的过程中对涂膜表面的外力，使得涂膜从基材表面局部甚至大面积地脱落。涂膜从基材表面脱落的原因一方面

图 8-1　涂膜运输磕碰掉漆实例图

是涂膜的问题，另外就是运输过程中外力的问题。具体表现有以下几种。

（1）涂膜自身与基材的附着力或韧性不足以承担运输过程中带来的外力的破坏。例如涂膜可能与基材之间的附着力存在阶段性附着的假象，而涂装干燥之后具备良好附着力，但是在运输的过程中涂膜已经与基材的附着力出现了明显的下降，很容易造成运输过程中大面积掉漆的现象。而当涂膜过脆时，在遭受运输过程中带来的外力的作用，使得工件之间产生磕碰或其他意外，可能直接导致涂膜的爆裂，进而出现局部掉漆。

（2）运输过程中涂膜表面的防护做得并不到位，使得涂装完毕的工件没有得到有效的防护，使得工件在运输的过程中容易出现磕碰，甚至遭受更为严重的冲击，使得涂膜在运输拆包时出现了掉漆等问题。

（3）运输过程中，工件遭受了意外，使得涂膜表面受到了超过涂膜自身性能要求的外力作用，进而出现了掉漆的问题。

3. 解决方案

通常工件运输到客户端，发现涂膜掉漆的现象，已经出现了极大的浪费。要解决这个问题首先需要进行问题的查找，确定是涂膜自身的附着力下降、

脆性太大，还是对工件的保护没有做到位。

（1）如果涂膜的附着力下降导致掉漆，涂装企业必须对该事件负责，必须重新查找涂料是否符合实际性能需求。如果出现了涂膜假附着的现象，应及时调整涂料体系，避免后续发生该问题。

（2）如果是因为涂膜太脆，但是涂膜的相关性能能够满足客户对涂装提出的各种性能要求。那么需要在运输过程中对涂膜做好防护，除了运输过程中需要控制磕碰以外，在涂料选择的过程中也需要考虑运输的实际可行性，适当地将涂膜的韧性做到可以在运输过程中不出问题的程度。

（3）如果是对工件的包装防护以及运输过程中出了问题，那么针对相应程序出的问题进行整改和完善，便能够解决涂膜掉落的问题。

8.1.2　涂膜划伤

1. 问题描述

涂装、干燥完成之后，经过包装、吊装和运输到客户终端，开包、吊装、安装后，发现工件表面涂膜有划痕、刮伤、摩擦痕等不良，如图 8-2 所示。

2. 原因分析

涂装干燥之后，通常是要对工件进行包装，再进行装车运输的，涂膜能够

图 8-2　机械吊装划伤
实例图

接触到的物体通常只有包装物、工件表面，在与这两者接触的过程中遭受的外力作用可能对涂膜表面造成划伤。

如果对工件的包装不是单个分别包装，而是许多放在一起包装，工件表面的涂膜硬度和耐磨性相当，在运输过程中由于外力作用必然导致工件之间相互摩擦、碰撞，造成划伤等问题。

而即便是对每个工件都进行了单独的包装，但是由于市面上常规的包装物都是塑料制品，包装制品的绝对硬度实际上并不一定比涂膜的硬度更低，只是包装物通常具备有效的形变能力，进而使得涂膜能够得到保护。但是包装塑料自身的硬度如果比涂膜的硬度高时，那么在运输过程中依旧容易造成涂膜表面与包装袋之间的摩擦，造成涂膜表面出现划痕、划伤的问题。

3. 解决方案

要解决运输之后发现涂膜表面有划伤的问题，最为通用的办法就是在涂料配方的设计上，提升涂膜的硬度和耐划伤性能。

（1）对于需要进行长途甚至再一次人工安装操作的工件，通常来讲硬度要设计到铅笔硬度 ≥ H，同时涂膜的表面需要做一些爽滑、耐划伤的处理，这样才可以基本上避免涂膜与包装物之间的摩擦造成的涂膜表面的划痕。如果是高光产品，通常在涂膜的硬度设计上需要做到更好更高，包装物的选择则需要更加柔软确保涂膜不会被包装物摩擦造成刮伤、摩擦印等不良现象。

（2）尽量避免工件一起包装、堆放的处理和运输方式，因为工件表面涂膜的硬度和耐划伤性能是相当的，在外力作用足够大时，涂膜是一定会被划伤的。如果这种包装和运输是难以避免的，那么涂膜的硬度需要做到 ≥ 3H，同时涂膜表面的爽滑和耐划伤一定要做专门的处理，保证涂膜在工件相互摩擦和碰撞时，不会出现自身的划伤。

8.1.3　涂膜与包装物难分离

1. 问题描述

工件运输到客户端时，发现包装物被吸附到涂膜表面而强行将包装物从工件表面拉开，又会造成涂膜表面状态的细微变化。尤其是高光涂膜，将包装物强行拉开，通常会出现涂膜表面有包装物贴印痕。

2. 原因分析

涂装过程中对于涂膜的干燥工艺，除了高温烤漆之外，很大一部分的工艺是不会使得涂膜完全实干之后再进行包装的。而是在表干之后、实干之前可能进行包装，甚至运输。因为工业效率是维持行业生存的根本驱动力。而包装一定会造成涂膜与包装物之间的紧密接触，甚至是包装物紧贴于涂膜表面。

如果在包装物与涂膜之间形成了紧贴式的吸附，而涂膜未能完全实干，少量的溶剂持续地挥发出来，而挥发出来的溶剂就会软化涂膜，甚至软化包装物，这就很有可能造成涂膜与包装物之间的部分融合，致使包装物被强行拉开，造成涂膜表面的贴印痕。

包装物自身容易与其他光滑表面形成静电吸附的作用，涂膜如果还存在干燥反应的过程，可能造成涂膜内部反应以及包装材料基团的局部反应，使涂膜与包装材料之间紧密结合，强行拉开就直接造成涂膜表面的破坏。

3. 解决方案

要解决涂膜与包装物之间难分离的问题，就需要确保干燥过程的控制，同时要对包装物与涂膜表面作用时可能导致的风险进行适用性测试。

（1）尽量确保在涂装施工和干燥过程之后，涂膜溶剂完全挥发（至少挥发到一定的比例范围）以及基团反应程度能够在95%以上，再进行包装、装车和运输。

（2）在进行工件打样时，需要针对包装运输做一个性能的检测和确认，以确保包装物的合理选择，包装时间与生产干燥时间的有效匹配。以避免大量生产、包装和运输后，出现涂膜与包装物之间难分离的状况。

8.1.4 锈透出涂膜

1. 问题描述

对于钢铁基材进行涂装、干燥、包装过程中都未出现锈蚀问题，而在运输后，在开包时，发现工件的锈已经透出涂膜，如图8-3所示。完全没有达到

图8-3 运输过程中淋雨积水导致锈透出涂膜实例图

涂膜对工件基材的防护和装饰功能。

2. 原因分析

包装前工件未发现锈蚀的问题，而运输之后开包，锈蚀物已经透出涂膜，必然是锈蚀在开包前就已经出现了，只是经过了包装和运输的过程，锈在一定的环境当中快速地生长，穿透了涂膜，暴露了涂膜对于基材防护功能的缺陷。生锈和长锈的条件是钢铁表面能够接触到水和空气，因而包装前到运输开包这段时间的环境以及涂装之后存在的锈蚀风险都会造成这种现象。其中具体原因有以下几种。

（1）工件涂装前的锈蚀未能有效地处理干净，使得在涂装之后，涂膜当中局部一直包含锈蚀的种子，只是锈蚀未从涂膜当中穿透出来。

（2）工件涂装前的前处理做得很好，但是在涂装的过程中由于使用了水性漆，而水性漆没做好或者没有做专门的防闪锈处理，使得涂膜涂装到干燥的过程中就已经出现了锈蚀，只是未能从涂膜当中穿透出来。

（3）涂膜自身耐盐雾的性能不好，在包装后运输的过程中都未能具备防护工件不生锈的能力，实际上这种情况并不多见。

（4）工件运输的环境较为恶劣，包装上更是促成了涂膜的锈蚀，如工件需要经过海路运输，必然遭受海风和海上盐雾的侵蚀，如果工件已经锈蚀，再加上这样的运输环境，很容易造成锈蚀物的生长，使得锈蚀物透出涂膜。另外包装材料如果将水蒸气以及盐雾蒸气包裹在工件表面，更容易造成工件在运输过程中的锈蚀。

3. 解决方案

要有效地解决涂膜在运输后出现锈蚀物透出涂膜的问题，需要从工件前处理、涂装过程控制，包装过程以及运输环境多方面、系统地着手。其中具体的重要环节有以下几个。

（1）涂装环节的严格控制，前处理确保工件表面的洁净程度，避免涂装施工问题造成工件闪锈，施工之后尽量确保涂膜的完全干燥，尤其是水性涂料进行的防护涂装，包装过程中尽量选择较为干燥良好的环境进行包装。

（2）涂料的选择上，必须要根据实际的运输环境和使用环境做全面的考虑，选择具有较强耐盐雾性能的涂料产品，以避免涂料自身性能的问题造成涂膜运输之后生锈的问题。

（3）在运输环节尽量控制涂膜不遭受常规环境以外的意外状况，造成对涂膜防护能力的挑战，形成最终工件锈蚀的问题。

8.1.5　涂膜起皱

1. 问题描述

工件经过涂装、包装、运输到客户端，开包检查工件时发现涂膜表面局部甚至大面积出现有皱纹。

2. 原因分析

涂膜出现起皱的问题，根本原因就是涂膜表面干燥之后，涂膜内部残留大量的溶剂，而溶剂需要挥发出来，不能从涂膜表面排除就只能在工件与涂膜之间寻找气体通道，从而出现涂膜褶皱的问题。而运输之后出现该问题除了由涂膜干燥过程造成的以外（前文已经进行了陈述），还有一个可能的原因是，包装之后的运输过程中，涂膜遭受了包装物造成的水蒸气以及其他溶剂凝结之后，对涂膜产生了浸泡，使涂膜出现了溶胀情况，然后再经历干燥的过程，最终呈现出涂膜皱纹。

3. 解决方案

运输开包时有皱纹的现象，如果是涂膜未能完全干燥导致的高沸点溶剂后期的挥发，需要通过如前所述的涂料配方设计和涂装干燥工艺的双向调整来解决。

如果是运输过程中包装物中凝结的溶剂造成了涂膜的溶胀，涂膜干燥之后出现起皱，就需要对工件包装材料、包装过程进行控制，确保包装不会带入大量溶剂，另外工件运输的过程中确保不会出现有意外的水及其他溶剂接触到涂膜，造成涂膜的起泡溶胀，干燥之后形成起皱的问题。

8.1.6　涂膜起泡

1. 问题描述

工件在涂装、干燥直到包装前涂膜表面都是正常良好的状态，但是在运输之后，开包时，涂膜表面有起泡或者起痱子的问题。

2. 原因分析

涂膜起泡在涂膜的涂装、干燥过程中是经常被提及的问题之一，但是包装前涂膜没有出现起泡和痱子的问题，包装运输之后出现起泡和痱子的问题。无论是什么阶段涂膜起泡，一定是涂膜当中的气体物质挥发造成的。因而涂膜包装、运输过程中产生起泡和痱子的原因有如下几个方面。

（1）涂膜未能完全干燥，就进行了包装，使得包装前并没有挥发出来的溶剂，在包装之后运输的途中逐渐挥发出来，而这个过程中涂膜早已经表干，进而使得涂膜表面出现了起泡和起痱子的问题。

（2）工件在包装之后、运输的过程中，涂膜遭遇到了水分或者溶剂的渗入，而水分或溶剂再从涂膜当中挥发出来，进而出现了起泡或起痱子的现象。

3. 解决方案

如果涂膜未能实干，而且包装之后溶剂的挥发会造成涂膜的起泡或者起痱子，必须要通过涂料配方的选择或稀料的调整，使得涂料自身的溶剂挥发与涂装过程中的干燥工艺做重新的匹配调整，避免后续干燥造成的涂膜起泡和起痱子的状况。对于用异氰酸酯固化的聚氨酯涂料（尤其是水性体系），在使用过程中，尤其要注意涂膜在表干之后未出现问题，而实干过程中会出现起泡和出痱子的状况。

如果涂膜起泡是因为涂膜在包装和运输的过程中有溶剂渗入涂膜，则必须确保包装材料当中不存在增塑剂等小分子溶剂，同时避免其他溶剂碰到涂膜。

8.1.7　涂膜发雾

1. 问题描述

材料进行涂装防护后，使用一段时间之后，发现涂膜表面有一层白雾，甚至有一些发雾不能自动消失。例如木器涂料在木器表面浸泡到热水或者碰到盛有滚烫开水的金属锅底或汤羹时，当锅拿开或水干燥之后，涂膜表面会出现明显的锅底形状或热水浸泡位置的白雾印，如图8-4（a）所示。建筑涂料表面有罩光时，也经常会出现涂膜发雾的现象，如图8-4（b）所示。

(a)　　　　　　　　　　　　　　　　(b)

图8-4　涂膜发雾实例图

2. 原因分析

涂膜表面发雾的原因通常是涂膜原本均匀透明的物理化学结构，在使用的过程中被基材内部或外界的溶剂（水分）渗透，并留存在涂膜当中不能在从涂膜当中挥发出来，使得涂膜内部的折光指数不同而出现发雾的现象，如图8-4（a）所示。两者折光指数差别越大，发雾越明显。其中具体导致这种溶剂进入涂膜造成折光指数差异的常见原因有以下几种。

（1）木器涂料当中，封底底漆不能将木器的根管完全封闭住，让具有一定含水率（10%左右较多）的木材在外界环境的影响之下出现水分的挥发。而挥发出来的水分就会从木材渗透到涂膜当中，鉴于涂膜面漆具有很好的耐水性，水蒸气不能透过，使得水蒸气只能留在涂膜当中，不能与涂膜均匀混合或相容，也不能再回到木材基体当中，造成了涂膜当中出现两种折光指数不同的结构，从而引起发雾。

（2）涂膜表面遇到溶剂，而涂膜对于溶剂没有绝对的耐性，在一定的条件下（溶剂浓度足够高）溶剂渗透进涂膜后，自行聚集在一起，造成涂膜内部形成两种折光指数的物质，形成目视的发雾现象。

3. 解决方案

涂膜使用环境基本上是由其所涂装的物件的使用环境决定的，几乎所有的在使用过程中出现的发雾现象都是涂膜不能满足某一使用环境造成的。因而要避免涂膜在使用过程中出现发雾的不良现象，就要从以下几个方面着手。

首先，就要针对所涂装的工件选择优秀的涂料，并制定合理的施工和干燥工艺，最终将涂膜的各项耐性做到完全能够满足工件的使用要求，避免出现使用过程中一些可能出现的意外现象，造成涂膜的发雾，如餐桌上的热水、热汤、油以及高温的盘子、果等的侵蚀。

其次，对于涂装的基材也要进行严格控制，例如木器材料就必须控制在一定的木材含水率，含水率太高很容易造成工件在涂装之后出现木材本身水分的挥发，形成发雾。

8.1.8　颜色不均

1. 问题描述

工件涂装施工和干燥直到包装，颜色都是合格均一的，但是在经过包装、运输之后，在开包检查时涂膜出现了颜色不均和差异的现象。

2. 原因分析

抛开意外状况不做讨论，品检时颜色合格，但是经过包装和运输之后颜色就出现了差异和变化。也就是在对工件包装之后，运输过程中涂膜当中的颜料或染料出现了迁移，使得涂膜的颜色发生了变化。

在运输过程中发生的色迁移，通常是因为色精具有迁移性，在运输的过程中，从涂膜当中迁移到包装材料上或者由底漆迁移到面漆，使得涂膜的颜色发生了变化，同时色精在每一个工件的表面迁移的速度并不能保证完全均匀，会出现涂膜颜色的不均和差异。

另外如果是局部变色，则有可能是涂膜当中颜色的耐候性较差，而在运输的过程中经历了户外暴露导致局部颜色的褪色。

3. 解决方案

要解决涂膜在包装之后的运输途中发生的色迁移问题，通常来讲只能在进行颜色调节的过程中选用颜料色浆来调节颜色，相对于用色精调节颜色更具备稳定性。色浆基本上不太会在涂膜成膜之后出现颜料迁移的情况，尤其是无机的颜料，基本上不太可能发生迁移。

8.2　实际应用呈现问题

涂装设计就是为了满足材料实际应用需求而进行的材料表面处理的系统设计。涂装设计的实现过程中，更是需要通过种种的实验测试设计方案的优劣。每一个涂装方案都力求完美，以至于多数对于涂膜设计要求的性能指标远超实际应用所需。但因为现实设计过程中存在的不确定性以及实际应用过程中存在的不确定性，最终人们生活当中见到的涂装成品，会出现各种各样的问题，这些问题可能是因为涂装方案设计不够完善，也可能是因为成品实际使用超出设计年限，还有很多意外因素造成的涂装成品的问题。总之，生活当中涂装成品出现的问题，随处可见，本书也对涂装成品在实际应用当中呈现的常见问题进行阐述和分析。

8.2.1　遇水留痕

涂膜的耐水性检测一部分是耐水浸泡，但是还有一部分是耐水流实验，例如墙体用的外墙涂料就需要专门进行耐水流冲刷实验。

1. 问题描述

对于涂层应用于垂直于地面的物体表面（如墙面）时，涂膜遭受水流冲刷测试时，在一定的时间和水量范围内，出现了涂膜表面有流水痕的现象，人们称之为遇水留痕，如图 8-5 所示。

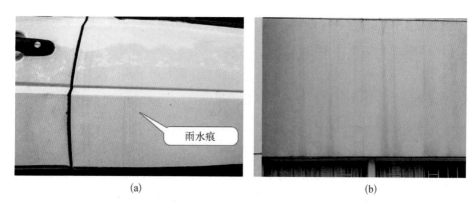

(a)   (b)

图 8-5　使用过程中涂膜出现雨水痕

如图 8-5 所示，无论是图 8-5（a）当中的汽车涂膜有水痕，还是图 8-5（b）当中建筑墙面的雨水痕。这实际上都不能评价为涂膜的耐性出现了问题。因为常规来说，涂膜的耐性都有一定的极限值。尤其是某一项性能很难保持十几年不出现变化。

2. 原因分析

涂膜出现遇水留痕的现象，根本原因是涂膜的耐水性能不够强，内在原因有以下几点。

（1）涂膜自身耐水性不强，随着水流的不断侵蚀，最终将涂膜部分甚至全部涂料冲刷掉，留下水流痕迹。而涂膜耐水性不佳，可能是因为涂膜未能完全干燥，或涂膜自身成膜物质耐水性存在显著缺陷。

（2）涂膜当中的颜填料或者助剂等会随着水流的侵蚀不断渗出涂膜，使得涂膜在水流处颜色变浅，呈现出流水痕。而颜填料的渗出，一方面是颜填料的遇水迁移的情况，另一方面是涂膜当中颜填料的上浮，使得涂膜表层颜色较深，遇水冲刷容易出现涂膜颜色变浅。

3. 解决方案

涂膜出现遇水留痕，根本原因是涂膜的耐水性不佳，或者初期耐水性不佳。因而要解决遇水留痕的问题，解决问题的根本办法是通过涂料配方的合理设计，提升涂料的耐水性和初期耐水性，使得在进行检测的过程中涂膜表面能够不被水浸润和渗透。例如选择初期耐水性好的乳胶体系为主体，在涂料分散剂、润湿剂、增稠剂等选择上用耐水性更好的产品。

　　另外在涂料颜填料体系的选择上，选择与体系相容性更好的颜填料，尽量避免产品的浮色发花等问题，进而确保颜填料能够均匀地呈现在涂膜当中，不会出现流水痕的现象。

8.2.2　涂膜开裂

　　1. 问题描述

　　材料在进行涂装、干燥和养护之后，涂膜的性能都是获得认可的，但是在实际应用过程中，经过环境的侵蚀和破坏，涂膜表面逐渐发生了开裂和龟裂等现象，更多的是因为到了涂膜使用年限后，使用者依旧没有对涂膜进行翻新和处理，如图 8-6 所示，图 8-6（a）和（b）为建筑墙面的外墙面使用了 15 年后，出现了明显开裂，尤其是图 8-6（b）所示的屋顶部位，涂膜已经严重开裂，甚至脱落。图 8-6（c）也为墙面表面使用了 10 年以上，涂膜出现了裂纹的同时还出现了粉色褪色的问题。而图 8-6（d）所示的为消防栓上面涂膜已经出现了明显的微裂纹，同时也出现了明显的失光。

　　2. 原因分析

　　通常来讲成膜的基料是有机成膜物质，在使用过程中受到阳光中各种光线的照射，尤其是紫外线的照射，在高低温冲击和雨水侵蚀的共同作用下，涂膜在使用的过程中出现了成膜基料的高分子链的断裂，直接体现是在涂膜表面出现龟裂，更为严重的便是开裂的现象。

　　而造成涂膜成膜基料大分子链的断裂最为主要的原因是，成膜基料树脂自身的耐环境综合老化性能达到了极限，而出现了分子链的断裂。

　　3. 解决方案

　　涂膜中选用的树脂自身具有的耐环境综合老化的性能实际上是有一定限制的，当涂料所选的是树脂的耐环境综合老化性能达到极限时，出现开裂是极为常见的现象之一。要解决这种涂膜老化开裂的问题，只能根据使用年限的实际要求，做出适应性的调整，永久性的耐环境综合老化的涂膜是不存在的。

　　因而如果希望涂膜能够在耐环境综合老化性能上有更长的防护时间，只

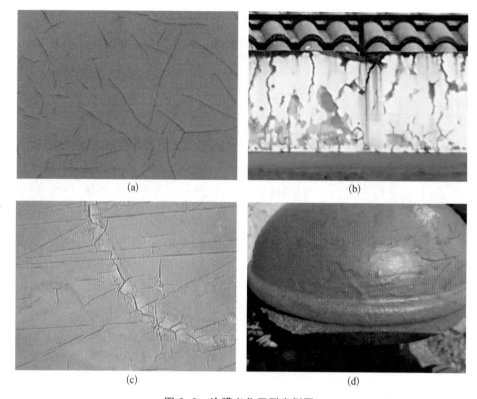

(a)

(b)

(c)

(d)

图 8-6　涂膜老化开裂实例图

能选择更具环境老化稳定性的树脂或通过相应的助剂来有效地解决。例如使用氟碳树脂或有机硅树脂作为成膜基料，用紫外吸收剂提高涂膜的长期耐候性等。

8.2.3　涂膜起皮、脱落

1. 问题描述

涂膜起皮也是涂料在对基材实际防护过程中，性能开始崩塌的主要现象之一，这种现象结合了涂膜开裂和附着力直线下降两种现象，此时涂膜实际上几乎没有防护材料的性能，起皮的涂膜几乎任由环境当中的物质侵入。这种现象较为常见的是建筑涂料墙面漆的脱落，如图 8-7（a）所示，另外在工业应用领域当中因为树脂的老化出现起皮和脱落的有醇酸、环氧酯等系列产品，

(a)

(b)

(c)

(d)

图 8-7　涂膜起皮脱落实例图

如图 8-7（c）所示，在使用过程中会出现涂膜起皮的现象。

图 8-7（b）所示的为镀锌管上涂膜的脱落，该涂膜使用年限并不长，但是由于涂膜对于镀锌管的附着力不佳，尤其是经历环境老化之后，出现开裂甚至剥落。图 8-7（d）是木器涂料表面出现了起皮剥落的现象，这并不是因为面涂的耐候性不佳所致，而是由于底涂的腻子在木材的热胀冷缩形变过程中出现了内应力而开裂，最终导致了面涂随之一并剥离脱落。

2. 原因分析

涂膜起皮也是因为涂膜当中的成膜基料树脂在实际应用过程中，遭受环境长时间的侵蚀，出现了涂膜附着力下降、韧性下降、涂膜脆化，进而出现起皮脱落的现象。

涂膜出现这种各项性能下降的原因是涂膜当中的成膜物质经受环境侵蚀已经到达了极限，出现了与基材之间的相互作用（黏结力／附着力）下降，自身成膜基体的分子链也发生了断裂的现象。例如醇酸漆，由于该涂料的成膜过程是油酸链段的氧化反应成膜的，在实际应用过程中随着环境当中各种老化因素的出现，醇酸树脂不断地经历氧化、过氧化，最终分子链因氧化而断裂，使得涂膜与基材的相互作用下降，出现起皮。

3. 解决方案

要解决涂膜在材料使用过程中出现的起皮问题，通常来讲只能通过选用耐候性更好的成膜物质来实现。不选用醇酸和环氧酯体系的涂料产品，而选用丙烯酸、聚氨酯类的涂料产品来替代醇酸或环氧酯作为成膜基体树脂。

但是这样依旧只能将涂料的耐候性提升一段时间，并不能永久地保持涂膜不出现其他的老化问题，例如丙烯酸和聚氨酯涂料在老化之后会出现开裂。

8.2.4 涂膜起泡

1. 问题描述

材料经过涂料防护之后，在使用的过程中出现了涂膜起泡的现象，如图8-8所示。

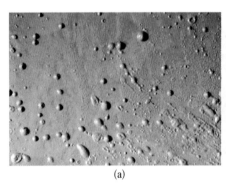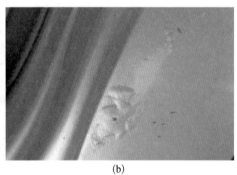

(a)   (b)

图 8-8　涂膜使用过程中气泡实例图

图8-8（a）为常规的机械表面距离地面较近的部位，而图8-8（b）为汽车的局部出现的起泡现象。

2. 原因分析

涂膜起泡的现象，实际上无论是在检测耐溶剂性能，还是在检测多种老化性能的过程中都会出现。也就是多种因素都会导致涂膜的起泡现象。本小节并不会对所有的起泡原因进行分析，只是笼统地分析涂膜的起泡原因。其中使用过程中出现气泡的主要原因有以下两种。

（1）涂膜使用环境当中存在水分，无论是雾气（盐雾、水蒸气、高温高湿），还是液态的水，在阳光的照射之下（恒温耐水）出现了涂膜被水分渗透，将涂膜与材料之间的相互作用替换，进而出现涂膜鼓泡的现象。

（2）涂膜在特殊的使用环境当中，会接触到溶剂、各种水溶液（酸性、碱性、盐水、水与其他溶剂的混合溶液等），使得涂膜被溶剂或水溶液渗透侵蚀，涂膜与材料之间的作用力被替代，造成涂膜起泡。

3. 解决方案

要解决涂膜在使用环境当中的起泡问题，可从两个方面着手。

（1）提升涂膜表面的成膜致密性和疏水疏油性，当涂膜表面致密时，水和溶剂无论是液态还是气态都更加难以侵蚀到涂膜内部。而当涂膜表面具有较强的疏水疏油性能时，涂膜自身能够排开溶剂侵蚀的作用，能够更好地保持涂膜不被侵蚀。

（2）增强涂膜与材料之间的相互作用，只有当涂膜与材料之间的相互作用更强，强于溶剂与基材以及溶剂与涂膜的相互作用时，涂膜与材料之间的相互作用就不容易被替代，进而不会出现溶剂侵入涂膜之后，直接导致涂膜起泡，形成与材料分离的状况。具体方式有，在金属表面涂装时，选择加入成膜过程中能够呈现出酸性的物质，增强涂膜与金属表面的结合；在塑料表面进行涂装时，选用与塑料材料表面基团具有渗透性和反应活性的涂料系统来提升涂膜与材料之间的相互作用。

8.2.5　涂膜褪色

1. 问题描述

材料在使用的过程中，原本涂膜的颜色逐渐变浅，如图 8-9（a）所示，如深黄变浅黄、深红变浅红／粉红，如图 8-9（b）所示。

图 8-9（a）为墙面颜色褪色的现象，原本墙面为浅绿色，拍摄图片时，

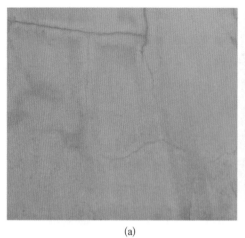 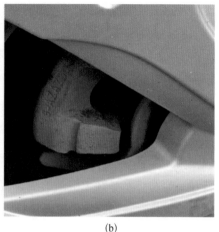

(a)　　　　　　　　　　　　　　　(b)

图 8-9　涂膜使用过程中的褪色

仅有墙面凹陷部位存留一点绿色。图 8-9（b）为汽车刹车盘卡钳，原本为170 号大红色，使用之后，受到紫外线的照射开始老化，已经出现了显著的褪色，暴露明显的部位出现了发白，而暴露不明显的部位依旧红艳。

2. 原因分析

涂膜的颜色是为了装饰材料而选择的一种装饰方式，而颜色是因涂膜当中含有的颜料或染料才呈现出来的。当涂膜出现了褪色，那么直接的原因就是涂膜当中的颜料或染料的颜色变浅，也就是颜料或染料的分子结构发生了变化，使得原来的颜色褪去。

无论是颜料还是染料，在环境当中长时间的暴露其结构或多或少的都会遭受破坏而发生变化。颜料和染料之所以有颜色就是因为分子结构能够吸收全波段可见光当中的一部分，而将不能吸收的波段的光谱反射出来或投射出去，形成人们所看到的颜色。因为光学效果产生了艳丽的颜色，因而这些吸收光谱的分子结构也较为容易被紫外线破坏。尤其是有机颜料和染料，都是通过分子结构当中存在的大 π 键对可见光谱的局部波段进行吸收，进而呈现出多种颜色的。

3. 解决方案

要解决涂膜颜色在使用过程中的变化问题，只能一方面增加颜料或染料的耐候稳定性，也就是选择耐候性更好的颜料或染料，其中通常来讲耐候性颜料具有更长时间的耐候性；另一方面，颜料的表面处理也能够很大程度地影响颜料的色泽稳定性，选用更加高明的颜料处理方法，也可以有效地提高涂膜的颜色稳定性。

另外涂膜自身的耐候性也将对颜料的稳定性产生一定的影响，例如选择耐候性更好的涂膜就能够具备更好的耐候性，包裹于其中的颜料的稳定性也将得到一定程度的提高。而涂膜当中如果含有一定量的紫外吸收剂等物质，也将大大提高颜料或染料的颜色稳定性。

8.2.6　出现锈蚀

钢铁作为社会应用当中最为广泛的金属材料，在绝大多数的应用场合都发挥着结构基础的作用，钢铁出现锈蚀就可能直接影响整体结构的性能稳定性。

1. 问题描述

钢铁材料在使用的过程中，表面的涂膜出现红锈，甚至出现大面积锈点将涂膜穿透的现象，如图 8-10（a）和（b）所示。实际上不仅仅只有钢铁件会生锈，图 8-10（c）所示的状况，一方面是钢铁生锈，另一方面镀层出现了粉化等老化现象。而图 8-10（d）所示为铜材使用过程中，出现了铜斑（出现铜绿以及合金材料的腐蚀状况）等腐蚀情况。

2. 原因分析

钢铁件生锈几乎是不可避免的，进行防腐涂装也是为了防锈，防止或减缓钢铁在一定时间里面出现锈蚀的问题。因为铁原子自身带有较强的还原性（铁元素处于较高化学能的状态），而空气当中的氧气具有较强的氧化性（氧元素也处于化学能较高的状态），两个处于自身化学能较高的状态、能够进行化学反应的物质，一旦接触就会发生化学反应，且属于放热反应，因为进行了反应之后变成了锈，铁元素和氧元素的化学能都降低了。

也就是说只要钢铁当中的铁原子能够与空气接触就一定会发生氧化还原反应，使得铁被氧化。水的参与能够加速这个氧化还原反应，最终呈现出来的就是钢铁生锈。

因而涂膜对于钢铁表面的防锈的原理，无非就是阻隔铁原子与空气的接

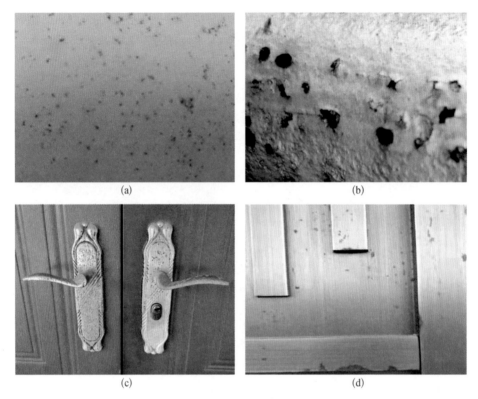

(a)

(b)

(c)

(d)

图 8-10　金属件使用过程出现锈蚀实例图

触，阻隔环境当中的水分与钢铁表面接触，通过其他物质的反应减缓铁原子与氧气分子之间的反应。当出现涂膜不再能够阻隔空气和水与钢铁基材表面的铁原子接触时，防腐涂膜的阻隔功能便消减了，如果涂膜当中阻止和减缓铁锈蚀的物质减少甚至消耗完了，整个涂膜就逐步地失去了防护功能，也就直接造成了钢铁的生锈。

实际上其他的金属，例如铝、镁、铜等金属都存在被环境腐蚀的问题，都需要用涂料对材料进行防腐防护。而且防护的方法与钢铁类似，仅仅是在涂膜的防腐缓蚀材料上有所不同。

3. 解决方案

要解决钢铁表面锈蚀的问题，实际上就需要让涂膜具有更长时间的防护能力，或者重新对钢铁表面进行涂装防护来解决。

任何一种防腐的方案在一定的使用环境当中都存在防护的极限时间，随着防护时间的推移，涂膜的阻隔和阻碍钢铁生锈的能力都会被消耗，最终几乎没有防锈的功能。设计涂装的防护方案通常需要根据材料被要求的使用年限来设计，如果希望长期具有防护功能，一方面是进行初始涂装时，选用具有更长防护时间的方案；另一方面是，在使用过程中不断地维护，重新做防腐涂膜以防止涂膜防护功能达到极限而出现钢铁的锈蚀，进而影响材料的结构性能。

8.2.7 表面发黏

1. 问题描述

工件表面的涂膜，在使用一段时间之后，出现表面发黏的现象，例如原来使用的弹性手感漆，使用一段时间之后弹性手感漆表面就呈现出黏性，容易粘黏灰尘以及其他物质。

2. 原因分析

涂膜发黏是涂膜老化的一种表现形式，如同涂膜经过老化之后出现开裂现象属于同一类型的老化，只是老化造成的分子链的变化不一致，进而表现出不同的宏观现象。

通常来讲，涂膜出现表面发黏的原因是涂膜经受老化之后，原来形成的交联结构中用于提升涂膜刚性的化学键发生了断裂，使得涂膜失去了刚性，完全变成了弹性的结构，呈现出来的就是发黏的状态。

3. 解决方案

涂膜老化之后发黏这个问题如同涂膜开裂一样，完全的解决方案是不存在的，人们只能根据实际应用需求的年限对材料结构进行设计，以便设计出来的涂膜能够在使用年限之内不会出现因老化发黏的状态。

8.2.8 涂膜脆化

1. 问题描述

材料表面的涂膜原来具有较好的韧性甚至是具有很好的手感和弹性，但是使用了一段时间之后，弹性、韧性以及手感都大幅下降，甚至出现变脆，容易出现受力断裂、开裂的问题。

2. 原因分析

涂膜出现脆化也是由于涂膜老化所致，涂膜初始的结构当中存在软链段，为涂膜提供了韧性和弹性，但是在使用的过程中，老化使涂膜内部的软链段之间发生了相互交联，使得本身柔软的链段变成了交联的刚性结构，涂膜弹性和韧性大幅下降，当涂膜当中这种软链段发生自交联的程度过高时，涂膜就会变得极为脆弱，遭受外力时会发生断裂和开裂。

3. 解决方案

涂膜脆化属于材料老化的一种现象，要解决这一问题，需要根据工件使用年限，对涂料的配方进行设计，让所使用的材料能够在设定的年限之内不出现明显的涂膜脆化的问题。

8.2.9 涂膜失光

1. 问题描述

对材料进行涂装防护和装饰时，选择具有一定光泽的涂装效果，但随着使用年限的不断增加会出现光泽变低的现象。尤其是高光产品，使用前后对比能够明显发觉涂膜的光泽差距，如图 8-11 所示，涂膜出现了明显的失光与变色。

图 8-11（a）当中，彩钢瓦最初都是亮光涂料，但是使用过程中经历环境的老化之后，出现锈蚀的同时光泽几乎完全消失，涂膜的颜色也出现了一定变化。图 8-11（b）所示的消防栓，最新涂膜是大红色的亮光涂膜，但是该图所示的涂膜已经几乎没有光泽，且颜色局部已经由大红褪色成为橘黄色。

2. 原因分析

涂膜表面呈现出的光泽是因为成膜树脂在涂膜表面排列紧密、平滑，形成镜面效果而呈现出对照射到其表面的光形成反射的效果。而使用过程中光泽度的下降就是因为涂膜表面的致密、平滑的镜面状态的逐渐消失。

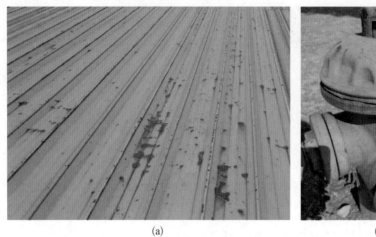

(a)   (b)

图 8-11　材料使用过程中涂膜失光

　　而涂膜除遭受外力（如风沙侵蚀等）破坏而造成镜面状态消失以外，长时间在环境当中使用后，会因为环境当中光照（紫外、可见光、红外）、湿热、高低温等综合作用而老化，涂膜表面的分子结构发生变化，如分子链断裂、分子之间形成了交联等，造成了涂膜出现致密性、表面平滑程度下降等现象，最终呈现出涂膜的光泽度下降。

　　3. 解决方案

　　涂膜使用过程中的自然失光，是材料老化所致，要保持涂膜在使用期限内的光泽度下降在一定的范围之内，只能通过材料的选择，并对涂料的配方进行适应性的调整，方可以实现涂膜在设定的使用年限当中，自然老化保持相对稳定的光泽。

　　如在涂膜的选择上使用聚氨酯结构的产品，能够在 5 年内保持涂膜的光泽失光率 < 10%。如果在涂料当中加入紫外吸收剂以及其他提高树脂老化稳定性的物质，可以进一步降低涂膜的失光率。

8.2.10　涂膜黄变

　　1. 问题描述

　　进行了涂装的材料在使用过程中，涂膜表面的颜色逐渐变黄。如白色汽

图 8-12 汽车涂膜使用过程中的涂膜黄变

车，经过一段时间的使用之后，便出现黄变的现象，如图 8-12 所示。

2. 原因分析

有机成膜物质（有机硅除外）形成的涂膜，主体都是以碳为核心元素的结构。在使用的过程中受到环境的侵蚀和老化，就会出现一种有机物大分子内部进行老化反应而走向碳化的过程，而这种过程最直接的表现就是涂膜黄变。

其中紫外线具有较强的能量，可以在不断地辐射的过程中使得涂膜中的成膜树脂分子链出现断裂，并重新形成新的结构，而分子当中最具反应性的是碳元素，因而会出现碳与碳之间的化学键逐步增多，进而出现了双键、三键、共轭双键等，使得涂膜由原来的无色发生黄变。

3. 解决方案

涂膜的黄变也是材料使用过程中逐渐老化的评价指标，要使涂膜不发生黄变或者确保涂膜在设计的使用寿命内发生黄变的程度控制在一定的范围之内。需要通过调整涂料配方设计来满足，其中选用的成膜基料树脂的耐环境老化性能必须与设计的使用寿命进行相对的匹配，同时在配方当中加入一定的助剂来提升涂膜的耐候性。

8.2.11　涂膜粉化

1. 问题描述

材料进行了涂装之后，使用一段时间，涂膜变成了粉尘状，我们称之为粉化，如图 8-13 所示。

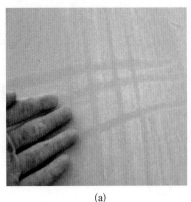 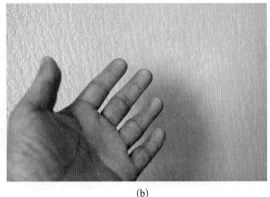

(a)　　　　　　　　　　　　　　　(b)

图 8-13　涂膜粉化实例图

图 8-13（a）和（b）为外墙墙面涂膜，经过十几年的使用之后，出现了粉化的现象。

2. 原因分析

万事万物都是自然的一部分，涂膜是材料的一种，虽然用于对材料的防护，但是随着使用年限的拉长，涂膜最终会被完全分解，会从有机的大分子聚合物分解成小分子回归到大自然当中。

涂膜的粉化通常是多方面的环境因素共同导致的，如紫外线使得涂膜的分子链断裂，高低温、湿热会使得涂膜热胀冷缩而出现开裂，环境当中的风沙和雨水等会带来外力的作用，加速涂膜的老化，进而使得完整的涂膜，最终变成了粉末状，甚至是更为细微的颗粒状。

另外涂膜当中含有的颜填料，本身就是以粉体颗粒的形式存在于涂膜当中的，当涂膜老化之后涂膜中的树脂不能完全包裹其中的颜料时，涂膜也会出现粉末析出的问题。

3. 解决方案

万事万物的发生与消失都是不可抗拒的，涂料成为涂膜后便会经历持续的老化，最终粉化。在涂料与涂装的设计当中，最为重要的是要根据材料的使用寿命，选择合适的涂料进行材料表面的防护。

即便是涂膜当中基料树脂不能包裹全部颜填料，使得部分颜填料析出，进而导致涂膜粉化，依旧是涂膜自身的老化引起性能下降所致。

8.2.12　涂膜掉色

1. 问题描述

涂膜在使用一定时间之后，表面的颜色会粘黏到接触涂膜表面的物体上，同时在洗涤或擦拭物件时也会出现掉色，涂膜的颜色开始变浅，人们称之为涂膜掉色。

2. 原因分析

涂料成膜在设计上尤为重要的一点就是，要求成膜基料树脂具有足够的黏附能力，能够将配方当中的颜填料全部黏合在一起形成完整的涂膜。当涂膜干燥之后，不可能出现颜填料被水洗掉，或被接触涂膜表面的物体带走的现象。

但是随着材料在使用过程中，涂膜逐渐老化，其中成膜基料树脂的老化会使得树脂对于颜填料的黏附能力下降，当树脂的黏附颜填料的能力已经不能将全部的颜填料黏附在一起时，就出现了带有颜色的颜料会被水以及其他物体带走的现象，出现掉色的问题。

3. 解决方案

涂膜出现掉色的问题是成膜物质老化所致，成膜物质在使用过程中出现老化不可避免，也需要根据涂料设计的使用寿命进行成膜基料耐候性的选择，并进行配方的其他调整，完善涂膜的耐候性。

出现掉色是因为树脂对于颜填料的黏附能力下降到不能黏附配方当中全部的颜填料所致。在配方设计当中适当调低涂料的颜基比能够在很大程度上避免涂膜过早出现掉色的问题。

8.2.13　涂膜脏污

1. 问题描述

材料表面进行涂装一方面是防护作用，另一方面就是装饰作用。在材料的应用过程中，经常会出现涂膜最初是较为耐脏污的，但是随着时间的推移涂膜的耐脏污性能逐步下降，甚至到最后清除涂膜当中的脏污物都变得极为困难，如图 8-14 所示。

2．原因分析

涂膜耐脏污与否与涂膜表面致密程度和光洁程度有极大的关系，涂膜最初形成时，涂膜表面的致密和光洁程度自然是最高的，因而耐脏污性能也是最佳的。但是随着实际应用过程

图 8-14　涂膜脏污实例图

的持续推进，涂膜表面出现了老化的现象，涂膜的致密性和光洁程度都会出现不同程度的下降，甚至涂膜表面出现细微的裂缝和微孔，而这些细微的裂缝和微孔，自然容易沉积污垢，使得涂膜变得越来越容易脏污。

3．解决方案

随着使用过程中涂膜的老化，涂膜的耐脏污性能一定会逐步下降，有效地解决这一问题的办法是，在涂膜设计使用年限之内，保持相对的耐脏污性能。其中提高涂膜初始的耐脏污性能，选择具有合适的耐老化性能的树脂，就能够为材料提供使用寿命内一定的耐脏污性能涂装方案。

其中提高涂膜初始耐脏污性能的方案有以下两种。

（1）增加涂膜交联密度，提高涂膜表面致密程度和硬度能够很好地提升涂膜的耐脏污性能。

（2）涂料配方当中加入一些耐脏污助剂（如特殊结构的有机硅和有机氟树脂），使得涂膜形成之后，涂膜表面具有较强的耐脏污性能。

8.2.14　涂膜发霉

1．问题描述

工件经过涂装干燥之后，涂膜并未出现任何不正常现象，在后期的使用过程中，随着使用环境的侵蚀以及一些未曾预料的情况的发生，涂膜表面已经出现了发霉长菌的现象，如图 8-15 所示，涂膜均为建筑内墙涂膜，在墙面渗

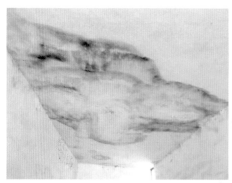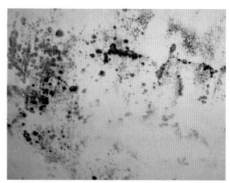

图 8-15　使用过程中涂膜发霉实例图

水之后一段时间内，便出现了图示的发霉的现象。

2. 原因分析

涂膜表面出现发霉长菌的现象，是因为涂膜在使用环境中给细菌和霉菌提供了生存和生长所需的水、空气、有机物养分等三大要素，如果涂膜表面环境具备这三大要素，同时涂膜又接触到了细菌或霉菌，就会使得涂膜出现发霉的现象。

生产应用中的涂膜主要以有机物成膜，尤其在建筑涂料中以水性乳胶为主，而涂膜中的树脂或乳胶能为部分的细菌或霉菌提供有机养分，加上使用环境中的水分和氧气，这为细菌和霉菌提供了基本的生存条件。当涂膜老化之后，其中的有机物被降解，因而更容易被细菌和霉菌利用，使得涂膜表面出现细菌和霉菌。

3. 解决方案

通常解决涂膜表面发霉长菌的问题的方法是，在设计配方时涂膜当中不含能够为细菌和霉菌提供有机营养物质的成分，即便是涂膜不能出现抗菌和杀菌的效果，但是也不至于让涂膜表面出现长菌和发霉的现象。如果涂膜当中不可避免有些物质能够为细菌和霉菌提供有机养分，那可以选择在涂料配方当中添加具有抗菌防霉的助剂，提高涂膜的抗菌防霉功能。

如果涂膜的发霉是其老化之后逐步形成的，那么要解决涂膜发霉的问题就需要提升涂膜的耐老化性能，同时要避免使用环境或使用过程中的意外情况加速涂膜的老化，如图 8-15 所示，内墙发霉的部位就是因为涂膜受潮，加速了涂膜的老化，同时为细菌和霉菌提供了更为适宜的生存条件。

8.2.15　涂膜长藻、藓

"苔痕上阶绿，草色入帘青"虽极具诗情画意，但是从涂料与涂装的角度来讲，涂膜的防藻、藓类的生长功能是极为重要的性能。因为无论是藻类还是藓类，一旦在涂膜表面附着和生长，将极大地加速涂膜的老化和分解，迅速地降低涂膜的防护和使用寿命。

1. 问题描述

涂膜在使用环境当中，经过一段时间之后，表面局部甚至大面积被藻类和藓类植物覆盖，甚至涂膜表面的藻类和藓类有大量发展的趋势，如图 8-16 所示。图 8-16（a）为建筑外墙表面，距离地面较近部位，出现了长藻的现象，出现了绿色斑点。图 8-16（b）则为建筑外墙的屋顶处，屋顶由于灰尘以及植物种子的聚集，表面出现长藓的现象。

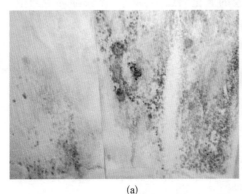 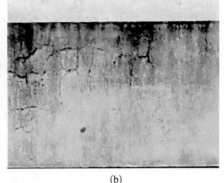

(a)　　　　　　　　　　　　　　(b)

图 8-16　涂膜长藻、藓实例图

2. 原因分析

涂膜表面出现了藻类和藓类，直接的原因是涂膜使用环境当中存在大量的藻类和藓类植物，涂膜几乎时刻都能接触到藻类和藓类植物。

另外藻类和藓类植物接触到涂膜之后，会选择对涂膜表面进行改造，使得涂膜表面逐步成为它们能够生存和发展的环境，进而逐步地蔓延，使得整个涂膜都能够生长出藻类和藓类植物。

同时涂膜自身不具有很强的排斥藻类或藓类植物接触和生存的性能，甚至容易被藻类和藓类植物侵蚀。

3. 解决方案

藻类和藓类植物是极为顽强的植物，只要能够附着于物质表面，就具备了将表面改造成适应其生长的环境。例如海底沉船最终都是会沦为藻类、藓类以及其他植物的生存场所。因而要避免涂膜表面长藻和藓的问题，可以从以下几个方面进行改善。

（1）增加涂膜表面的抗脏污性，使得涂膜表面不易为藻类和藓类植物附着，避开藻类和藓类植物的侵蚀。

（2）在涂料配方设计当中，在配方当中加入抗藻、藓植物的材料成分，使得藻类、藓类植物不会主动接触涂膜，最终降低涂膜表面被藻类和藓类植物侵蚀的可能。

（3）增加涂膜的耐环境老化性能，因为无论是涂膜的耐脏污性还是抗藻类、藓类植物的物质成分都会随着涂膜的老化而逐步释放，流失到环境当中，最终涂膜逐渐地失去抗藻类、藓类吸附和生存的性能。

8.3   本章小结

在工业化生产过程当中，材料经过涂装之后，需要迅速地进行包装和运输到客户端，这是当前世界的工业化生产节奏。这种高效促进了国民经济的增长，但实际上，"快"可能会带来一些本可以避免的问题。如包装和运输过程中的诸多问题，可能就是因为"快"。本章陈述的包装和运输过程中的问题，在实际生产当中时有发生，同时也还有本章没有介绍到的包装和运输问题。

另一方面，涂膜的性能检测可以作为参照指导生产和应用，但是实际生产当中，不可能对涂装成品进行全面的测试，尤其很多产品根本不可能在完成涂装之后进行相应的性能的测试。因而经过完美的设计和施工，最终涂膜在实际的应用过程中，依旧可能出现各种各样的问题。本章介绍的相关问题就存在于我们生活和工作周边，更多的问题等待大家一起去发现和总结。

第九章 其他表面处理方法介绍

涂装是一种重要的表面处理的工艺途径，尤其是涂料的涂装，本书在此前的几个章节对涂料涂装的设计以及过程和相关的问题，进行了全面的陈述。本章将对其他类型的表面处理工艺进行简单的介绍。每一种工艺都有其特点和实际应用价值，也正因为各种表面处理的工艺拥有自身的特点，才使得这些工艺能够在市场当中得到应用和推广。

9.1 阳极氧化

阳极氧化是指对于设计要做表面处理的物体充当电解池的阳极，通过电化学反应对阳极进行氧化反应，而在物体表面形成氧化膜，进而得到所需的装饰效果和相关性能。在材料表面处理当中，使用阳极氧化工艺的主要是铝及其合金材料，因为三氧化二铝（Al_2O_3）成膜极为致密，具有很好的绝缘性和耐酸腐蚀性以及耐磨性。如果再进行染色，还将赋予氧化层丰富艳丽的色彩，具有极佳的装饰性能。

阳极氧化的工艺流程如下。

单色、渐变色：抛光/喷砂/拉丝→除油→阳极氧化→中和→染色→封孔→烘干。

双色：① 抛光/喷砂/拉丝→除油→遮蔽→阳极氧化1→阳极氧化2→封孔→烘干。

② 抛光/喷砂/拉丝→除油→阳极氧化1→镭雕→阳极氧化2→封孔→烘干。

其中常规的工艺流程示意图如图9-1所示。

除油　腐蚀清洗　中和　阳极氧化　染色　封孔

图 9-1　阳极氧化工艺流程示意图

阳极氧化处理由于制备出的涂膜具有高装饰性和表面耐性，在诸多的铝合金材料当中获得广泛应用。如在五金、汽车零配件和 3C 等领域当中都获得了广泛的应用，其中阳极氧化的应用示例如图 9-2 所示。

图 9-2　阳极氧化应用示例图

阳极氧化能够形成的氧化层厚度有限，在复杂的环境当中的长期耐腐蚀能力以及保色能力不佳，因而在外饰，或需要耐候和耐腐蚀等领域的应用逐步被其他表面处理工艺所替代。

9.2　电泳涂装

电泳涂装是指电泳涂料在电压的作用下，带电荷的涂料离子移动到阴极 / 阳极，并与阴极 / 阳极表面所产生的碱性 / 酸性物质作用，形成不溶解物，沉积于工件表面，再经过脱水和干燥过程，形成电泳涂膜的过程。电泳涂膜具有丰满度高，涂膜均匀、光滑，硬度高，附着力强，抗冲击性和耐腐蚀性较强等特点，应用于汽车、军工、五金等诸多领域。电泳工艺流程为前处理→电泳→烘干。其中电泳工艺处理的产品应用示例如图 9-3 所示。

图 9-3　电泳应用示例图

环氧电泳涂装是最早广泛应用于各大行业领域当中的环保涂装产品，作为钢铁件的防腐底漆几乎占据了汽车、军工等钢铁工件的主流。高装饰性的丙烯酸电泳涂料，虽然能够实现多种艳丽丰富的颜色，但在选材上存在极大的局限，这使得在丙烯酸电泳涂料的应用受到限制。

9.3　微弧氧化（MAO）

微弧氧化（Micro-arc Oxidation, MAO）也称为等离子体电解氧化（Plasma Electrolytic Oxidation, PEO）等，是通过电解液与相应的电参数的组合，在铝、镁、钛等金属及其合金表面形成微电弧，从而在局部产生瞬间的高温高压环境，使得电解液与金属基材进行过程极为复杂的反应，最终在金属基材表面形成以金属氧化物为主的类陶瓷结构特性的表面结构。该表面结构有陶瓷质感和一定的耐脏污性，手感细腻，并具有极佳的耐腐蚀和耐候性，还具有超过金属本身的散热性能。微弧氧化的工艺流程为前处理→热水洗→MAO→烘干，其原理示意图如图 9-4 所示。

微弧氧化处理工艺在用于 3C 和汽车部件当中，在铝合金尤其是镁铝合金的材料处理上得到了一定的市场应用，并且获得了极高的评价。如 MAO 工艺在汽车和 3C 行业领域当中的应用示例如图 9-5 所示。

微弧氧化（MAO）工艺在市场当中的应用正在逐步扩大，但总体上在实践应用当中还处于发展阶段，虽然当前新发展起来的微弧复合处理（Micro-arc Composite Ceramic, MCC）技术已经在一定程度上解决了颜色单一的问

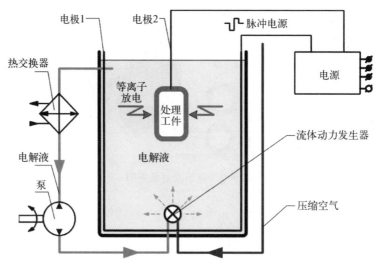

图 9-4 微弧氧化原理示意图

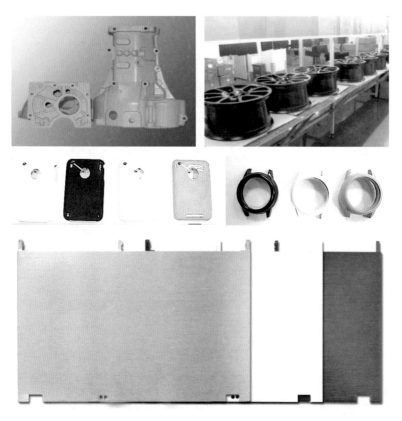

图 9-5 MAO 工艺在汽车和 3C 领域应用示例图

题，但目前还不能满足外观光亮、颜色艳丽的外观装饰要求，未来还需更新的技术方案来解决该技术的应用突破。

9.4　物理气相沉积法

物理气相沉积法（Physical Vapor Deposition, PVD）是一种利用外力（能量），使靶材（如 Al）由固体变成气体，慢慢堆积在物体（如电脑键盘）表面，形成均匀的薄膜的方法。由于整个过程只是物质升华和凝华的过程，并没有化学反应的产生，因而是一种完全的物理过程，所以叫作物理气相沉积，如蒸镀（Evaporation）。但是随着 PVD 技术的发展，总体按照 PVD 技术的设计模式来执行的气相沉积也称为 PVD 技术，如溅镀（Sputtering）、离子镀（Ion-Plating）。另外在 PVD 的大类当中，人们还将非导电的 PVD 过程称为非导电真空金属化（Non-Conductive Vacuum Mtealize, NCVM）镀膜。

PVD 与 NCVM 只是在针对的基材和选用的靶材上不同，总体的工艺流程是相同的，其工艺流程为前清洗→进炉抽真空→洗靶及离子清洗→镀膜→镀膜结束，冷却出炉→后处理（抛光、无磨料化学机械抛光）。

PVD/NCVM 的工艺示意图如图 9-6 所示。

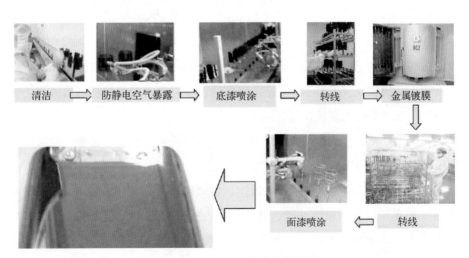

图 9-6　NCVM 工艺流程应用图

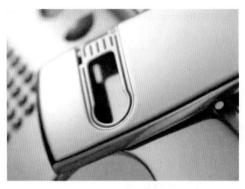

图 9-7　PVD/NCVM 应用示例图

从图 9-7 可以看出，PVD 制膜方法可以制备金属 / 非金属膜，并且涂膜具有极佳的装饰性，同时可以根据靶材的选用赋予工件沉积膜材料的各种性能，如高硬度、高耐磨、高装饰等特性。因而其应用也极为广泛，如外观膜（金属、非金属、多层装饰效果），光学膜（抗反射、全反射、光栅），功能膜（红外或紫外隔绝、光学开关、电磁干扰镀膜）；透明导电膜（氧化铟锡）；显示器（有机发光二极管）。但 PVD 工艺依旧受限于工艺所需的靶材以及生产过程中的成本问题，当前主体应用于高装饰、特殊性能要求等领域当中。

9.5　电　　镀

电镀就是利用电解原理在某些金属表面镀上薄薄一层其他金属或合金的过程，是利用电解作用使金属或其他材料的表面附着一层金属膜的工艺，从而起到防止金属氧化（如锈蚀），提高耐磨性、导电性、反光性、抗腐蚀性（硫酸铜等）以及增进美观等作用。

电镀的常规工艺流程为前处理→无氰碱铜→无氰白铜锡→镀铬。电镀工艺的应用上示例如图 9-8 所示。

由电镀应用的示例图我们可以看出，电镀镀层具有极佳的装饰性，同时几乎保持了所有金属材料的性能，甚至能够在一定程度上加强金属的性能，尤其是表面的各项性能都获得了较大的提升，且处理成本较低。因而在金属防腐 1.0 的时代占据了极为重要的地位，但是电镀形成的废液通常都含有电镀当

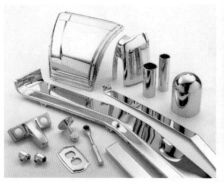

图 9-8　电镀应用示例图

中所使用到的金属离子（最为常见的便是铬金属）以及强酸或强碱等，是较为严重的环境污染源。随着环保要求的提高，电镀必须在集约化、集中化的工业园才能实现污水的统一处理，因而最终的应用范围也逐步缩小。但是与此同时，电镀行业也逐渐展开了无铬电镀等相对污染较低的电镀材料和工艺。

9.6　粉末喷涂

　　粉末喷涂也叫喷塑，是将塑料粉末通过高压静电设备充电，通过静电喷枪将粉末喷出，工件在电场的作用下，将粉末均匀地吸附于工件表面形成涂膜，在经过高温烘烤之后，粉末出现软化，进而相互粘连流平，冷却后重新固化形成连续的粉末涂膜，牢固地附着于工件表面。其中粉末喷涂原理示意图如图 9-9 所示。

　　粉末喷涂只是塑料粉末在加入烘烤过程中有过短暂的液化过程，本身不需要液化，不需要溶剂，对环境友好，同时涂膜具有丰富的选择性，外观、耐腐蚀能力以及其他性能优异，且施工简单。粉末喷涂的基本工艺流程为上件→静电

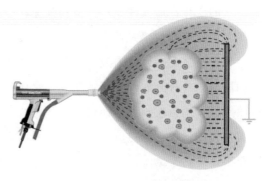

图 9-9　粉末喷涂原理示意图

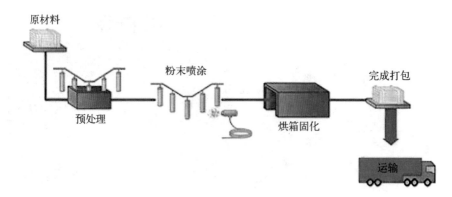

图 9-10　粉末喷涂工艺流程图

除尘→喷涂→低温流平→烘烤，其工艺流程图如图 9-10 所示。

　　粉末喷涂已经在市场的诸多行业当中获得应用，并且应用领域随着环保要求的提高以及粉末生产制备技术的提高不断扩大。虽然当前薄涂粉末以及低温烘烤型粉末也相继问世，但必须通过相对较高的温度烘烤，才能实现成膜，这也成为粉末涂料不可逾越的鸿沟，在没有烘烤条件或者烘烤条件达不到塑料黏流温度时都不能选择粉末喷涂。甚至在温度控制不稳定或温度设计不甚合理的时候，粉末涂料的表面状态难以实现表面的美观性。因而粉末涂料发展了近二十年，但是所用领域依旧相对有限。

9.7　金属拉丝

　　金属拉丝是指对金属表面进行强外力作用，使得金属表面出现预期的尺寸和形状的变化，形成线条、波浪和其他状态的一种金属表面处理工艺。金属拉丝工艺处理的主要是铝合金等表面硬度和强度不太高的金属表面，通常在经过拉丝工艺之后，还需进行皮膜和钝化等工艺，以让工件保持表面拉丝装饰的同时，具有金属的防腐蚀功能。金属拉丝的方式决定最终拉丝呈现出来的纹路，其中指纹拉丝，便可形成各种线条状的拉丝纹路；乱纹拉丝工艺将获得亚光的丝纹；通过刷光机或擦纹机将获得波浪式纹路；通过旋转抛磨则可获得旋纹或螺纹。

　　金属拉丝应用示例图如图 9-11 所示。

图 9-11　技术拉丝应用示例

金属拉丝可使得金属表面获得金属光泽，同时可以消除金属表面的细微瑕疵。在一些对于想要获得表面金属质感装饰效果的设计当中应用较为广泛。

9.8　喷砂 / 抛丸

喷砂是以压缩空气为动力，将喷料（石英砂 / 金刚砂等）高速喷射到需要处理的工件表面，使得工件表面获得一定的清洁度和粗糙度，进而改善工件的机械性能，提高工件的抗疲劳性。

抛丸是一种用抛丸机器通过叶轮的旋转将弹丸抛射到工件表面，完成对工件表面的清洁、强化等工作的工艺。抛丸与喷砂功能有类似之处，可以提高材料的疲劳断裂抗力。

喷砂 / 抛丸工件成品示例如图 9-12 所示。

图 9-12　喷砂应用示例图

　　喷砂和抛丸能够实现工件表面的亚光或反光效果，能够清理工件表面微小毛刺和遗留的残污，使得工件表面呈现出更加均一的金属本色。另外如果后续工件还将进行喷漆或喷粉等涂装，喷砂处理能够增加工件与涂膜之间的附着力，延长涂膜的耐久性。喷砂可以用于表面装饰件的处理工艺，但是抛丸则更多用于金属的清洁和强化，后处理主要是进行其他的涂装处理。

9.9　抛　　光

　　抛光是指利用柔性抛光工具和磨料颗粒或其他抛光介质对工件表面进行修饰加工的过程。抛光可以得到光滑的表面或镜面光泽，但是不能提高工件的尺寸精度和几何精度，有时也可用来消光。

　　常规材料表面抛光的过程如图 9-13 所示。

　　抛光在工件表面处理的过程中，最为常见的用于高光大面积的工件涂装施工后的处理，以能够达到理想的镜面或爽滑效果。例如汽车面漆涂装之后的全面抛光，大型装饰塑料件经过高光装饰性涂装之后都需要进行抛光处理，还有对于有手感装饰要求的产品也会进行抛光处理，如图 9-14 所示，部分手机的爽滑手感兼顾金属质感，就是抛光工艺达成的。

●第一步　局部研磨

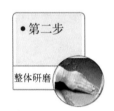
●第二步　整体研磨

●第三步　粗抛

●第四步　细抛

●第五步　清洁

●第六步　检验

图 9-13　抛光过程图

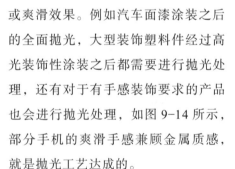

图 9-14　抛光产品应用示例

9.10　蚀　刻

蚀刻是将材料通过化学反应或物理撞击作用而移除的技术。通常的蚀刻技术指的都是化学蚀刻，是一种通过曝光制版/显影后，将蚀刻区域的保护膜去除，在蚀刻时接触化学溶液，起到溶解腐蚀的作用，从而达到凹凸或者镂空成型的效果。

常见的蚀刻工艺有曝光法和网印法，其工艺流程如图9-15所示。

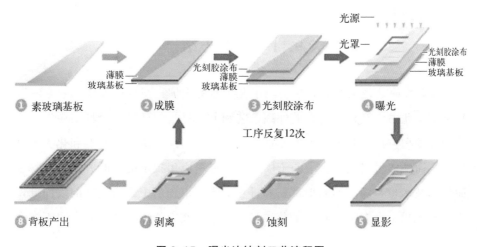

图 9-15　曝光法蚀刻工艺流程图

曝光法：工程根据图形开出备料尺寸→材料准备→材料清洗→烘干→贴膜或涂布→烘干→曝光→显影→烘干→蚀刻→脱膜→ OK；

网印法：开料→清洗板材（不锈钢/其他金属材料）→丝网印→蚀刻→脱膜→ OK。

蚀刻可以对金属表面进行细微加工，可以实现金属表面的特殊效果，因而在很多设计上得以应用，如应用效果示例图当中 hTC、华为 honor（如图9-16所示）等商标的呈现都是通过蚀刻工艺实现的，但蚀刻的化学溶液大多具有环境危害性。

图 9-16　蚀刻应用效果产品示例图

9.11　本章小结

　　材料表面处理工艺和方法历经了几十年的发展，至今已经变得非常完善和丰富。此书已经介绍的表面处理工艺和方法是当前已经在市场当中大面积使用的处理方法，其中相关的处理方法更是应用到了诸多的材料和化工领域当中。而随着材料性能要求的不断提高，材料应用技术的不断升级，材料表面处理技术也在随之不断地革新和进步。当前市场当中还有较多的表面处理工艺在推出，也有一些新的工艺在投入使用，我们的能力和认知有限不能全然罗列。

第十章　涂装系统简介

本书前面的内容对涂装系统的各个部分和环节进行了介绍和分析，没有就整体的涂装系统进行介绍，本章将对涂装系统做简单的介绍，以从更宏观、系统的角度来梳理此前提及的涂装过程内容。

10.1　涂装设计系统

涂装是实现材料表面处理的系统过程之一，要实现材料的涂装处理，需要将涂装系统分为供漆、喷涂、固化以及其他辅助系统。而且涂装系统还会关联到涂装厂房的设计以及涂装流程的设计。

10.1.1　供漆系统

涂装的供漆系统主要有调漆和泵送系统，其中供漆系统实例图如图 10-1 所示，其中泵送系统在图 10-1（b）当中也有呈现。但是较为清晰的泵送装置实例图如图 10-2 所示。

10.1.2　喷涂设备

喷涂设备当中由于喷枪是所有涂装设备的核心，我们将在 10.2 节单独进行喷枪的介绍。这里介绍一些流水线作业时使用的喷涂设备，如图 10-3 所示的往复机，以及图 10-4 所示的喷涂机器人设备。

每一种涂装设备都有自身的特点，上述实例图的设备都是在市场当中得到

(a)　　　　　　　　　　　　　　　(b)

图 10-1　供漆系统示例 / 实例图

图 10-2　隔膜泵（泵送涂料设备）

图 10-3　往复机实例图

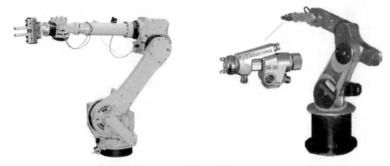

图 10-4　涂装机器人实例图

了广泛应用的涂装自动化设备。其中往复机主要应用于平面等不复杂的材料表面涂装，而涂装机器人，会更加具有灵活性，能够对表面更为复杂的材料进行涂装自动化施工。

10.1.3　烘烤 /UV 等固化系统

涂装还涉及流水线，如吊挂线［如图 10-5（a）所示］、地轨线［如图 10-5（b）所示］、平板线等。

涂装系统当中的固化系统，通常都涉及强制干燥固化，如图 10-5（a）所示，是对于轮毂涂装之后的高温烘烤系统的局部展示，而图 10-5（b）所示，是对手机表面进行涂装之后的，UV 固化系统的局部展示。实际当中还有平板线类型的流水线以及低温烘烤或微波干燥固化系统等。

（a）

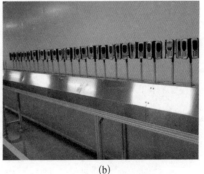

（b）

图 10-5　涂装线实例图

10.1.4 涂装厂设计图

涂装要能够实现规模化生产，需要系统化的厂房设计，不仅需要考虑厂房自身条件，更需要根据涂装产品所需的涂装进行设计，还需要考虑效率和产能、涂装毛坯以及其他材料的仓储和流转，还有涂装厂的环境等级设计、环保设施建立等。图 10-6 是实际生产性企业针对电脑相关产品涂装设计和使用的设计蓝图。该设计是在确定某一厂房之后，总体规划了涂装材料的注塑成型车间，结合涂装上料，多次涂装、固化以及在线品检，最后对良品进行包装下料等工序的全面的布局和设计。可以作为涂装企业进行整体厂房规划设计的参照。

10.1.5 电脑上盖喷涂 SOP[①] 流程图

前面介绍了涂装厂房设计，实际上厂房设计的背后必须考虑涂装流程的各个细节，才能将厂房的设计做到适用于生产实践。图 10-7 所示的是某一喷涂厂在实践应用的电脑上盖喷涂的 SOP 流程图。该 SOP 流程图较实际当中的绝大多数涂装设计更为详细和明确，可以作为大部分涂装流程设计的参照。

10.2 涂装工具——喷枪

涂装虽然是一个连续化的系统过程，但是最为核心的是使用涂装设备 / 工具对工件进行涂装施工这一过程。而在众多的涂装工具当中，应用最为广泛的便是喷枪。本小节就对喷枪进行介绍。

喷枪是指将涂料雾化后喷涂在物品表面的涂装机械，是涂料涂装当中最为主要的工具，是涂装系统当中极为重要的内容。根据对于涂料雾化方式的不同，喷枪可分为无气喷涂和空气喷涂两大类。空气喷涂具有作业效率高，涂

---

① SOP 是指标准作业程序，是 Standard Operating Procedure 的缩写。

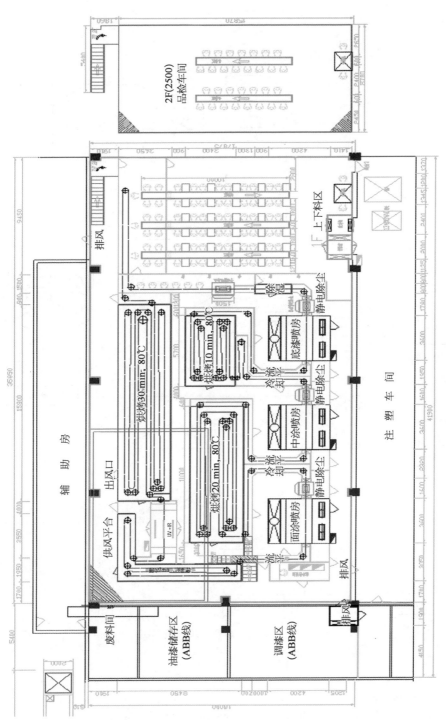

图 10-6 涂装厂设计图

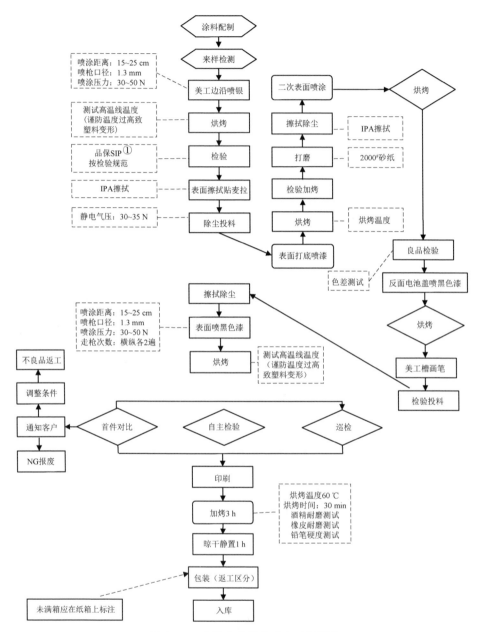

图 10-7　电脑上盖喷涂 SOP 流程图

① SIP 是指标准检验程序，是 Standard Inspection Procedure 的缩写。

装效果平滑，自身轻巧便利等优点，在涂装市场当中得到了广泛的应用。当前市场当中喷枪的品牌和种类也较多，我们借用阿耐思特岩田产业机械有限公司的喷枪设计与分类进行空气喷涂喷枪的陈述。

空气喷枪无法单独使用，需要配套涂料储罐 / 涂料管 / 空气减压阀及压缩空气机等周边喷涂设备，通过空压机压缩空气将涂料雾化后涂覆于物品的表面。

10.2.1　喷枪原理

1. 空气喷枪原理及结构

空气软管（压缩空气）连接空气接口后，按下扳机，被压缩的空气就会从空气帽的各个孔穴喷出。此时因空气从空气帽的中心孔喷出，涂料喷嘴的前端气压降低，涂料被吸上去，致使涂料从喷嘴喷出。同时涂料被空气帽的中心孔中喷出的空气所雾化，然后圆形的图案被角穴的空气冲击而变成椭圆形的图案附着于被涂物上。喷枪上的阀，可以根据扳机来控制开（ON）和关（OFF）功能，以此向空气帽提供压缩空气。

2. 涂料喷嘴

涂料喷嘴的口径大小导致涂料喷出量有所不同，口径大的喷嘴，涂料容易流出，喷出量也会增多。一般情况下，黏度高的涂料选择口径大的喷嘴，而黏度低的则选用口径中小的即可。因此在选择喷嘴口径时，也应考虑涂料黏度，同时重力式和吸上式的喷嘴口径（1.0～2.5 mm）选择范围较广，压送式对涂料进行加压后喷出涂料，所以选择小型的喷嘴口径（0.8～1.2 mm）效果更佳。

3. 空气帽

喷嘴口径大（涂料喷出量增多）的情况下，空气帽的各空气穴口径会有变大的倾向。这时涂料喷出量增多后，雾化所需的空气量也会相应增多。同时，孔越大（特别角孔大或孔数多）喷幅也会相应变大。喷幅虽然与涂料出量有很大关系，但是空气帽的孔穴数越多，喷幅也会变大。

各空气穴的运转如下。

① 角空气穴——将图案变成椭圆形；② 中心空气孔——提供雾化空气；③ 辅助空气孔／辅助空气穴——调整图案，帮助雾化，减少空气帽表面涂料黏着的作用。

4. 各调节装置

① 空气量调节装置：调节从空压机进入空气帽各孔穴的空气量。

② 涂料调节装置：根据涂料喷嘴和针阀开度来调整涂料喷出量的装置，也可以通过扳机的扣板来调整。

③ 喷幅调节装置：调节从空气帽两侧喷出的空气，并把喷幅形状调节成圆形或椭圆形的装置。

5. 雾化方法

雾化方法可分为在空气帽外部将涂料雾化的外部混合，以及在空气帽内侧将涂料雾化的内部混合。外部混合用于一般涂料喷涂，内部混合适用于高黏度涂料喷涂。

6. 工作方式

手动枪附带扳机，通过操作扳机来进行喷涂；自动枪则是通过枪内部的活塞压缩空气来进行喷枪的操作。

7. 喷枪尺寸

喷枪的尺寸一般分为大型和小型。根据枪本体、空气帽以及涂料喷嘴的大小很容易进行区分。

① 小型：小型枪轻巧便利，不会造成作业人员操作的疲劳，适用于涂装面积小，小型修补涂装场合。

② 大型：相对于小型涂料喷出量，大型喷枪的空气使用量和喷幅都有所增大。本体、空气帽等容量变大后，涂料喷出量和空气使用量随之变大，可以形成稳定的喷幅。大型喷枪作业效率优良，适用于涂装面积较大的喷涂涂装。

10.2.2 喷枪种类

空气喷枪有多种，分类方式也可以按照不同的标准进行多种分类，下面我们按涂料供给方式和雾化过程压力大小进行分类介绍。

1. 涂料供给方式分类

1）重力式（G型）

采用重力式涂料供给方式，大致上枪的右侧附带涂料杯，杯子容量为150～1 000 mL，如图10-8所示。在欧美国家，大多数喷枪中心附带涂料杯。该类喷枪可频繁更换涂料，这种少量喷涂适用于小件喷涂。

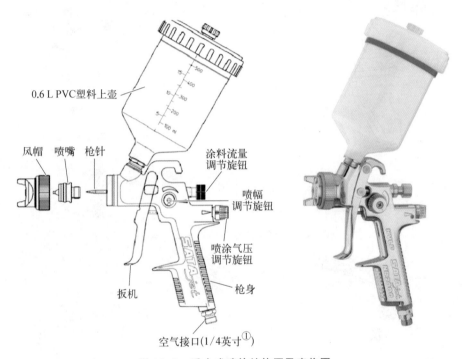

图 10-8　重力式喷枪结构图及实物图

2）吸上式（S型）

吸上式喷涂是通过空气帽尖端将涂料吸附上来的供给方式。涂料容器的容量为400 mL～1 L，如图10-9所示。虽然该类喷枪从小件到大型喷涂都可以广泛使用，但是存在进行向上或向下喷涂施工时，有作业不便的缺点。

3）压送式（P型）

压送式喷涂是通过涂料加压罐/隔膜泵装置来压送涂料的供给方式。适

① 1英寸（in）=2.54厘米（cm）。

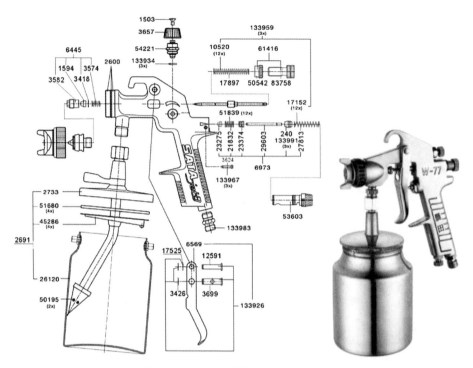

图 10-9　吸上式喷枪结构图及实例图

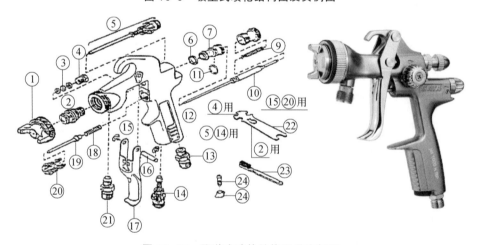

图 10-10　压送式喷枪结构图及实例图

用于无须更换涂料颜色，连续多量涂装喷涂，如图 10-10 所示。其优点是无须附带的涂料容器，通过涂料软管连接喷枪，可以进行高效作业的自由喷涂。

2. 雾化过程压力分类

1）通用喷枪

通用就是常规涂装喷枪所需的空气压力，通常喷枪所需的空气压力为 0.2～0.4 MPa，如图 10-11（a）所示。

2）低压喷枪

按美国加利福尼亚州的标准，空气帽内的压力在 0.07 MPa 以下的喷枪统称为低压喷枪，如图 10-11（b）所示（图片箭头部分），主要目的是环保。低压喷枪能够有效减少涂料飞散，消减挥发性有机化合物，提高涂着效率。提高涂着效率的原理是① 雾化效果比通用喷枪要弱；② 喷力小，减少涂料反弹飞溅。

(a) 通用喷枪　　　　　　　　　　　(b) 低压喷枪

图 10-11　通用喷枪与低压喷枪实物对比图示

10.3　调色系统

涂料体系当中调色是极为重要的一个环节，在绝大多数的应用领域当中，涂装设计都对涂料提出了明确的涂装要求，因而调色是涂料与涂装当中必不可少的环节。此书不对调色做出过多的阐述，仅仅以欧洲标准的劳尔色卡（RAL 色卡）作为读者的参考资料，如图 10-12 所示。

RAL 1000 米绿黄	
RAL 1002 沙黄色	
RAL 1004 金黄色	
RAL 1006 玉米黄	
RAL 1011 米褐色	
RAL 1013 近于白色的浅灰	
RAL 1015 亮象牙色	
RAL 1017 深黄色	
RAL 1019 米灰色	
RAL 1001 米色，淡黄	
RAL 1003 信号黄	
RAL 1005 蜜黄色	
RAL 1007 灰黄色	
RAL 1012 柠檬黄	
RAL 1014 象牙色	
RAL 1016 硫黄色	
RAL 1018 绿黄色	
RAL 1020 橄榄黄	

RAL 1021 油菜黄	
RAL 1024 赭黄色	
RAL 1028 浅橙黄	
RAL 1033 大丽花黄	
RAL 2000 黄橙色	
RAL 2002 朱红	
RAL 2004 淡橙	
RAL 2009 交通橙	
RAL 2011 深橙色	
RAL 1023 交通黄	
RAL 1027 咖喱色	
RAL 1032 金雀花黄	
RAL 1034 粉黄色	
RAL 2001 橘红	
RAL 2003 淡橙	
RAL 2008 浅红橙	
RAL 2010 信号橙	
RAL 2012 鲑鱼橙 e	

RAL 3000 火焰红	
RAL 3002 胭脂红	
RAL 3004 紫红色	
RAL 3007 黑红色	
RAL 3011 红玄武土色	
RAL 3013 番茄红	
RAL 3015 淡粉红色	
RAL 3017 玫瑰色	
RAL 3020 交通红	
RAL 3001 信号红	
RAL 3003 宝石红	
RAL 3005 葡萄酒红	
RAL 3009 氧化红	
RAL 3012 米红色	
RAL 3014 古粉红色	
RAL 3016 珊瑚红色	
RAL 3018 草莓红	
RAL 3022 鲑鱼粉红色	

RAL 3027 悬钩子红色	
RAL 4001 丁香红	
RAL 4003 石南紫	
RAL 4005 丁香蓝	
RAL 4007 紫红蓝色	
RAL 4009 崧蓝紫色	
RAL 5000 紫蓝色	
RAL 5002 群青蓝	
RAL 5004 蓝黑色	
RAL 3031 戈亚红色	
RAL 4002 紫红色	
RAL 4004 酒红紫	
RAL 4006 交通紫	
RAL 4008 信号紫罗兰	
RAL 4010 电视品红色	
RAL 5001 蓝绿色	
RAL 5003 蓝宝石蓝	
RAL 5005 信号蓝	

RAL 5007 亮蓝色	
RAL 5009 天青蓝	
RAL 5011 钢蓝色	
RAL 5013 钴蓝色	
RAL 5015 天蓝色	
RAL 5018 绿松石蓝	
RAL 5020 海蓝色	
RAL 5022 夜蓝色	
RAL 5024 崧蓝蓝色	
RAL 5008 灰蓝色	
RAL 5010 龙胆蓝色	
RAL 5012 淡蓝色	
RAL 5014 鸽蓝色	
RAL 5017 交通蓝	
RAL 5019 卡布里蓝色	
RAL 5021 不来梅蓝色	
RAL 5023 冷蓝色	
RAL 6000 铜锈绿色	

RAL 6001 翡翠绿色	
RAL 6003 橄榄绿	
RAL 6005 苔藓绿	
RAL 6007 瓶绿	
RAL 6009 冷杉绿	
RAL 6011 淡橄榄绿	
RAL 6013 芦苇绿	
RAL 6015 黑齐墩果色	
RAL 6017 五月绿	
RAL 6002 叶绿色	
RAL 6004 蓝绿色	
RAL 6006 橄榄灰绿	
RAL 6008 褐绿	
RAL 6010 草绿色	
RAL 6012 墨绿色	
RAL 6014 橄榄黄	
RAL 6016 绿松石绿色	
RAL 6018 黄绿色	

RAL 6019 崧蓝绿色	
RAL 6021 浅绿色	
RAL 6024 交通绿	
RAL 6026 蛋白石绿色	
RAL 6028 松绿色	
RAL 6032 信号绿	
RAL 6034 崧蓝绿松石色	
RAL 7001 银灰色	
RAL 7003 苔藓绿	
RAL 6020 铬绿色	
RAL 6022 橄榄土褐色	
RAL 6025 蕨绿色	
RAL 6027 浅绿色	
RAL 6029 薄荷绿	
RAL 6033 薄荷绿蓝色	
RAL 7000 松鼠灰	
RAL 7002 橄榄灰绿色	
RAL 7004 信号灰	

RAL 7005 鼠灰色	
RAL 7008 土黄灰色	
RAL 7010 油布灰	
RAL 7012 玄武石灰	
RAL 7015 浅橄榄灰	
RAL 7021 黑灰	
RAL 7023 混凝土灰	
RAL 7026 花岗灰	
RAL 7031 蓝灰色	
RAL 7006 米灰色	
RAL 7009 绿灰色	
RAL 7011 铁灰色	
RAL 7013 褐灰色	
RAL 7016 煤灰	
RAL 7022 暗灰	
RAL 7024 石墨灰	
RAL 7030 石灰色	
RAL 7032 卵石灰	

RAL 7033 水泥灰	
RAL 7035 浅灰色	
RAL 7037 土灰色	
RAL 7039 石英灰	
RAL 7042 交通灰 A	
RAL 7044 深铭灰色	
RAL 7046 电视灰 2	
RAL 8000 绿褐色	
RAL 8002 信号褐	
RAL 7034 黄灰色	
RAL 7036 铂灰色	
RAL 7038 玛瑙灰	
RAL 7040 窗灰色	
RAL 7043 交通灰 B	
RAL 7045 电视灰 1	
RAL 7047 电视灰 4	
RAL 8001 赭石棕色	
RAL 8003 土棕褐色	

RAL 8004 铜棕色	
RAL 8008 橄榄棕色	
RAL 8012 红褐色	
RAL 8015 粟棕色	
RAL 8017 巧克力棕色	
RAL 8022 黑褐色	
RAL 8024 米棕色	
RAL 8028 浅灰褐色	
RAL 9002 灰白色	
RAL 8007 鹿褐色	
RAL 8011 深棕色	
RAL 8014 乌贼棕色	
RAL 8016 桃花心木褐	
RAL 8019 灰褐色	
RAL 8023 橘黄褐	
RAL 8025 浅褐色	
RAL 9001 彩黄色	
RAL 9003 信号白	

RAL 9004 信号黑	
RAL 9010 纯白色	
RAL 9016 交通白	
RAL 9018 草纸白	
RAL 9007 灰铝色	
RAL 9005 墨黑色	
RAL 9011 石墨黑	
RAL 9017 交通黑	
RAL 9006 白铝灰色	
9006和9007是金属色	

图 10-12　RAL 色卡图

10.4　本章小结

涂装系统总体涉及众多，本章为本书做了一些对于涂装系统的直观和宏观介绍的补充，但是依旧有很多内容没有做介绍。要更为全面和深入地了解涂装系统，还需在此书的基础上再查看其他专业的书籍。

附　录

　　涂装完成之后，对涂膜进行各种检测是确保涂装是否能够满足实际应用需求的重要环节。本书的第六章和第七章介绍了一些涂膜性能检测的问题，并针对性能检测失败做了分析和介绍。但是对于实际检测的标准以及具体检测方法并未明确提及。本书的附录部分将以汽车漆的测试标准为例，以对应第二章的常规涂装介绍当中表2-3的检测方法，对涂膜检测方法做一个引入式的介绍。

1．光泽度检测

　　按照标准 DIN EN ISO 2813 检测。

2．流匀度检测

　　流匀度按照流匀度仪说明书进行检测。

3．附着力检测

3.1　划网格法

　　试验按照标准 GB/T 9286，划格后，用粘贴的胶带突然剥离，观察划格处涂膜情况。

3.2　十字切割法

　　由于零件结构导致划网格测试不能操作时，采用十字切割法。试验：先在漆面上划出十字切痕，并切至基体材料，随即用胶带拉拔。划十字的刀具刀刃薄而锋利，例如呈梯形的安全刀具。

4．抗石击性能检测

　　按照标准 DIN EN ISO 20567-1 中方法 B 进行检测。

5．蒸气喷射试验

　　按照标准 DIN 55662 进行检测。

6. 气候交变试验

进行 20 个循环的气候交变试验。1 个循环（12 h）试验由以下条件构成：在 60 min 内，均匀升温至 80℃，相对湿度均匀升至 80%；在 240 min 内，保持温度在 80℃，保持相对湿度为 80%；在 120 min 内，均匀降温至 -40℃，湿度在 80 min 内均匀降至 30%（由于设备条件的限制，$T \leq 10℃$ 开始，湿度调节失效是允许的），然后保持不变；在 240 min 内，保持温度为 -40℃，保持相对湿度不变；在 60 min 内，均匀升温至 23℃，在 $T = 0℃$ 时，调节相对湿度到 30%。

7. 温度交变性能检测

7.1　高温存放

在通风条件下，（90 ± 2）℃ 存放 240 h。试验后在室温下放置至少 30 min，以适应室温。

7.2　低温存放

按照 7.1 中进行高温存放试验后，用同一样品进行低温存放试验。试验温度为（-40 ± 2）℃，存放 24 h。试验后在室温下放置至少 30 min，以适应室温。

7.3　低温性能

在温度为（-40 ± 3）℃ 的条件下，存放 24 h。然后按照标准 DIN EN ISO 4532 进行冲击试验，在事先设定的 90 N 的试验压力和突出的支架上进行。

8. 耐路面水洗稳定性及耐划痕性能检测

按照标准 DIN EN ISO 20566 进行检测。

9. 耐化学试剂稳定性检测

9.1　试验用燃油

使用 FAM-试验用燃油，按照标准 DIN EN ISO 2812-3 进行检测（用吸水性材料处理过），并在室温下放置 10 min。

9.2　无铅汽油

使用优质无铅汽油，按照标准 DIN EN ISO 2812-3 进行检测（用吸水性材料处理过），并在室温下放置 10 min。

9.3　柴油

使用普通柴油，按照标准 DIN EN ISO 2812-3 进行检测（用吸水性材料处理过），并在室温下放置 1 h。

9.4　脂肪酸甲酯柴油

使用脂肪酸甲酯提炼的柴油，按照标准 DIN EN 14214 和 DIN EN ISO 2812-3 进行检测（用吸水性材料处理过），并在室温下放置 1 h。

9.5　机油

使用质量等级为 SE 以上的机油，按照标准 DIN EN ISO 2812-4 进行检测（小型灌装处理），并在室温下放置 16 h。

9.6　制动液

使用普通制动液，按照标准 DIN EN ISO 2812-3 进行检测（用吸水性材料处理过），并在室温下放置 1 h。

9.7　防冻液

使用普通防冻液，按照标准 DIN EN ISO 2812-3 进行检测（用吸水性材料处理过），并在室温下放置 1 h。

9.8　抛光剂

使用普通抛光剂，用棉布擦拭、清洁涂膜，干燥后用棉布进行抛光。

9.9　沥青和焦油

使用 5 g 的 ESSO Hamburg 公司生产的"OX DE 85/25"工业沥青，并混合 5 mL 清洗汽油（石油醚）制成糊状。将糊状物涂在样品表面，形成直径约 3 cm 的涂膜面积，晾干 1 h，然后用沥青去除剂将沥青去除。

9.10　鸟粪模拟物质

使用鸟粪模拟物质（胰腺酶制剂），按照标准 DIN EN ISO 2812-4 进行检测（小型灌装处理），并在 45℃ 的烘箱中烘烤 6 h，然后用流水冲洗，再在 60℃ 的烘箱中烘烤 2 h，之后在室温下进行完全冷却后再评价。

9.11　松香类树脂

使用树脂（松香类），按照标准 DIN EN ISO 2812-4 进行检测（小型灌装处理），并在 45℃ 的烘箱中烘烤 6 h，然后用流水冲洗，再在 60℃ 的烘箱中烘烤 2 h，之后在室温下进行完全冷却后再评价。

9.12　喷涂用含硝基稀释剂

使用普通喷涂的含硝基稀释剂（仅用于售后零件的底漆喷涂），按照标准 DIN EN ISO 2812-3 进行检测（用吸水性材料处理过），并在室温下放置 10 min。

9.13 耐酸性检测

将零件浸入温度为 20～23℃，浓度为 0.05 mol/L 的硫酸溶液中，并保持 24 h 以上。

9.14 耐碱性检测

将零件浸入浓度为 0.1 mol/L 的氢氧化钠溶液中，并保持 4 h 以上。

10. 耐氙灯老化性能检测

按照标准 GB/T 1865 进行人工气候老化试验，并满足规定的试验时间和辐照量要求。试验参数：黑标温度（65±3）℃，相对湿度 60%～80%，喷水周期为 102 min ∶ 18 min（不喷水时间∶喷水时间），120 min 为一个周期。

11. 耐自然气候暴晒稳定性检测

试验按照 GB/T 9276—1996 进行，要求在海南暴晒 24 个月，与未进行测试的样板做光泽、颜色等性能的比对测试。

上述介绍的是汽车漆的检测方法，对于涂膜的检测方法和检测项目远不止上述列举的这些内容。但是上述的检测方法可以作为绝大多数涂膜的检测方法的参考，因而其他的更多更为详细的检测方法本章也不再介绍。

参考文献

［1］ Goldschmidt A, Streitberger H J. Handbook on Basics of Coating Technology ［J］. Journal of Biological Chemistry, 2003, 254(19): 9893-9900.

［2］ 张学敏，郑化，魏铭. 涂料与涂装技术［M］. 北京：化学工业出版社，2006.

［3］ 王海庆，李丽，庄光山. 涂料与涂装技术［M］. 北京：化学工业出版社，2012.

［4］ 陈治良. 现代涂装手册［M］. 北京：化学工业出版社，2010.

［5］ 马绍芝，李德永. 涂料涂装入门600问［M］. 北京：中国纺织出版社，2011.

［6］ 鲁钢，徐翠香，宋艳. 涂料化学与涂装技术基础［M］. 北京：化学工业出版社，2012.

［7］ 冯立明，张殿平，王绪建. 涂装工艺与设备［M］. 北京：化学工业出版社，2013.

［8］ 傅绍燕. 涂装工艺与车间设计手册［M］. 北京：机械工业出版社，2013.

［9］ 张传恺. 简明涂料工业手册［M］. 北京：化学工业出版社，2012.

［10］ 刘登良. 涂料工艺（上·下册）［M］. 4版. 北京：化学工业出版社，2010.

［11］ 张玉龙，庄建兴. 水性涂料配方精选［M］. 3版. 北京：化学工业出版社，2017.

［12］ 张玉龙，庄建兴. 乳胶漆配方精选［M］. 北京：化学工业出版社，2019.

［13］ 洪啸吟，冯汉保，申亮. 涂料化学［M］. 3版. 北京：科学出版社，2019.

［14］ 官仕龙. 涂料化学与工艺学［M］. 北京：化学工业出版社，2013.

［15］ 李桂林，苏春海. 涂料配方设计6步［M］. 北京：化学工业出版社，2014.

［16］ 叶汉慈. 木用涂料与涂装工［M］. 北京：化学工业出版社，2008.

致 谢

我辈芸芸，在涂料与涂装行业当中学习、工作、实践多年，有了一定的实践经验，也有了一些牢骚，因为发现了一些行业弊病，却无人也无力解决。为了能够为涂装行业的专业人才培养提供适用的教材，我们决定对自身、同事以及合作单位的实践应用经验进行总结和提炼，并深入地探究现象背后的本质原因。经过对各方经验以及理论的研习，针对相关问题进行理论论证和实践验证，逐步形成文稿，再经清华大学洪啸吟教授、叶汉慈高工、江西科技师范大学申亮教授、付长清博士、范明信博士多方的审阅、校对、批注后，进行多次讨论与修改，最终形成了这本《表面处理技术——涂装技术基础》。

本书包含了涂料与涂装行业前人的经验，综合了作者们所在的工作平台上多方的经验和总结。在编写和修改的过程中，更是得到了涂料行业德高望重的教授、高工以及专业博士的审阅和指点。并且，江西科技师范大学化学化工学院团队对此书的编辑和修改也付出了很多。因此本书的作者不止于封面以及此处所述，背后有更多的无名英雄为此付出了大量的心血。对于背后的无名英雄，将会在本书的后记中进行详细的陈述。

后 记

纠结于始，艰辛于途，前前后后历时三年多的编写，是一个不断自我学习、修炼，不断实践，不断自我精进的过程，更是不断有新朋友、新观点、新反馈和新领悟的奇幻之旅。这中间有过烦恼与波折，但却从未失去过信心，从未考虑过放弃，因为有很多人在给我们力量，为本书的诞生做出贡献与牺牲，需要感谢的人太多，无法一一列举，还望未见者莫怪。

特别要感谢的是我们的家人：沈英、李哲豪、李哲汉、徐新意、胡茂金、徐霞慧、胡志明、胡志刚，是你们给了我们不断前进的动力，让编写此书成为我们人生中可达成的目标之一，更是为我们的编写提供了自由空间和大量的时间，让我们可以一遍又一遍的修缮此书。

特别感谢 Shipsheep Cheng 郑诏文先生，在工作中的鼓励与支持，促使我们进步。感谢惠普的领导 Herbert Liu 刘海涛先生鼓励我们为行业留下一些无形资产，是你们不断的支持和帮助才让我们成长于途，成就于此。感谢团队 Steven Zhu 朱晓俊、Jack Hsu 许永勇、Jerry Chuang 庄雅程、Eric Guo 郭庆勇、Hunk Gu 谷峰、QF Yu 俞求峰、Army Zhang 张军、Spring Tang 唐春、Tony Chen 陈斌、Ocean Jia 贾丽、Pulo Wen、Hayley Yang 杨优、Kevin Ho、Adam He、Jason Hong、Jason Duan 段伟等，是你们工作上的配合与支持，才让我们不断精进，进而能有成果形成此书。感谢台湾团队 Tom Lee，Alex Qiu，Jeff Zhang，Terrisa Ye，James Zhang，KT Wu 等，你们遥远但依旧亲切的支持给了我们莫大的动力。

特别感谢给过我们帮助和指导的良师益友 AKZO James Huang 黄权先生，James Luo 罗龙沛先生；PPG 集团的 Rouge Yan 先生，Wan Yihua 先生；湖南松井新材料股份有限公司的凌云剑董事长，Bo Yang 杨波副总，Jason Wang

副总；巨腾（内江）资讯配件有限公司的 Sam 朱三泰先生；苏州善德宸信贸易公司的耿德刚总经理，刘德光副总，李志立副总；瑷德思瀚电子科技（苏州）有限公司的 Jim Shih 施俊良先生，Karl Tang 唐水兴先生；泰吉强电子科技公司的 James Li 李福军先生，王冠先生；奥力拓医用包装材料（苏州）有限公司的 Brady Tong 先生；苏州星诺奇科技股份有限公司的总经理叶茂 Tony Ye 和张云龙先生；苏州桐力光电股份有限公司的石东先生；常州景腾新材料有限公司的庄海明、陈琦、侯庆、许吉；江苏科祥防腐材料有限公司的郑国城、薛明、陈超、祁小洲等；常州君合科技股份有限公司的吴伟峰、万春玉、刘伟等；常州友昌化工有限公司的戴昌贵、马雷、夏学等。你们在工作和生活当中给我们的影响，是此书能够形成的重要机缘。再次鞠躬感谢！

李永军，胡志英